数据科学面试通关

［美］莱昂德拉·R.冈萨雷斯　等著

刘　璋　译

清華大学出版社

北　京

内 容 简 介

本书详细阐述了与数据科学面试相关的基本解决方案，主要包括探索现代数据科学领域、在数据科学领域寻找工作、Python 编程、数据可视化与数据叙述、使用 SQL 查询数据库、Linux 中的 Shell 和 Bash 脚本编写、使用 Git 进行版本控制、用概率和统计挖掘数据、理解特征工程和为建模准备数据、精通机器学习概念、用深度学习构建网络、用 MLOps 实现机器学习解决方案、掌握面试环节、协商薪酬等内容。此外，本书还提供了相应的示例、代码，以帮助读者进一步理解相关方案的实现过程。

本书适合作为高等院校计算机及相关专业的教材和教学参考书，也可作为相关开发人员的自学用书和参考手册。

北京市版权局著作权合同登记号 图字：01-2024-5114

图书在版编目（CIP）数据

数据科学面试通关 / (美) 莱昂德拉·R. 冈萨雷斯等著；刘璋译.
北京：清华大学出版社，2025. 3.
ISBN 978-7-302-68453-4
I. TP274
中国国家版本馆 CIP 数据核字第 2025M7V411 号

责任编辑：贾小红
封面设计：刘　超
版式设计：楠竹文化
责任校对：范文芳
责任印制：宋　林

出版发行：清华大学出版社
　　　　　网　　址：https://www.tup.com.cn，https://www.wqxuetang.com
　　　　　地　　址：北京清华大学学研大厦 A 座　　邮　　编：100084
　　　　　社 总 机：010-83470000　　　　　　　　邮　　购：010-62786544
　　　　　投稿与读者服务：010-62776969，c-service@tup.tsinghua.edu.cn
　　　　　质量反馈：010-62772015，zhiliang@tup.tsinghua.edu.cn
印 装 者：保定市中画美凯印刷有限公司
经　　销：全国新华书店
开　　本：185 mm×230 mm　　印　　张：21.75　　字　　数：412 千字
版　　次：2025 年 4 月第 1 版　　　　　　　　印　　次：2025 年 4 月第 1 次印刷
定　　价：119.00 元

产品编号：108905-01

译 者 序

在这个信息爆炸、技术日新月异的时代，人工智能（AI）和数据科学已经成为推动社会进步和商业创新的重要力量。随着这些领域的快速发展，对于专业人才的需求也日益增长，这不仅为求职者提供了广阔的职业前景，也对教育和培训提出了新的挑战。本书正是在这样的背景下应运而生，旨在帮助读者掌握数据科学和人工智能领域的专业知识，以及应对面试中可能遇到的各种问题。

作为本书的译者，我深感荣幸能够将这样一本内容丰富、实用性强的著作介绍给中文读者。在翻译过程中，译者尽力忠实于原文，保持其专业性，同时也力求使语言流畅、易于理解，以便读者能够更好地吸收和应用书中的知识。

本书不仅涵盖了数据科学和 AI 领域的核心技术，如 Python 编程、SQL 数据库操作、统计分析、机器学习等，还深入探讨了面试技巧、简历编写和薪酬谈判等实际问题。这些内容不仅对于初入职场的新手来说极具价值，对于那些希望提升专业技能或转换职业赛道的资深人士也同样适用。

在翻译本书时，译者特别注意到了作者对于技术细节的精确描述和对行业趋势的深刻洞察。书中不仅提供了理论知识，还通过实际案例和练习，帮助读者将理论应用于实践。这种结合理论与实践的方法，使得本书成为一本不可多得的学习资源。

此外，本书还特别强调了在数据科学和 AI 领域中，持续学习和技能提升的重要性。随着技术的不断发展，新的工具和框架层出不穷，这就要求从业者必须具备快速学习和适应新技术的能力。书中提到的大型语言模型（LLM）和生成式人工智能等前沿技术，正是这一趋势的体现。

在翻译本书的过程中，译者也深刻体会到了作者对于读者的关怀和鼓励。本书不仅提供了丰富的学习资源，还鼓励读者利用现有的人工智能工具（如 ChatGPT）来辅助学习。这种开放和前瞻的态度，不仅体现了作者对于技术进步的拥抱，也为我们提供了一个学习和成长的平台。

最后，译者希望这本译作能够帮助中文读者更好地理解和掌握数据科学和人工智能的知识，同时也能够在面试和职业发展中取得成功。对于任何翻译中可能存在的错误和不足，我在此表示诚挚的歉意，并欢迎读者提出宝贵的意见和建议。

让我们一起踏上这场数据科学和人工智能的探索之旅吧。

本书由刘璋翻译，此外，张博也参与了本书的部分翻译工作。

译　者

前　　言

在当今这个充满活力的技术环境中，对人工智能（AI）和数据科学角色的专业人才的需求激增，数据科学就业市场也日益被各个级别的数据科学和人工智能员工所占据。本书是一本全面的指南，旨在为有志之士和经验丰富的个人提供应对数据科学面试复杂性所需的基本工具和知识。无论你是第一次踏入人工智能领域，还是旨在提升专业技能，本书都提供了一种全面的方法帮助你掌握该领域的基础和尖端内容。

本书涵盖了从使用 Python 和 SQL 编程到统计分析、预建模和数据清洗概念、机器学习（ML）、深度学习、大型语言模型（LLM）和生成式人工智能的广泛关键主题。我们的目标是在深入探讨基础概念的同时，也提供全面的回顾和最新进展。在一个以语言模型和生成式人工智能的颠覆性潜力为标志的时代，不断提升你的技能至关重要。这本书就像指南针，引导读者了解这些变革性技术的复杂性，确保准备好应对它们带来的挑战并把握它们所呈现的机遇。

此外，除了技术实力之外，我们还将深入探讨人工智能职位的面试艺术，就如何在面试中脱颖而出和有效进行薪酬谈判提供了指导。此外，为数据科学职位量身打造一份出色的简历也是至关重要的一步，本书就如何撰写引人注目的简历，在竞争激烈的就业市场中吸引眼球提供独到的见解。随着人工智能重塑各行各业和创新加速发展，现在正是开始或推进数据科学之旅的理想时机。我们诚邀你深入了解这一全面的资源，并踏上掌握数据科学和人工智能动态世界的道路。

适用读者

如果你是一名经验丰富的专业人士，或者是一名需要提高技能的年轻专业人士，或者正在寻找进入令人兴奋的数据科学行业的机会，那么这本书就是为你准备的。

本书内容

在第 1 章中，我们以一个简短但有价值的概述开始我们的旅程，并介绍当前数据科学与人工智能的概况。

第 2 章介绍数据科学角色及其各种类别。

第 3 章介绍 Python 语言中最常见和有用的任务和操作。

第 4 章介绍如何讲述引人入胜的数据故事。

第 5 章深入讲解数据库世界，理解数据库的设计以及如何查询数据库以获取数据。

第 6 章通过 bash 和 shell 命令的力量提高操作系统技能，使你能够与多种技术进行本地或云端的交互。

第 7 章探索 Git 中最有用的命令，用于项目的协作和可重现性。

第 8 章讲解一些相关的概率和统计主题，它们为许多机器学习模型和假设提供了基础内容。

第 9 章利用对描述性统计的理解创建干净、机器可读的数据集。

第 10 章介绍最常用的机器学习算法、假设条件、工作原理以及如何评估它们的性能。

第 11 章更进一步地研究在各种应用中构建和评估神经网络，同时也会涉及人工智能的最新进展。

第 12 章回顾数据科学流程、工具和策略，以有效地设计和实施端到端的机器学习解决方案。

第 13 章讲解在面试过程的每个阶段成功绕过技术和非技术因素的最佳技巧。

第 14 章讲解如何优化收入潜力。

背景知识

为了充分利用本书，读者应该具备 Python、SQL 和统计学的基础知识。然而，如果读者熟悉其他分析语言，如 R，也将从本书中受益。通过复习 SQL、Git、统计学和深度学习等关键数据科学概念，读者将能很好地应对面试过程。

表 1 列出了本书所涉及的软件、硬件以及操作系统。

表 1

软件和硬件	操作系统
Python 3.12	Windows、macOS 或 Linux
Bash	Linux
Jupyter Notebooks	Windows、macOS 或 Linux

本书约定

代码块如下所示。

```
x = 5
print(type(x)) # <class 'int'>
```

特别说明

在过去几个月里，尤其是本书写作过程中，可用的人工智能技术的普及度呈爆炸式增长。我们鼓励读者在他们的学习旅程中利用人工智能，借助诸如 ChatGPT 这样的工具测试新获得的技能。过去那种为了特定问题在 StackOverFlow 上搜索数小时的日子已经一去不复返了。现在，求助的力量就在你的指尖上。

本书的作者也利用生成式人工智能辅助处理一些次要的编辑任务和创建代码示例。然而，请放心，本书内容是由人类编写的，并且由我们规划了书中包含的内容。在这个新时代，我们只是想让读者了解我们如何使用了这些工具。

读者反馈和客户支持

欢迎读者对本书提出建议或意见并予以反馈。

对此，读者可向 customercare@packtpub.com 发送邮件，并以书名作为邮件标题。

勘误表

尽管我们希望做到尽善尽美，但错误依然在所难免。如果读者发现谬误之处，无论是文字错误抑或是代码错误，还望不吝赐教。对此，读者可访问 http://www.packtpub.com/support/ errata，选取对应书籍，输入并提交相关问题的详细内容。

版权须知

一直以来，互联网上的版权问题从未间断，Packt 出版社对此类问题异常重视。若读者在互联网上发现本书任意形式的副本，请告知我们网络地址或网站名称，我们将对此予以处理。关于盗版问题，读者可发送邮件至 copyright@packtpub.com。

若读者针对某项技术具有专家级的见解，抑或计划撰写书籍或完善某部著作的出版工作，则可访问 authors.packtpub.com。

问题解答

读者对本书有任何疑问，均可发送邮件至 questions@packtpub.com，我们将竭诚为您服务。

目　　录

第1篇　进入数据科学领域

第 2 篇　操控和管理数据

第4篇　获得工作

第1篇 进入数据科学领域

在本书的第1篇内容中，读者将了解现代数据科学职业的现状以及它与该领域工作的关系。这将作为不同职业路径的入门介绍，并帮助您确立成功所需的技能和能力预期。

本篇包括以下章节。

（1）第1章，探索现代数据科学领域。

（2）第2章，在数据科学领域寻找工作。

第1章 探索现代数据科学领域

如果你正在阅读本书，那么很可能你已经听说过数据科学。可以说，它是科技和 STEM 领域中增长最快、讨论最多的职业之一，同时仍然保持着其相对的前沿性和神秘感。也就是说，许多人听说过数据科学家，但很少有人知道他们做什么、他们如何创造价值，或者如何从零开始进入这个领域。

本章将通过一个实际的描述验证数据科学的定义。随后将讨论大多数数据科学工作的内容，同时花一些时间描述不同类型数据科学之间的区别。接下来将深入探讨进入数据科学的各种途径，以及获得第一份工作为何如此具有挑战性。

在本章结束时，读者将对现代数据科学家有深入的理解，了解获得该工作的多种途径，在成为数据科学家的旅程中可以期待什么，预期的障碍，以及应该掌握的技能。

本章主要涉及下列主题。

（1）数据科学是什么。

（2）探索数据科学过程。

（3）分析数据科学的不同类型。

（4）审视数据科学的职业路径。

（5）解决经验瓶颈问题。

（6）理解预期的技能和能力。

（7）探索数据科学的演变。

1.1　数据科学是什么

首先，我们给出数据科学的定义。根据维基百科，"数据科学是一个跨学科的学术领域，它使用统计学、科学计算、科学方法、过程、算法和系统从嘈杂的、结构化的和非结构化的数据中提取或推断知识和洞察力"[1]。它包含多种技术、程序和工具来处理、分析和可视化数据，使企业和组织能够做出数据驱动的决策和预测。数据科学的主要目标是识别数据中的模式、关系和趋势，以支持决策制定和创建可操作的洞察结果。

《哈佛商业评论》将数据科学称为 21 世纪最"性感"的工作之一[2]，关于数据科学家获得六位数高薪的故事并不罕见。数据科学家通常被视为组织中的神谕，回答诸如"如果向这群客户增加产品供应，我们能增加收入吗？"或"客户流失的常见原因是什么？"等复杂的商业问题。

在组织内部，对数据科学家技能的需求持续增长。美国劳工统计局预测，在2022年，数据科学家的工作岗位在未来10年内将增长约36%[3]。对数据科学家需求的增长是由几个因素推动的，这些因素如图1.1所示。

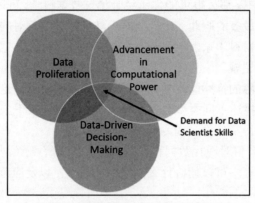

图1.1　数据科学家需求增长的原因

原文	译文
Data Proliferation	数据激增
Advancement in Computational Power	计算能力的提高
Demand for Data Scientist Skills	对数据科学家技能的需求
Data-Driven Decision-Making	数据驱动的决策制定

首先是数据的激增。由数字设备、社交媒体和各种其他来源产生的数据呈指数级增长，这使得组织必须利用这些数据进行决策和创新。预计未来数据增长将持续下去，国际数据公司（IDC）预计到2025年，我们将每年产生175ZB的数据[4]。这是一个惊人的数据量。

组织机构希望利用数据可用性的激增为决策生成洞察结果。随着世界变得更加互联和复杂，基于证据的决策需求增长，导致对能够将数据转化为可操作洞察力的技能型数据科学家的需求增加。组织和企业越来越依赖于数据驱动的洞察结果在市场上获得竞争优势，优化运营，并改善客户体验。

最后，如果没有计算能力的提高以及工具和平台的进步，将数据转化为洞察力是无法实现的。计算能力的增强和高级算法的发展，特别是在机器学习（ML）和深度学习（DL）方面，使得高效处理和分析大量数据成为可能。此外，开源工具、库和平台的发展使数据科学更容易被更广泛的受众接受，从而促进了这一职业的发展。

因此，数据科学仍是一个不断发展的领域，预计它将与计算和技术创新（如生成式人工智能）并行增长。此外，随着公司继续以更大的兴趣拥抱数字时代，最大化数据的效用，并利用其背后的洞察力获得竞争优势，对数据科学家的需求也将进一步扩大。

然而，尽管数据科学通常被视为并描述为一项单一的功能，但你很快就会了解到它是一个多方面的学科，通常因团队、部门甚至公司而异。自然地，数据科学家的工作概况也是一个不断演变的描述，但我们将涵盖最常见的任务。

1.2　探索数据科学过程

数据科学工作通常是一个迭代过程，如果数据科学家遇到挑战，他们需要返回到早期步骤。对数据科学过程的分类方法有很多，但通常包括：

（1）数据收集。

（2）数据探索。

（3）数据建模。

（4）模型评估。

（5）模型部署和监控。

1.2.1　数据收集

数据收集和预处理涉及从各种来源（如数据库、API 和网络抓取）收集数据，然后清洗和转换数据，以准备进行分析。这一步涉及处理缺失、不一致或嘈杂的数据，并将其转换为结构化格式。

根据组织机构的不同，数据工程师团队会支持数据科学过程中的这一步骤。然而，数据科学家通常也需要管理这一过程。这要求他们对数据源有深入的了解，并能够编写结构化查询语言（SQL）进行查询，编写可以查询数据库的代码，或者使用如网络爬虫等自定义工具来收集所需的数据。

1.2.2　数据探索

数据探索涉及进行探索性数据分析（EDA），以更好地理解数据、检测异常，并识别变量之间的关系。这一步骤的关键是寻找相关性并理解数据的分布。这涉及使用描述性统计和可视化技术来总结数据并获得洞察；因此，数据科学家应该能够使用汇总统计数据，编程实现描述性可视化结果，或者利用如 Power BI 或 Tableau 等报告工具来创建强大的图表。

1.2.3　数据建模

利用在数据探索步骤中学到的知识，数据建模是数据科学家使用机器学习和统计技术构建预测性或描述性模型的步骤，这些技术能够识别数据中的模式和关系。这里，数据科学家应选择适当的算法，在历史数据上训练模型，并验证它们的性能。

1.2.4　模型评估

模型评估和优化涉及使用诸如准确度、RMSE（均方根误差）、精确度、召回率、AUC（曲线下面积）或 F1 分数等指标评估模型的性能。基于这些评估，数据科学家可能会细化模型或尝试替代算法以提高它们的性能。理解模型预测背后的根本原因是建立对其结果信任和确保其与领域知识一致的关键。因此，数据科学家必须确保模型解决了组织/业务目标。这里，数据科学家需要能够将他们的发现传达给可能的技术性和非技术性个体。

1.2.5　模型部署和监控

模型部署和监控涉及将模型实施到现实世界的应用中，监控它们的性能并维护它们，以确保持续准确性和相关性。例如，数据科学家可能与数据工程团队合作或使用如容器等工具实施模型。一旦部署，数据科学家还可能需要开发仪表板来监控模型的性能，并在性能超出预期范围时通知利益相关者。

可以看到，数据科学是一个包含许多与数据相关的任务的职业，特别是那些涉及以某种形式获取、准备和交付数据的任务。虽然数据建模是这份工作最吸引人的地方，但实际上其他所有任务大约占据了工作内容的 80%。这还不包括与数据无关的任务，如与利益相关者交流、收集需求、调试软件、查看电子邮件和研究。然而，这些任务并不一定是数据科学家独有的。

在了解了与工作相关的常见任务后，接下来探索数据科学的不同类型或风格。

1.3　分析数据科学的不同类型

现在我们已经定义了数据科学家角色的一些关键方面，很明显该角色通常涵盖了许多不同的技能。数据科学家经常被要求执行各种与数据相关的任务，包括设计数据库表以收集数据、编程机器学习算法、理解统计学，以及创建引人注目的视觉效果以帮助向他人解释有趣的发现，但任何一个人要精通所有这些技能领域都是困难的。

因此，我们经常看到数据科学家在一两个领域特别熟练，而在其他领域则具备基本能力。他们的才能可以被认为是 T 形的，如图 1.2 所示。他们精通某些领域，如 T 的水平线，同时他们在少数领域具有深厚的知识和专长，如字母的垂直部分所示。

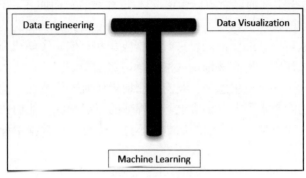

图 1.2　能力 T 形示例

原文	译文
Data Engineering	数据工程
Data Visualization	数据可视化
Machine Learning	机器学习

这个例子说明，有些人在数据工程和可视化方面能力足够，但在 ML 方面却出类拔萃。这些能力往往与一个人的独特经历或兴趣有关。也许他们曾经主修统计学，后来喜欢上了机器学习；也许他们曾经是一名商业智能（BI）工程师，在数据提取、转换和加载（ETL）方面拥有丰富的经验，从而能够更快地掌握数据工程概念。

无论出于何种原因，有些人对某些概念的掌握自然要比其他人好。在阅读本书时，请务必牢记这一点。虽然并不期望读者精通数据科学的方方面面，但我们希望你掌握相关的基础知识。不过，你几乎肯定会发现自己的"能力 T 形"，即三位一体的顶级技能组合，这将巩固你在数据科学领域的身份。

技能专长的组合数不胜数，下面回顾一下读者会遇到的一些最常见的组合。

（1）数据工程师。

（2）仪表板和可视化专家。

（3）机器学习专家。

（4）领域专家。

1.3.1　数据工程师

如前所述，数据工程是数据科学过程中的一个关键方面，涉及数据收集、存储、处理和管理。它专注于设计、开发和维护可扩展的数据基础设施，确保用于分析和建模的高质量数据的可用性。数据工程师以对数据管道 ETL 过程的监督而闻名。在一些数据科学家团队中，尤其是在较小的组织机构内，数据工程职责属于数据科学团队。因此，专门从事这一领域的数据科学家可以帮助团队项目进行数据收集和存储，了解机器学习过程的需求，如将数据结构化，以便它可以高效地输入深度学习算法中。

数据工程师有大量工具可供选择。我们不能指望任何一位数据工程师掌握所有这些技术，尤其是在相同的能力水平上。事实上，工程师的资历越深，他们在所选工具方面的能力就越强。此外，这并不是一份全面的清单。不过，你可以在数据工程师简历中看到以下内容：

（1）编程语言：Python、SQL、Scala、R、C++。

（2）数据存储：关系数据库（例如，MySQL、PostgreSQL、Oracle）、NoSQL 数据库（例如，MongoDB、Cassandra、DynamoDB）、数据仓库（例如，Snowflake、Redshift、BigQuery）、分布式文件系统（例如，Hadoop 分布式文件系统（HDFS）、Apache Cassandra）。

（3）数据处理和分析：Apache Spark、Apache Flink、Apache Storm、Apache Beam、MapReduce、Hadoop、Hive、Apache Kafka、Amazon Kinesis。

（4）数据集成和 ETL：Apache NiFi、Talend、Apache Airflow、AWS Glue、Google Cloud Dataflow、dbt。

（5）数据版本控制和协作：Git、GitHub、GitLab、Bitbucket、Azure DevOps。

（6）数据可视化和商业智能：Tableau、Power BI、Looker、QlikView、Domo。

（7）云平台和基础设施：Microsoft Azure、Google Cloud Platform（GCP）、Amazon Web Services（AWS）。

（8）容器技术：Docker、Kubernetes。

1.3.2　仪表板和可视化专家

数据可视化是使用图表、图形和地图等视觉元素对数据和信息进行图形表示。它使利益相关者能够理解数据中的复杂模式、趋势和关系，从而做出更明智的决策。数据可视化有助于简化复杂数据并以易于消化的格式呈现，识别数据中的模式、趋势和相关性，支持数据驱动的决策，并有效地向广大受众传达洞察和发现结果。将数据可视化与引人入胜的叙述结合起来，可以成为推动组织行动的强大动力。许多新闻机构聘请擅长数据可视化的优秀数据科学家，向他们的受众传达复杂信息。

仪表板和可视化专家在不同组织中有不同的称呼，但最常听到的一些名称包括商业智能（BI）工程师、数据分析师、数据可视化专家、数据叙述者，等等。他们通常是具有描述性统计、数据叙述和开发关键绩效指标（也称为 KPI）的强大背景的个人。仪表板和可视化专家使用的一些最常见的工具包括：

（1）编程语言：Python、SQL、R、JavaScript。

（2）数据存储：关系数据库（例如，MySQL、PostgreSQL、Oracle）、NoSQL 数据库（例如，MongoDB、Cassandra、DynamoDB）、数据仓库（例如，Snowflake、Redshift、BigQuery）。

（3）框架：Dask、Plotly、ggplot2、Shiny、Matplotlib、Seaborn、DB.js。

（4）数据可视化和商业智能：Tableau、Power BI、Looker、QlikView、Domo、Funnel、Excel。

（5）云平台和基础设施：Microsoft Azure、GCP、AWS。

1.3.3　机器学习专家

当大多数人想到数据科学家时，他们会想到设计和实现机器学习算法的人。机器学习专家和工程师利用计算机在没有显式编程的情况下从经验中学习并改进，通过开发算法和模型分析数据、识别模式，并根据这些模式进行预测或决策。他们在构建智能应用程序和系统中发挥着关键作用。机器学习专家对使用哪种学习算法以及如何调整其参数以实现最佳性能有很强的理解。

因此，他们有很强的研究倾向，以保持对最新定量问题解决方法的了解，并且特别擅长机器学习的开发、部署和维护任务。他们拥有强大的工具集，因为他们非常精通软件开发原则。虽然这不是固有的规则，但许多机器学习专家往往在统计学、运筹学、计算机科学和/或信息系统方面有很强的背景。机器学习专家使用的工具可能包括：

（1）编程语言：Python、SQL、R、Java、C++。

（2）框架：TensorFlow、Keras、scikit-learn、PyTorch、H2O、Hugging Face。

（3）数据存储：关系数据库（例如，MySQL、PostgreSQL、Oracle）、NoSQL 数据库（例如，MongoDB、Cassandra、DynamoDB）、数据仓库（例如，Snowflake、Redshift、BigQuery）、分布式文件系统（例如，HDFS、Apache Cassandra）。

（4）数据处理和分析：Apache Spark、Apache Flink、Apache Storm、Apache Beam、

MapReduce、Apache Kafka。

（5）数据集成和 ETL：Apache NiFi、Talend、Apache Airflow、AWS Glue、Google Cloud Dataflow。

（6）数据版本控制和协作：Git、GitHub、GitLab、Bitbucket。

（7）云平台和基础设施：Microsoft Azure、GCP、AWS。

（8）部署：Docker、Kubernetes、Flask。

1.3.4　领域专家

领域专家是具有特定行业或领域内丰富知识和专长的数据科学家。例如，那些在计算机视觉（CV）或自然语言（NL）问题上积累了丰富知识和专长的人。他们利用自己的领域知识开发定制的机器学习模型和数据分析技术，以满足其领域的独特挑战和要求。然而，也有一些非技术领域的专家，他们由于自己的专业背景，对特定行业或商业问题有着深入的了解。例如，具有数字营销背景的人可能在需要理解媒体组合建模或数据驱动归因的数据科学角色方面具有优势，而具有航空业经验的人则可能在路线优化模型方面具有优势。

由于领域专家往往拥有特定领域的专长，他们通常已经熟悉自己特定行业的工具。例如，数字营销专业人士必定对包括 Google Analytics、Adobe Analytics、HubSpot 等在内的众多 MarTech 平台有一定的经验。

这些只是数据科学内可以专攻的不同领域或风格。你不需要成为所有这些领域的专家，但需要展示在所有这些领域都有一定程度的能力和成长的意愿。通常在从事数据科学项目时，你会出于必要或热情而倾向于这些领域中的一个，其间获得的实践经验将是关键的，并增强求职者的候选资格，特别是当招聘经理寻找具有该技能集的人士时。

这些数据科学的不同风格很大程度上是一个人之前经验的结果，无论是在技术领域还是在其他领域。例如，一位软件工程师可能很适合转向机器学习或数据工程，而数据分析师可能更容易转向数据工程师或商业智能工程师。可以看到，所有数据科学的风格在技能、工具和任务上都有相当大的重叠。

根据之前的一些描述，你可能已经想象到自己在"等式"中的定位。下面花一点时间明确讨论一下通往数据科学职业的一些常见路径。

1.4　审视数据科学的职业路径

数据科学领域正在迅速发展，同时吸引了来自不同背景和学科的专业人士。这种动态的格局催生了众多数据科学的职业道路，并为数据科学带来了独特的视角、技能和经验。本节将探索 3 种主要类型的数据科学家：传统型、领域专家型和非传统路径数据科学家。

1.4.1　传统型数据科学家

传统型数据科学家遵循了传统的教育路径进入数据科学领域。他们通常在计算机科学或数学方面拥有扎实的背景，且往往辅修另一个学科。其他常见的专业包括运筹学、统计学、物理学和工程学。这些人通常会在这些领域获得更高的学位，包括硕士学位甚至博士学位。他们严格的学术训练使他们对统计方法论、编程语言和高级算法有着深刻的理解。

传统型数据科学家对数据科学领域的基本数学和统计原理有着全面的了解。他们精通概率论、线性代数、微积分和优化技术，这些构成了许多机器学习算法和统计建模的基础。这一理论基础使他们能够理解各种方法的细微差别，并研究针对特定问题的最合适方法。

凭借计算机科学的背景，传统型数据科学家擅长使用数据科学中常用的编程语言，如 Python 和 R。他们的编程技能使他们能够操作数据、实现机器学习算法，并为特定问题开发定制解决方案。此外，他们还精通使用专门的库和框架，如 TensorFlow、PyTorch 和 scikit-learn，以加快数据科学项目的开发。

简而言之，传统型数据科学家的特点是拥有深厚的 STEM 学术背景、对统计原理有全面的理解，并精通编程和数据操作。如果你的背景是传统型的，我们建议你在求职面试中将自己定位为精通机器学习的人才。除此之外，还要进一步强调你所拥有的任何研究经验。

1.4.2　领域专家型数据科学家

领域专家型数据科学家是最初在特定行业（如市场营销、金融、医疗保健或供应链）开始其职业生涯的专业人士，后来才转向数据科学领域。凭借对自身领域的深厚理解，这些个体逐渐掌握了数据分析和编程技能，以补充他们的专业知识（例如，一名公司财务主管利用领域专业知识开发了一种机器学习算法，用于标记欺诈性交易）。领域专家拥有一种独特的能力，能够利用他们的领域知识从数据中挖掘出相关洞察，使组织能够做出推动增长和效率的数据驱动决策。

领域专家对其所处行业的复杂性和细微差别有着全面的理解，这使他们在数据驱动的项目中成为宝贵的资产。他们对行业特有的挑战、趋势和最佳实践的了解使他们能够识别关键的商业问题，并构建相关且有影响力的数据驱动解决方案。凭借丰富的领域知识和分析技能，领域专家型数据科学家擅长开发针对其行业的定制化解决方案。此外，他们能够敏锐地将商业问题转化为数据驱动的假设，并利用对行业独特的理解指导他们的分析。这种针对性的方法使他们能够产生直接满足其行业需求和优先事项的洞察结果。

此外，领域专家精通其各自领域常用的分析工具和软件。这些专业工具可能包括行业特定的数据平台、可视化软件或机器学习框架，使他们能够高效地处理和分析其领域独有的数据。他们针对这些工具的专业知识使他们能够比缺乏行业特定知识的同行更快、更有效地提供洞察结果。

最后，领域专家型数据科学家的一个重要优势是，他们有能力将复杂的数据见解传达给行业内的非技术利益相关者。此外，他们还了解所在领域的背景和术语，因此能够以一种能与业务合作伙伴产生共鸣的方式来展示研究结果。这项技能对于推动数据驱动决策、确保其工作价值得到组织的认可和理解至关重要。

总之，如果你在面试领域拥有专业知识，我们建议你将自己定位为领域专家型数据科学家。强调对行业及其挑战的深刻理解，使你能够提供有针对性、有影响力的数据驱动型解决方案。此外，还要强调能够使用行业术语有效地传达复杂的见解。你的领域知识和数据科学技术将使你成为任何组织在其领域内的宝贵资产。

1.4.3　非传统路径数据科学家

非传统路径数据科学家是那些来自被认为非传统背景的个体，他们涉足数据科学领域。这些专业人士可能来自多样化的领域，这些领域较少关注定量任务，包括心理学、音乐甚至新闻学等领域。这种非传统背景可以为他们提供独特的视角和创造性的问题解决能力，用他们多样化的经验丰富数据科学领域。

非传统路径者拥有广泛的教育和职业背景，这使他们具备多样化的技能和知识。他们可能最初在不同领域追求职业生涯，后来才发现自己对数据科学的热爱。这种多样化的经验通常会导致更广泛的跨学科问题的解决方法，使他们能够建立联系和洞察，这些可能会被那些接受更传统训练的同行忽视。例如，非传统路径者可能会以与传统主义者或领域专家不同的方式处理机器学习和人工智能（AI）伦理问题（这是 AI 领域日益相关的话题）。通过解决人道主义问题，如灾难响应、公共卫生、食品安全和人权，他们也可能会视机器学习和 AI 为创造世界的工具，此外，AI 也可能引起土木工程师对智能城市的兴趣，或政治学专业人士在刑事司法系统中检测隐含偏见的兴趣。

凭借其非传统背景，非传统路径者为数据科学带来了独特的视角，使他们能够从不同的角度解决问题。他们的创造力和创新思维可以促进新方法、模型或可视化技术的发展，挑战现状并推动数据科学的可能边界。这种跳出框架的思考方式是宝贵的，特别是在解决复杂或新颖的问题时。

此外，凭借其独特的背景，非传统路径者非常适合与来自不同学科的专业人士合作，利用他们独特的视角解决复杂问题。他们与跨学科团队有效合作的能力可以促进创新解决方案的发展，这些解决方案结合了多个领域的强项，并推动组织的成长和成功。为了促进与不同背景者的合作，他们通常需要有效地向不同受众传达复杂的想法和洞察。非传统路径者通常理解数据科学中叙述故事的重要性，使用数据可视化和叙述传达他们的发现成果。这项技能使他们能够在技术专家和非技术利益相关者之间架起桥梁，从而促进合作。

总而言之，如果你作为非传统路径者进入数据科学领域，我们建议你在求职面试中将自己定位为一个适应性强、能够带来独特视角以促进创造性问题解决的人。此外，还应强调沟通和协作的能力。随着数据科学领域的持续扩展，其专业人士的多样性只会增加。传统型、领域专家型和非传统路径者各自都带来了独特的优势和视角。当然，这些只是数据科学专业人士的一般分类，你可能兼具所有这些特征。强调个人优势将使你能够在数据科学面试中获得最佳定位。

尽管所有这些路径都有其优势，但没有一个是完全没有障碍的。数据科学中一个常见的误解是存在一条完美路径或全面性的路径，该路径没有任何瓶颈。虽然的确某些路径比其他路径有更多优势，但它们都有需要解决的空白。虽然其中一些空白是特定于风格或路径的，但它们都有一个共同点：获得第一份数据科学工作。

1.5 解决经验瓶颈问题

那么，你想成为一名数据科学家吗？欢迎来到《饥饿游戏：数据科学版》。

虽然这听起来可能有些夸张，但对数据科学家的需求不断增长已经将面试过程变成了一个候选人各种背景和专业知识的战场。

但不要害怕，就像《饥饿游戏》一样，胜算可能会偏向你这一边。

竞争不应该吓退你进入这个领域。你已经通过阅读这本书展示了你的兴趣和承诺，随着阅读的深入，你将学会如何准备数据科学面试，无论你的背景如何。此外，我们将分享策略以填补你经验中的空白，使你成为更有竞争力的候选人。记住，你有自己的优势和弱点。你可以通过专注于你的空白领域并理解独特的技能脱颖而出。

信不信由你，候选人在他们的经验中存在空白是非常常见的。在接下来的几节中，我们将回顾两个熟悉的经验空白来源：学术和工作经验空白。除了指出这些空白区域外，我们还将提供一些建议来帮助你填补它们。

1.5.1　学术经验

求职者经验中常见的空白之一就是他们的学术背景。雇主可能更青睐拥有数据科学、计算机科学或相关领域正式学位的求职者,这使得没有传统学术背景的求职者难以脱颖而出。你可能不是工程师或程序员出身,但是对数学或计算机有所了解,但尚未深入假设检验等细节内容。不必担心。弥补学术背景空白的第一步就是找出空白。反思自己的教育和经历,并向自己提出以下问题:

(1) 在数据科学的哪些领域感到最不自信?

(2) 需要更多接触哪些技术或概念?

(3) 在面试或项目工作中,我在哪些主题或任务上遇到最大的困难?

(4) 面试的工作通常需要哪些模型?

一旦识别出了自己的空白,即可制订一个行动计划有效地解决它们。以下是几种方法,可以帮助你填补学术经验的空白,并增强数据科学候选人资格。

1. 获取相关认证

从知名组织或平台(例如,DataCamp、Codecademy、Sololearn、Alison、Udemy、Udacity、Google 认证等)获取数据科学、机器学习、人工智能或相关领域的认证。这些认证可以帮助你获得信誉,展示专业知识,并证明你对学习的承诺。

2. 参加研讨会和训练营

参加研讨会、训练营或短期课程,以获得数据科学技术和工具的实践经验。例如,Meetup.com 和 LinkedIn 是寻找本地或虚拟数据科学小组的有用网站。这不仅有助于提高技能,还可以让你与该领域的其他专业人士建立联系。

3. 利用大规模开放在线课程(MOOC)

从顶尖大学或平台报名参加 MOOC,学习数据科学的概念和技术。常见的网站包括 Coursera 和 edX。这些课程可以帮助你在该主题上打下坚实的基础,并提升非传统学术背景。

4. 建立强大的作品集

创建一个展示你的数据科学项目、编码技能和解决问题能力的作品集。强调独特视角以及非传统背景如何为数据科学方法做出贡献。

5. 与数据科学专业人士建立联系

通过社交活动、在线论坛或 LinkedIn 等社交媒体平台与数据科学领域的专业人士建立联系。这可以帮助您深入了解行业，了解工作机会，并建立可能导致指导或工作推荐的人际关系。

相关资源（如书籍、在线课程和教程）可以帮助您获得必要的知识。为完成这些活动制定一个现实的进度表，不要被大量在线课程所淹没。在制定学习计划时，设定可实现的目标并对自己保持耐心是很重要的。记住，数据科学是一个广阔的领域，要精通它需要时间。对此，可设定专门的时间去执行学习计划。此外，还可通过论坛、社交媒体和社交活动与数据科学社区互动，向他人学习并保持动力。

1.5.2　工作经验

对于候选人来说，另一个常见的空白与工作经验有关。进入数据科学领域可能具有挑战性，特别是当面临工作经验瓶颈时。雇主通常寻求具有先前经验的候选人，这为有志于成为数据科学家的人创造了一个两难境地：你需要经验才能得到工作，但你需要工作才能获得经验。本节将探讨工作背景空白的常见原因，并提供策略帮助你克服工作经验瓶颈。

你的工作背景可能与雇主所寻找的不完全一致，这包含几种原因，例如不同领域的职业转换。你可能是一名拥有有限经验或没有全职经验的应届毕业生，或者可能因个人原因（例如，照顾他人、健康、旅行）而存在就业空白，或者可能做过自由职业或合同工，这可能不被视为稳定或相关的工作经验。

理解工作背景空白背后的原因对于构建一个引人入胜的叙述和向潜在雇主展示你的价值至关重要。以下是几种方法，可以帮助填补工作经验空白并增强数据科学候选人资格。

1. 个人项目

开发并展示个人项目，证明你的技能、创造力和解决问题的能力。选择与职业兴趣或目标行业一致的项目，这将有助于构建作品集，并展示你对该领域的激情和承诺。

2. 实习、合作、奖学金和学徒

寻求实习、合作或学徒机会，以获得实践经验并与行业中的宝贵人脉建立联系。这些机会可以为你提供入门的途径，让你能够向经验丰富的专业人士学习，并建立可以带来未来工作前景的网络。针对于此，甚至存在一些在线实习机会。例如，Forage 提供了由摩根大通、沃尔玛、KPMG、Lyft、红牛、PWC、埃森哲、德勤、通用电气等顶级公司主办的虚拟体验。许多科技公司，如微软、亚马逊和谷歌，为应届毕业生和专业人士提供许多实习机会。一些组织还提供在线奖学金，如 Correlation One 和 Insight Fellows。

3. 自由职业和咨询工作

为企业和组织提供自由职业或咨询服务，即使是无偿的。这使你能够获得实践经验，提高技能，并建立成功的记录。此外，它还证明了你与客户合作和解决现实世界问题的能力。

4. 在线竞赛和黑客松

参加数据科学竞赛和黑客松，如 Kaggle 或 DrivenData 上举办的活动。这些活动使你能够解决具有挑战性的问题，与他人合作，并向潜在雇主展示你的技能。

5. 开源贡献

为与数据科学、机器学习或人工智能相关的开源项目做出贡献。这提高了你的技术技能，并证明了你与他人合作并向更广泛的数据科学社区做出贡献的能力。

通过采用这些策略，你可以克服工作经验的瓶颈，并将自己定位为数据科学就业市场的有力候选人。记住，坚持和适应性是成功的关键。保持对目标的专注，抓住学习和成长的机会，最终，你将突破工作经验的障碍，获得理想的数据科学工作。

现在，你已经对可能遇到的瓶颈问题以及解决这些问题的方法和资源有了正确的认识，接下来让我们更好地了解期望掌握的技能和能力。在回顾了硬技能和被低估的软技能之后，你将能够认识自己的能力差距，这不仅有助于你确定要利用哪些资源，还能帮助你以更有针对性和目标导向的方式阅读本书。我们鼓励读者通读全书，但你也可以直接阅读所关注的章节。

1.6 理解预期的技能和能力

事实是这样的：面试是数据科学工作申请流程中的关键组成部分，你可以借此机会向潜在雇主展示技能、知识和个性。面试过程至关重要，原因有几点：

（1）雇主可以评估你的技术技能、解决问题的能力和批判性思维。

（2）可以展示你的沟通技巧、团队合作精神和文化契合度。

（3）它让你有机会提问并收集有关公司和角色的信息，以确保与你的职业目标和价值观一致。

（4）为面试做准备对于在竞争激烈的就业市场中脱颖而出并获取理想的职位至关重要。

为数据科学面试做准备对成功至关重要。实际上，这是可以为职业生涯做的最有用的活动之一。这不仅适用于希望在该领域获得第一份工作的数据科学新手，也适用于希望掌握新技能和技术的经验丰富的数据科学家。在本书的后续部分中，我们将通过回顾最常见的数据科学面试主题帮助你做好准备，包括技术和案例研究问题。此外，我们还将提供解决问题的技能、编码和数据操作技巧的问题。除了这些活动，你还应该针对公司、企业文化、产品和行业趋势进行准备。此外，还可以准备一些问题向面试官提问，以展示你的兴趣和参与度。

目前，你需要知道大多数数据科学面试包括两个主要领域：技术（硬）技能和非技术（软）技能。每个领域都有不同的目的，且需要不同的准备策略。技术部分评估你在数据科学、编程、统计学和机器学习方面的知识和技能。例如，它可能包括编码练习或算法问题、数据操作和清洗任务、统计分析或假设检验问题，以及机器学习模型选择和评估问题。与此同时，非技术部分则评估沟通技巧、解决问题的能力和团队合作能力。它可能涉及你过去的经验和成就、情境或解决问题的场景，个人的优势、劣势和工作方式，以及了解你的动机和职业抱负。

掌握数据科学面试是一项关键技能，可以成就或破坏你的职业生涯。虽然我们不会赢得所有面试，但为这些面试做准备感觉就像是在准备一场马拉松。当需要准备多个面试时，这种感觉尤为强烈。进入数据科学领域的关键是在预期的技能和能力上打下坚实的基础。如果你在面试过程中表现出色，则可以给潜在雇主留下持久的印象，并增加收到工作邀请的机会。此外，充分了解面试的结构可以让你为技术和非技术部分做好准备，通过突出优势和技能，你将顺利地踏上数据科学领域的成功之路。

让我们更深入地了解数据科学家应具备的硬技能和软技能。审视之后，你将对本书学习的技能有一个更清晰的概念。

1.6.1　硬技能（技术技能）

要在数据科学角色中表现出色，你必须具备各种硬技术技能的坚实基础。这些技能使你能够有效地操作、分析和解释数据，并开发和部署机器学习模型。本节将讨论在数据科学职位中取得成功所需的基本硬技术技能。

1. 编程语言

精通编程语言对于数据操作、分析和可视化至关重要。数据科学中最流行的语言包括：
- Python：一种多功能的高级编程语言，拥有广泛的数据科学库和工具，如NumPy、Pandas、Matplotlib 和 scikit-learn（本书稍后将介绍一些关键的 Python技能）。

- **R**：一种专门为统计计算和图形学设计的编程语言，提供了广泛的数据操作、可视化和建模的软件包。

2. 数据操作和清洗

数据科学家经常处理原始的、混乱的或不完整的数据。因此，必须熟练于数据预处理、清洗、转换和组织数据，以便为分析或建模准备好数据。通常需要熟练掌握 SQL，以便从数据库中提取数据并进行清洗和准备。

3. 数据可视化

数据可视化以图形格式表示数据，有效地传达洞察和趋势。基本的数据可视化技能包括使用 Matplotlib、ggplot2 或 Tableau 等工具创建清晰且信息丰富的可视化内容，并根据数据和目标受众选择合适的可视化类型。通过视觉叙事有效地传达洞察和发现结果。

4. 统计学

扎实的统计学基础对于制订数据驱动的决策和解释结果至关重要。数据科学中的关键统计概念和技术包括描述性统计学，它使用均值、中位数、众数、方差和标准差等度量来总结和描述数据。此外，候选人必须了解推断性统计学，它使用样本数据通过假设检验和置信区间等技术对总体或关系得出结论。此外，概率论用于理解事件及其关系的可能性，包括条件概率、独立性和贝叶斯定理等概念。

5. 机器学习

机器学习涉及训练算法，进而从数据中学习并进行预测或决策。基本的机器学习技能包括：

- 监督学习（SL）：基于输入特征构建模型以预测目标变量。在数据科学面试之前，你应该了解的一些 SL 技术，包括线性回归、逻辑回归和决策树。
- 无监督学习（UL）：在没有标记目标的情况下发现数据中的模式或结构。在数据科学面试之前，重要的是要理解聚类、降维和异常检测等技术。
- 模型评估：使用准确度、精确度、召回率、F1 分数和曲线下面积（AUC）等指标评估模型性能。

6. 云计算平台

AWS、Azure 或 Google Cloud 等服务为数据存储、处理和机器学习提供可扩展资源。越来越多的组织采用这些平台，它们可能会要求你知道如何使用它们进行数据科学活动，尽管大多数服务都提供证书以证明你在使用其服务方面的熟练程度。

为了在快速发展的数据科学领域保持竞争力，持续完善和更新技能至关重要。持续学习、参加研讨会，并参加在线课程或训练营，以保持你的技术敏锐性和相关性。

1.6.2　软技能（沟通技能）

虽然硬技术技能构成了数据科学家专业知识的基础，但软技能在确保角色成功方面同样重要。软技能是非技术性的人际能力，帮助你驾驭职业关系，与团队成员合作，并有效地传达洞察结果。本节将讨论在数据科学职位中所需的基本软技能。

1. 好奇心和持续学习

成功的数据科学家必须具备好奇心和持续学习的能力。培养好奇心和持续学习包括了解行业趋势、新工具和技术。此外，还要征求同行、导师和主管的反馈意见，以确定需要改进的地方。最后，还应参与职业发展活动，如参加会议、研讨会或在线课程。

2. 沟通

有效的沟通对于数据科学家至关重要，因为它使你能够清晰、简洁地解释复杂的概念和洞察结果，以适应你的听众。同样重要的是，你需要向技术和非技术利益相关者展示你的发现和建议。

3. 团队合作和协作

数据科学家经常在多学科团队中工作，与工程师、分析师、产品经理和其他利益相关者合作。基本的团队合作和协作技能包括积极倾听和理解他人的观点、需求和想法。另外，适应性也是协作的关键，并且要根据团队动态、项目要求或目标的变化调整方法和优先级。

4. 问题解决

数据科学家必须通过将复杂、现实世界的问题分解为较小的组成部分，分析可用数据，并制定适当的解决方案以解决这些问题。关键的问题解决技能包括分析思维，即识别数据中的模式、趋势和关系，并理解问题的基本结构。

5. 时间管理和组织

有效的时间管理和组织对于管理多项任务、满足截止日期和确定工作优先级至关重要。要在这些领域表现出色，可以考虑为短期和长期项目设定明确的目标。此外，还可创建一个结构化的时间表，为不同的任务和优先事项分配时间。最后，你应该定期评估进度，根据需要调整计划，并从过去的经验中学习。

这些硬技能和软技能造就了一个全面的数据科学家，他不仅具备使用数学和计算技术来解决业务问题的能力，还擅长有效管理多个项目、交付成果、利益相关者期望和紧迫的截止日期。虽然数据科学家通常不是组织中面向客户最多的角色，但最优秀的数据科学家在拥有强大的人际技能以协作和沟通问题、需求、警告、模型如何运作以及如何解释结果时，会脱颖而出。毕竟，只有沟通得当，你的工作才会出色。

1.7　探索数据科学的演变

数据科学领域不断演变，无论是使用的工具还是工作的类型。这种演变是由技术进步、数据可用性的增加以及行业对数据驱动洞察的日益增长的需求所驱动的。因此，对于那些有兴趣进入该领域的人士来说，不仅要学习数据科学的基本知识，而且还要持续关注新的发展和技术，这是至关重要的。

1.7.1　新模型

数据科学领域演变的最显著方式之一是开发新的机器学习和人工智能算法和技术。随着人工智能的不断成熟，数据科学家能够构建更准确和强大的预测模型，这些模型可用于解决广泛的复杂问题。这包括实施从工业界和学术界等其他领域借鉴的方法，如流程改进、运筹学、博弈论、网络/图形分析和深度学习技术。

不言而喻，诸如在 ChatGPT 中使用的大型语言模型（LLM）之类的发展预计将对数据科学家的工作方式产生深远影响。例如，集成开发环境（IDE）中的 LLM 有潜力加快代码编写速度。这类似于开源软件（OSS）包的发展，后者已经提高了程序员的生产力。

1.7.2　新环境

数据科学领域演变的另一个方面是日益增长的云技术平台。虚拟化和无服务器技术使数据科学家能够访问强大的计算资源和可扩展的数据存储，使得处理大型数据集变得更加容易且成本效益更高。因此，云计算通过提供前所未有的机会，以及改变组织处理数据分析和机器学习的方式，彻底改变了数据科学领域。随着这些进步，数据科学家已经克服了传统的限制，如硬件限制、可扩展性挑战和资源分配问题。现在，数据科学家可以在单个物理服务器上创建多个虚拟机（VM），从而实现计算资源的有效利用。

例如，无服务器技术简化了模型部署和软件应用管理，因为它消除了基础设施配置的需求，并根据需求自动扩展资源。云计算平台，如亚马逊网络服务（AWS）、微软 Azure 和谷歌云平台（GCP）在基础设施即服务（IaaS）、平台即服务（PaaS）和软件即服务（SaaS）领域占据主导地位，使高性能计算、存储和专业工具的访问民主化，并赋予数据科学家巨大的计算能力。它们提供了强大的框架，如谷歌云 AI 平台和 Azure 机器学习，可以在不投资昂贵硬件的情况下对大型数据集进行复杂模型的训练。此外，基于云的数据湖，如 AWS 简单存储服务（S3）或 Azure 数据湖存储（ADLS），为大规模数据处理和分析提供了可扩展且成本效益高的存储解决方案。

总体而言，虚拟化、无服务器技术和云计算极大地扩展了数据科学的能力范围，实现了更有效、可扩展的数据分析，促进了创新，并加速了整个行业的人工智能驱动解决方案的发展。

1.7.3　新计算

计算能力的提高也将继续推动该领域的发展。随着数据集在规模和复杂性上的增长，以及人工智能算法的日益成熟，数据科学家需要更强大的计算资源来处理和分析数据。这导致了专门为数据科学设计的专用硬件和软件工具的发展，如 GPU，以及像 Hadoop 和 Spark 这样的分布式计算框架。此外，许多数据科学家现在转向像 AWS 和 Google Cloud 这样的基于云的计算平台，并按需访问可扩展的计算资源。

数据科学领域的技术进步迅速，数据科学家必须跟上计算能力的最新发展，并具备利用这些资源所需的技能和知识。

1.7.4　新应用

除了这些技术进步之外，数据科学领域还在其应用行业和应用领域中不断演变。数据科学现在被应用于医疗保健、金融、交通和物流等广泛领域。因此，数据科学家必须适应新的行业和领域，并能够应用他们的技能和技术解决新的和独特的问题。

鉴于数据科学领域的快速变化，对希望进入该领域的人士来说，跟上新的发展和技术至关重要。这需要对持续学习和职业发展做出承诺，并对新的想法和方法持开放态度。通过跟上该领域的最新进展，数据科学家可以确保他们保持竞争力，并能够为他们的组织和客户创造价值。

1.8　本　章　小　结

在本章中，读者已经了解了现代数据科学的现状、角色所包含的内容、预期候选人所需具备的技能和能力，以及成为数据科学家的最常见的路径。此外，本章还讨论了数据科学的多样化功能，以及它如何培养出具有不同专业和背景的数据科学家的多元化劳动力。考虑到这一点，你可以确定求职路径可能是什么样子，或者希望填补哪些知识空白。

第 2 章将开始数据科学职位搜索之旅，从心理（和情感上）为你铺平前方的道路。我们将讨论一些被低估的技巧、如何识别合适的工作机会、如何发现工作机会、如何准备引人注目的申请，以及如何在不断演变的技术、项目作品集和简历的海洋中保持领先。

1.9　参　考　文　献

[1] *Data science* from *Wikipedia*: https://en.wikipedia.org/wiki/Data_science.

[2] *Is Data Scientist Still the Sexiest Job of the 21st Century?* by *Thomas H. Davenport* and *DJ Patil*, from *Harvard Business Review*: https://hbr.org/2022/07/is-data-scientist-still-the-sexiest-job-of-the-21st-century.

[3] *Data Scientists* from *U.S. Bureau of Labor Statistics*: https://www.bls.gov/ooh/ math/data-scientists.htm#tab-1.

[4] *The Digitization of the World* by *David Reinsel, John Gantz*, and *John Rydning*, from *International Data Corporation*: https://www.seagate.com/files/www-content/ our-story/trends/files/idc-seagate-dataage-whitepaper.pdf.

第 2 章　在数据科学领域寻找工作

既然已决定在数据科学领域展开你的职业生涯，那么我们就去寻求一份相关工作吧。

本章将介绍有效的求职策略，包括如何做好心理准备以及如何制作有效的简历和作品集。我们的目标是让你在求职过程中取得成功。此外，我们还会提供一些内部人士的建议。

阅读完本章后，读者将知道如何正确制定数据科学求职计划和策略，包括制作出色的简历和求职信以吸引潜在雇主，以及令人印象深刻的项目作品集。此外还将了解如何通过人际网络和在线招聘帖子寻找工作，以及如何通过学习新技术技能保持领先。

本章主要涉及下列主题。

（1）寻找第一份数据科学工作。

（2）制作金牌简历。

（3）准备获得面试机会。

2.1　寻找第一份数据科学工作

数据科学求职需要精心准备，勤奋、耐心和坚强的意志不可或缺。心理准备与专业技术同样重要，因为求职往往是一场马拉松，而不是短跑。因此，在这个要求苛刻的领域，保持镇定和毅力是成功的关键。要做到这一点，就必须掌握有效的求职技巧。

有效的求职可以利用多种工具和资源。招聘网站至关重要，这是你与潜在雇主之间的桥梁。学习如何有效地浏览这些平台，可以将它们从令人生畏的职位数据库转化为你的个人金矿。同样重要的是一份经过专业策划的作品集，它可以展示你的技术敏锐度、解决问题的能力、创造力以及对数据科学的热情。没错，找到一份数据科学工作需要的不仅仅是技术能力。这是一门科学，也是一门艺术，需要一些创造性的巧妙策略。

求职艺术结合了所有的前期准备工作——简历撰写、策略性人际网络构建、策略性申请，等等。这个过程不仅仅是单击一个按钮或发送一封电子邮件，它需要策略性的时间安排、量身定制的申请表，以及将独特的技能与潜在公司的愿景和目标结合起来。

本章旨在为成功完成这些步骤提供全面指导，让你掌握在数据科学领域有效求职所需的知识、策略和技巧。首先是探索未来的心理历程。

2.1.1　准备前行

求职初期可能会激起一系列情感波动。然而，寻求数据科学新角色的初始兴奋很快就会被即将面临的挑战的现实所抑制。幸运的是，对于你来说，求职过程通常遵循一个可预测的情感周期（作为数据科学家，我们喜欢可预测性）。就像预测一样，它允许我们窥视未来并相应地进行规划。

这段旅程通常始于对新机会的乐观和兴奋。职业专家、*Working Whole* 一书的作者 Kourtney Whitehead 说："不要试图抑制你的期望，或者认为你的积极态度是幼稚的。事实上，你在求职初期所感受到的希望，是对你面前真正机会的认可。"[1]

然而，随着时间的推移和竞争激烈的就业市场的现实逐渐显现，求职者可能会产生挫败、失望和自我怀疑的感觉。可能会有一段时间，你的申请似乎石沉大海，或者在投入大量时间和精力进行面试后面临拒绝。这些经历可能会令人沮丧，并可能导致情绪低落，但将情感周期视为求职过程的正常部分，是为即将到来的旅程做好心理准备的第一步。

1.　保持情绪韧性的策略

以下是一些帮助你在求职过程中保持情绪韧性的策略。

（1）确定动机：了解为什么想要成为数据科学家将帮助你专注于最终目标，并在困难时期激励自己。

（2）保持观点：记住，你的价值不是由你的工作或收到的拒绝次数定义的。求职只是生活的一部分，拒绝是过程的常见部分，即使是最成功的专业人士也会遇到拒绝的情况。

（3）自我照顾：优先考虑有助于放松和减压的活动。这可能是锻炼、冥想、与亲人共度时光或追求爱好。这些活动可以帮助你保持平衡，防止倦怠。

（4）支持网络：与理解你的经历并在低谷时期提供鼓励的朋友、家人或导师在一起。

（5）庆祝小胜利：接到回电？通过了艰难的编码挑战？庆祝这些胜利，它们表明了进步，并可以提升你的自信。

（6）反思和学习：将拒绝作为成长的机会。尽可能寻求反馈，反思你的表现，并找出改进的领域。

2.　保持耐心和坚持

在应对求职过程中的起伏时，耐心和坚持至关重要。以下是一些培养这些特质的策略。

（1）设定现实目标：记住，找到一份工作，特别是在竞争激烈的领域，如数据科学，可能需要时间。我们需要为各种可能性做好准备，求职过程可能是一场马拉松，而不是短跑。

（2）持续努力：确定每周或每天想要投入多少时间从事求职活动，如人际网络活动、申请工作和提高技能。为这些活动设定专门的时间。持续的努力可以帮助你保持动力和进展。

（3）灵活的方法：如果没有得到期望的结果，就要勇于调整你的策略。这可能意味着扩大求职范围、改进简历或学习新技能。

（4）保持了解：跟上数据科学市场的最新趋势和需求。这可以帮助你发现新的机会并保持积极的心态。本章稍后将更详细地讨论这一点。

（5）抵制拖延：思考一份新工作比更新简历或在线资料要容易。利用之前确定的动力帮助你开始工作，并避免拖延。记住，你必须开始行动，才能获得下一个数据科学家的角色。

3. 生活如此繁忙，如何开始工作

找工作有时本身就像是一份全职工作。如果你目前有一份工作，这尤其令人生畏：重复填写申请表，在门户网站上重新输入相同的信息，以及为实际面试做准备，这些都需要花费数小时的时间。因此，你可能会开始怀疑自己寻找新职位的决心。但请坚持下去！通过阅读本书，你已经表明了自己的决心。即使在充满挑战的时刻，你也必须坚持下去。

这就是在求职过程中保持持续努力至关重要的地方。

首先，这有助于保持参与度，并防止惰性滋生。求职通常感觉像是一场数字游戏，但随着你提交的每份申请、参加的每次人际网络活动以及学习的每项新技能，你的成功机会都会随之增加。每天或每周指定特定时间进行求职活动可以建立一种日常规律，使整个过程感觉不那么压抑，且更易于管理。

其次，一致性展示了一个关键的职业素养——韧性。它可视为在面临挑战时保持专注和承诺的能力，这是数据科学领域高度重视的品质，因为在数据科学中，问题可能是复杂的，解决方案可能不是立即呈现的。

最后，持续的努力使你能够跟上就业市场的动态。通过定期查看招聘板、建立人际网络和提高技能，你将能适应数据科学行业不断演变的需求和趋势。这种持续的参与和适应能力可以让你在就业市场上具有竞争优势。

2.1.2　寻找招聘板

在为即将到来的旅程做好成功的心理准备后，下一步便是开始求职。通常，这可通过利用个人和专业网络以及浏览招聘板来实现。

一些招聘网站已经彻底改变了求职过程，并提供了大量的机会和资源供你使用。这些

平台不仅仅是申请工作的途径，也是研究、建立人际网络和深入了解数据科学行业的强大工具。本节将指导读者有效地利用这些平台，并超越简单的"申请"按钮。

因此，为求职之旅做好情感准备与更新简历或提升技术技能同样重要。通过承认情感上的高潮和低谷、实践情感韧性以及培养耐心和坚持，你可以以更健康、更平衡的心态驾驭求职之旅。记住，你迈出的每一步都使你更接近目标，你克服的每一个挑战都使你成为一名更强的候选人。

1. 体验招聘板网站

每个招聘板网站都提供了独特的功能来帮助求职。

每个网站都有自己的独特之处，但它们都能在新职位添加到网站上且符合个人资料时提醒你。请确保利用这一功能，因为这是不断获得潜在职位的好方法。根据搜索的积极程度，你可以将这些提醒设置为每月一次或每天一次。无论哪种情况，都要确保使用相关的关键字和职位搜索标准，如地点、形式（远程与现场）、类型（全职、兼职或合同）、工作经验年限等。

2. 利用招聘网站进行研究

招聘网站可以成为你的求职策略信息的宝库。以下是如何利用它们的方法。

（1）了解市场：定期浏览这些网站可以了解可用的职位类型、最抢手的技能以及招聘数据科学家的公司。

（2）分析职位描述：研究职位描述可以帮助你了解雇主寻求的资格、技能和经验。这可以指导你的学习路径，并帮助你量身定制申请。本章稍后将详细地讨论这一点。

（3）公司研究：招聘网站上的公司页面、评论以及员工讨论可以让你了解公司文化、价值观和工作环境。这可以帮助你识别与职业目标和价值观一致的组织机构。

3. 其他招聘网站技巧

以下是使用招聘网站的更多技巧。

（1）明确定义求职标准。确定与职业目标一致的行业、地点和其他特定要求。

（2）考虑申请与学术和/或专业背景更紧密相关的数据科学职位。例如，如果你学习了地质学，可以考虑寻找地理空间或环境数据科学角色。同样，如果你在医疗保健行业有经验，可以考虑在制药、保险或信息学领域寻找数据科学角色。

（3）保持个人资料最新，包括工作经验、教育和技能等信息。这增加了被招聘人员联系的机会。

（4）利用招聘网站上提供的高级搜索过滤器，根据地点、薪资、经验水平和工作类型等因素细化搜索。尝试确定一些更可能出现在你寻求的角色中的关键词。

（5）在申请工作之前，研究公司以了解其文化、价值观和声誉。这些信息将帮助你量身定制申请并为面试做准备。

（6）仔细阅读职位描述并遵循雇主提供的申请说明。忽略特定要求可能导致你的申请被忽视。

（7）如果网站允许上传个人照片，请使用一张展现你积极形象的专业照片。

（8）调查薪资范围。使用招聘网站来研究所期望的行业和地点的职位薪资范围。这些信息可以帮助你在招聘过程中协商公平的薪酬方案。

（9）不要养成只申请"容易申请"职位的习惯。申请越容易，竞争就越激烈。

（10）将大部分时间集中在申请发布不超过一周的职位上。除非招聘人员进度落后，否则他们大多数已经收集了足够的候选人进行面试，应根据职位的新旧程度优先考虑新职位。俗话说，"早起的鸟儿有虫吃"。

4．建立人际网络和连接

在技术和数据科学行业，人际网络发挥着关键作用，也是成长、合作和机会的重要途径。在这个动态且快速发展的领域，建立强大的网络使个人能够与志同道合的专业人士、专家和导师建立联系，他们可以提供宝贵的见解和指导。通过人际网络，专业人士可以扩展他们的知识基础，及时了解最新的行业趋势，发现新工具和技术，并与其他专业人士建立有意义的联系。

此外，人际网络促进了思想的交流，培养了创新和创造力。它为潜在的工作机会、合作伙伴关系和合作打开了大门，使个人能够推进他们的职业生涯，并对行业做出有意义的贡献。

在技术和数据科学行业，保持领先地位至关重要，人际网络作为成功的催化剂，提供了一个持续学习、支持和成长的平台。以下是一些利用这种潜力的方法。

（1）与专业人士联系：尽可能地与其他数据科学家建立联系。提出个性化的联系请求，概述你对他们的工作或该领域的兴趣，会有很大帮助。对此，可直接联系招聘人员或人力资源专业人士，表达你的兴趣并询问潜在机会。尽可能建立有意义的联系并寻求推荐。在创建和维护有意义的关系的同时，越能简化这一过程就越好。Google Sheets 现在提供了一个 ChatGPT 插件，可以根据职业信息撰写个性化的介绍邮件。Zapier 也可用于执行类似的任务。

（2）信息性面试：主动联系并请求进行信息性面试。这是一种非威胁性的方式，可以了解他们的角色和经历，并获取宝贵的建议。记住，这不是要求工作的机会，而是为了学习和建立关系。虽然这可以让面试者了解你的背景，但你还是应该毫不犹豫地告诉对方你正在求职。

（3）参与内容互动：评论文章、分享文章和参与讨论可以提高你的知名度，并使你成为数据科学社区中的一员。

（4）加入团体：某些招聘网站上的团体可以成为行业新闻、讨论和工作招聘的来源。积极参与以获取和分享见解。一些网站和应用程序允许你通过加入基于主题的团体来会见有相似兴趣的专业人士。这些社区经常分享求职技巧、工作招聘、招聘流程和可能产生推荐工作的人际网络机会。另外，某些网站上驻有基于兴趣和公司的团体，允许用户匿名参与，这鼓励用户分享它们可能不会分享的信息。此外，Slack 和 Discord 等应用程序还允许你加入基于主题的社区，以获得人际网络的机会。

（5）高级版：某些招聘网站为求职者提供了一些付费功能。对于通过网站申请的职位，这包括查看有多少其他应聘者申请过该职位以及他们的一些技能，从而让你了解竞争对手。此外，你还有机会看到谁在查看你的个人资料，这些信息将使你能够与查看了个人资料的招聘人员建立联系。

5. 寻找工作线索

如前所述，人脉关系和关注的公司页面可以产生工作线索。虽然许多公司的招聘信息都可以在招聘网站上找到，但还有更多的工作从未发布过。根据 Flex Jobs 的统计，大约有 70%～80% 的职位空缺从未在互联网上出现过[2]。不过，知道你在找工作的人脉可能会分享他们公司的内部信息。这就是个人和职业网络真正发挥作用的地方。让别人知道你在找工作，不仅仅是在你的 LinkedIn 个人档案上启用 Open for Work（开放工作）横幅。虽然建立人际关系网一开始可能会感觉怪怪的，但现在有无数的书籍教你如何有效、自然地建立人际关系网。在某些情况下，你可能会结交到终身的人脉和熟人，这本身就是一种丰富的经历。无论哪种情况，人际网络都能增加你在应聘者较少的情况下找到数据科学工作的机会，因为许多职位空缺从未公开过。

6. COVID-19 导致更多的远程工作

COVID-19 在很多方面影响了我们的社会，包括工作地点和方式。虽然远程工作在当时并不新鲜，但 COVID-19 迫使许多公司为员工采用远程和混合工作形式。结果，其中许多公司发现，它们可以通过这种方式成功地运营自己的组织机构。科技行业以及技术工人可能是这种选择的最大受益者。

由于招聘经理现在更乐于接受远程工作，远程工作岗位也随之增加。远程工作并不适合所有人。不过，对异地新工作不感兴趣或无法异地工作的求职者可以通过远程工作获得更多职位。相应地，可用的职位信息库已经增加，许多招聘网站允许专门筛选远程和混合职位。在许多情况下，求职申请开始询问应聘者的偏好。不过，值得注意的是，远程工作的增加速度并没有超过对这些职位感兴趣的员工数量。因此，请务必申请现场和混合职位，因为远程职位的竞争更为激烈。

招聘网站是数据科学求职的有力盟友。通过利用这些平台进行研究、建立人际网络和寻找工作线索，你可以做出明智的决策，并通过传统的求职方法发现以前无法获得的机会。记住，在数字时代，你的在线形象和活动与你的简历一样重要。

7. 解读职位描述

在求职市场上浏览常常会感到令人生畏，特别是当你看到一份列出了一系列资格要求的工作描述，而其中有些你可能并不具备时。所以，这里有一个关键的建议：即使你没有完全符合工作描述的所有要求，也要保持自信。即使你不符合工作描述中的全部要求，申请职位也是完全可以接受的，也是非常常见的。实际上，即使只满足 70%～80% 的工作要求，也建议申请这些职位。此外，一些人认为，如果你完全符合一份工作描述，那么它为成长留下的空间就很小，许多招聘人员将此归因于高流失率[3]。

实际上，职位描述通常是雇主的愿望清单，概述了理想候选人的技能和资格。在大多数情况下，这导致职位描述列出了更多的编程语言和技术框架。因此，招聘人员认识到，找到一个符合所有条件的候选人是非常罕见的，或者可能根本不存在。雇主通常会寻找具有较高潜力和学习意愿的候选者。如果你能展示出渴望成长、适应，并拥有可以建立所需技能的坚实基础，许多雇主会考虑你的申请。

对工作角色的热情有时可以弥补经验或技能的某些不足。如果你在申请和面试过程中有效地传达你的热情，招聘经理很可能会认真考虑你。他们理解，一个充满激情的候选人可能更有动力、更投入，并且愿意学习——这些品质有时可能比特定的技术技能更重要。

记住，最坏的情况是没有被选中参加面试，但如果有机会参加面试，这将是你解释为什么非常适合这个职位的机会，无论是否满足所有要求。你可以突出自己以往经历中的可转换技能，展示自己的学习能力，并表达自己对该职位和行业的热情。

不要因为职位描述而放弃申请你真正感兴趣的职位。相信自己的潜力，给自己一个展示自己的机会。毕竟，求职之旅不仅关乎目的地，也关乎求职过程中获得的宝贵经验和技能。

2.1.3　构建出色的作品集

通常情况下，技术职位要求应聘者的候选资格"更上一层楼"。当开始搜索职位时，你可能会注意到许多职位都要求提供作品集链接。

数据科学项目的作品集是一个展示技术才能和潜力的存储库。在求职过程中，作品集可以使你在其他候选人中脱颖而出。精心制作的作品集还可以展示你的创造力、解决问题的能力、学习旅程以及对该领域的热爱。对于经验有限的初级和入门级数据科学家，强烈推荐使用作品集。

本节将提供一些建议和指导，探讨如何构建引人注目的数据科学作品集，以便在就业市场中获得竞争优势。

1. 开始打造作品集

如果你是数据科学的新手，可能会想知道在作品集中包含什么内容，以及在哪里托管它。以下是一些选择。

（1）课程项目：如果已经完成了数据科学学位或训练营，你可能已经开发了一些项目。选择最能展示你技能的项目，并确保它们经过精心打磨且文档齐全。

（2）个人项目：从事与你感兴趣的主题相关的项目可以使过程变得愉快，并能打造独特的作品集。这可以是分析体育统计数据、选举数据或金融趋势。通过使用公共数据集，你可以展示从数据中提取洞察结果的能力。只是应尽量避免使用 Kaggle 上经常看到的数据集。

（3）新技术和算法：每当学习了一种新技术或算法时，考虑创建一个小项目应用所学到的知识。这展示了对持续学习的承诺，同时也巩固了新知识。随着时间的推移，你将见证作品集和知识库的成长过程。

2. 拓展作品集的其他方法

除上述方法外，还可以考虑以下方法来扩展作品集。

（1）竞赛：Kaggle、DataHack、DataCamp、Data Science Dojo、Data Science Global Impact Challenge 和 DataKind 等网站和组织都会举办数据科学竞赛（也称为黑客松），在这些竞赛中，你可以将自己的技能用于解决复杂的问题，而且通常是与其他不同技能水平的学习者一起进行。这些项目可以增加作品集深度，并展示你在压力下的表现。

（2）志愿者工作：非营利组织和小型企业通常需要数据分析，但缺乏资源。一些组织在不断寻找数据科学志愿者。志愿服务可以为工作集带来有意义的项目。

（3）编写博客：撰写有关项目的文章，解释所使用的方法并讨论结果，这可以展示你的沟通技巧以及将技术概念转化为通俗语言的能力。

3. 展示作品集

项目开发完毕后，有效地展示它们至关重要。以下是一些相关方法。

（1）选择平台：GitHub 在托管数据科学项目方面很受欢迎。你可以在其中包含代码、数据集和文档。其他选择还包括 Kaggle、个人网站（如 Canva）或 Medium 和 Towards Data

Science 等博客平台。

（2）文档：确保每个项目都有很好的文档记录。包括项目的概述、使用的技术，以及对结果的讨论。清晰、简洁的解释是关键。文档可以使用注释直接在代码中提供，或者可以采用其他方法，如 README.txt 文件或使用 Markdown，Markdown 是一种用于创建清晰且引人入胜的文本文档的标记语言。得益于生成式人工智能的爆炸性增长，甚至有一些平台（如 Docify AI 和 Mintify）可以自动从代码生成文档。

（3）可访问性：确保代码可访问、可复现且易于阅读。良好的实践包括对代码进行注释、格式化代码、使用清晰的变量名、整洁地组织代码，并遵循通用的编码规范和最佳实践。一些集成开发环境（IDE）简化了可访问项目的创建过程。例如，VS Code 是一个 IDE，提供了集成的可访问性检查器和一系列具有可访问性功能的扩展应用程序。

（4）可视化：有效的数据可视化可以使你的项目脱颖而出。它们可以展示数据故事讲述的能力，以及以有意义、有趣和可访问的方式呈现数据的能力。稍后将讨论可视化和数据讲述。

（5）创建视频：你可以创建一段视频，介绍并展示你的部分作品集。如果能制作出引人入胜的视频，你可以将其发布到 YouTube，并通过社交媒体渠道进行分享。这是招聘人员了解你的另一种方式，并可以帮助你脱颖而出。一个引人入胜的数据故事可以鼓励他人分享你的视频，而且由于是视频形式，它可以在网络中传播，并全天候地推广你。

总之，一个精心制作的数据科学作品集可以大大提升你的就业前景。通过展示一系列项目来证明你的技能、热情和学习旅程，你可以给潜在雇主留下深刻印象，并在竞争激烈的数据科学就业市场中脱颖而出。

2.1.4　申请工作

求职申请过程往往让人感觉像一座令人生畏的迷宫，但只要掌握正确的策略和理解力，就能有效地驾驭它。本节概述了一系列方法，以确保你不仅是在申请工作，而且是在策略性地申请工作。

1. 何时申请

及时性是求职申请的关键因素。通常情况下，你在工作发布后越早申请越好。雇主通常在发布工作后不久就开始审查申请，甚至可能在申请截止日期之前就开始面试。因此，关注过去一周内发布的职位可以增加你的申请被看到的机会。

2. 申请工作的数量

记住，求职申请是一个数字游戏。你申请的工作越多，获得面试的机会就越多。然而，这并不意味着应该不加选择地申请。对此，应该在数量和质量之间寻找平衡。每份申请都应该经过充分的研究，并针对特定的角色和公司进行定制。

要管理大量申请，可考虑设定每周申请目标。这种方法可以帮助你在求职过程中保持组织性、积极性和一致性。在电子表格中跟踪求职申请也很有益处，可以记录下公司名称、职位、申请日期和任何后续行动等详细信息。这可以帮助你保持有条不紊，使求职过程不那么令人不知所措。

成功求职的关键是坚持、耐心和策略。通过了解就业市场的动态并应用这些策略性申请技巧，你可以最大化机遇，并获得期望的数据科学职位，如图 2.1 所示。

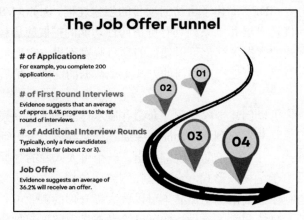

图 2.1　工作机会漏斗[4]

原文	译文
#of Applications For example,you complete 200 applications	#应用程序数量 例如，完成了 200 个应用程序
#of First Round Interviews Evidence suggests that an average of approx. 8.4% progress to the 1st round of interviews	#首轮面试的人数比例 证据表明，平均大约有 8.4%的候选人能够进入首轮面试
#of Additional Interview Rounds Typically,only a few candidates make it this far(about 2 or 3)	#额外面试轮次的数量 通常情况下，只有少数候选人能够进入这一阶段（大约 2 到 3 人）
Job Offer Evidence suggests an average of 36.2% will receive an offer	工作邀约 证据显示，平均有 36.2%的候选人会收到工作邀约

3.　撰写引人注目的求职信

求职信可以让你详细阐述简历中的信息，并说明你为什么适合这个职位。以下是一些撰写求职信的技巧。

（1）展示你的兴趣：表明你对该职位和公司真正感兴趣。同时提及该职位或公司令你兴奋的具体内容。

（2）讲述你的故事：利用求职信讲述职业历程，突出经历和技能，让你成为职位描述中的优秀候选人。此外，建议保留求职信记录。许多具有相似描述的角色将导致相似的求职信，并且可以作为今后申请的模板。

（3）与公司保持一致：展示价值观、目标或经历如何与公司的使命或文化相一致。

（4）号召性用语：以号召性用语结束求职信，表达你对面试或进一步讨论的兴趣。

4.　求职信规则

求职信在求职者和招聘人员之间可能是一个有争议的话题。是否一定要写求职信？答案主要取决于具体情况。如果职位描述明确要求或偏爱求职信，那么你当然应该写上一封。此外，如果你对某份工作特别感兴趣，或者你的简历与该职位并不直接相符，那么求职信就是表达你的热情、解释你的技能和经验如何使你成为合适人选的绝佳机会。

然而，制作一封有说服力的求职信可能需要时间，因此建议有选择性地专注于那些求职信可能产生显著影响的申请。此外，你应该利用 ChatGPT、Ramped 或 CoverDoc.ai 等人工智能应用程序，尽可能地自动化写作过程。Canva 等网站还提供了各种专业的求职信模板。

此时此刻，你已经了解了求职过程的复杂性。但实际上，这只是触及了皮毛而已——申请数据科学工作是一项具有挑战性的任务，尤其是考虑到需要考虑的各种规则和最佳实践方案。幸运的是，就像其他任何事情一样，随着时间的推移，这个过程会变得越来越容易。因此，申请工作、筛选职位描述和撰写介绍性电子邮件所需的时间将会减少，你的效率也会提高。不知不觉中，你的求职工作就会变成一台运转良好的机器，作品集不断增加，求职信模板库不断扩大，人际网络计划和策略不断完善，求职提醒也不断增加。

然而，没有简历的求职申请是不完整的。下一节将讨论简历的重要性，以及如何制作一份能够吸引雇主并在众多候选者中脱颖而出的简历。

2.2　制作金牌简历

简历可以说是求职过程中最重要的文件。它作为第一印象、总结了你的技能和经验，最终成为打开面试阶段大门的钥匙。鉴于其重要性，投入时间和精力制作一份引人注目的简历至关重要。

在当今的数字化时代，简历的最初审查通常不是由人执行的，而是由一个名为应聘者跟踪系统（ATS）的算法系统执行的。该系统执行简历的初始筛选和过滤。然而，在优化简历以适应 ATS 的同时，使其对人类读者同样具有吸引力也十分重要。这就是为什么简历应该包含一个连贯且简洁的结构和格式。

2.2.1　完美简历的神话

在创建简历时，许多求职者陷入了追求难以捉摸的完美文件的陷阱。他们花费无数小时精心调整每一个词，并为微小的细节苦恼。然而，事实是没有所谓的完美简历。对一个招聘人员或招聘经理有效的内容可能对另一个人无效，在一家公司让你获得面试的机会的简历在另一家公司可能不会有同样的效果。有效简历的关键在于适应性和相关性，而不是完美。

简历不是一成不变的文件，而是一份动态的文件，应根据每份求职申请进行调整和定制。你的目标应该是创建一份扎实、结构合理的基本简历，有效地传达你的技能、经验和成就。这份基准简历可以作为基础，你可以根据每份应聘工作的具体要求和偏好进行修改。

记住，简历的主要目的是传达胜任特定职位的最基本信息。简历应简洁明了、引人入胜地概括你的职业身份。从本质上讲，简历是你职业价值的营销文件。

2.2.2　理解自动化简历筛选

应聘者跟踪系统（ATS）会自动扫描和排序简历，并筛选掉不符合特定标准的简历。招聘人员和招聘经理会寻找清晰、简洁且组织良好的简历，这些简历能有效传达候选人的资格和潜力。因此，你的简历应该在对 ATS 友好和对人类读者友好之间取得平衡。

从众多应聘者的简历和 ATS 中脱颖而出是一项挑战，但并非不可能。你只需要掌握简历制作的指导方针和标准即可，包括格式化、术语以及简历筛选方式。因此，我们的目标是打造最匹配的简历，而不是完美的简历。

由于大多数简历最初是由这些自动化工具而非人类审查的，所以理解以下的 ATS 工作原理对于确保你的简历通过最初的筛选至关重要。

（1）关键词匹配：ATS 通常会筛选与职位描述相关的特定关键词。针对于此，一些招聘网站将你的简历与职位描述进行比较，并使你的语言与公司使用的术语和短语保持对应。职位描述是了解应使用哪些关键词的绝佳信息来源。相应地，可在职位描述中寻找重复出现的特定职位词汇，如"神经网络"或"Python"。你要确保在简历中突出自己使用这些词汇的经验。

（2）格式：ATS 可能很难处理复杂的格式。对此，可使用 ATS 简历模板。另外，简历布局要简单明了，避免使用图形、表格、列或不常见的字体。我们将在下一节对此进行讨论。

2.2.3　打造有效的简历

与其追求难以捉摸的完美，不如专注于下列关键内容。

（1）相关性：突出与应聘职位最相关的经验、技能和成就。这不仅包括技术工具和任务，还可能包括行业术语或专业领域。以职位描述为指南，了解雇主最看重的是什么。你应在简历的工作任务和专业摘要中尽可能多地涉及职位描述中的要求和内容。

（2）清晰与简洁：避免使用行话，用清晰、简洁的语言写作。你的目标是让读者能够快速理解你的资格。可能的话，可使用行业特定语言突出你对工作关键内容的了解和熟悉度。

（3）可量化的成就：在可能的情况下，应尽可能地量化你的成就。这增加了声明的可信度，并使你的成就更加具体。在纳入量化成就时，可以使用 SMART（具体、可测量、可实现、相关和时间限制）这一有用的框架。

（4）ATS 优化：包含职位描述中的关键词和短语，优化简历以适应 ATS。如今，我们有幸拥有如 Talentprise、Pyjama Jobs 和 Fortay 等人工智能工具，以创建自己的匹配工作程序；这些工具会根据经验和背景，标记出符合你的技能集的工作。其他平台，如 Jobscan，会根据简历在许多指标（如匹配度、可搜索性、字数和要避免的词汇）上进行评分。

（5）校对：确保简历没有拼写、语法和格式错误。错误会给人留下负面印象，并表明你缺乏对细节的关注。

切记要把简历当作一项正在进行中的工作来对待——不断寻求反馈并虚心接受批评。但是，不要为了追求完美而无休止地修改简历。一份好的简历可以让你进入公司大门，但技能、经验和面试表现才是最终获得工作的关键。与其投入过多时间完善简历，不如把时间花在提高技能、建立联系、准备面试和申请工作上。平衡是求职过程中的关键。

以下是一些制作简历的技巧，可以给 ATS 和人工审核人员留下深刻印象。

（1）使用具体语言：在描述技能和经历时，请具体说明。不要只阐述具备数据分析的经验，而要提及使用过的具体工具、技术或参与过的项目。

（2）使用积极的语言：使用行为动词来描述职责和成就。像"开发""分析"和"实施"这样的词可以使你的经历听起来更有活力。

（3）可量化的成就：在可能的情况下，量化你的成就。例如，将模型准确率提高了 20% 或将处理时间缩短了 30%。

2.2.4　格式和组织

简历的格式和编排看似简单明了，但本节将重点介绍一些重要的提醒事项和针对数据科学家的一些提示。我们将首先讨论一些格式提示，让你更有机会通过 ATS 筛选流程，同时保持视觉吸引力，以便于招聘经理审阅。然后，我们将为你提供组织简历的注意事项和建议。

首先，ATS 会分析简历中与特定职位描述相匹配的关键词和短语。但是，只有在格式正确的情况下，这些系统才能解析和理解你的简历。以下是一些指导原则。

（1）文件类型：将简历保存为.docx 或.pdf 文件。这些格式与 ATS 的兼容性最好。

（2）风格：避免采用高度艺术化或风格化的简历模板，尤其是那些低效利用页面空间、采用过多图标或照片或提供自我技能能力评分表的模板。虽然这些模板在外观上很吸引人，但其中大部分功能都会对你不利。它们不仅无法通过 ATS，还可能占用简历上宝贵的空间。取而代之的是，坚持使用久经考验和验证的格式。

（3）字体：使用标准、ATS 兼容的字体，如 Arial、Helvetica 或 Calibri。避免使用花哨或装饰性的字体，这可能会使 ATS 混淆。

（4）字体大小：保持字号在 10 到 12 之间，以便于阅读。

（5）项目符号：使用项目符号列出技能、经历和成就。避免使用复杂的符号或图形，因为这些对 ATS 来说可能难以解释。尽管一些需要简历的学术职位可能是例外，但通常应避免每个工作超过四个项目符号（除非你的角色很少）。

（6）避免图像、页眉和页脚：ATS 通常难以读取图像、页眉和页脚中的信息，因此最好避免使用这些内容。

（7）长度：关于简历长度的讨论尚未有定论，但大量网站、博客对简历长度各持己见。实际上，简历长短不一。如果你是一名工作经验少于 5 年的初级员工，可以尝试将简历篇幅控制在一页之内。否则，简历的长度就值得商榷了。记住，我们的目标是撰写一份简洁、连贯的文件，并突出最适用的技能和经验。招聘人员在每份简历上平均花费 7 秒钟。因此，过于冗长的简历轻则显得不专业，重则会向招聘人员隐藏最相关的信息。

简历应根据独特职业经历和申请的具体工作而定。然而，标准的简历通常包括以下部分。

（1）联系信息：在简历顶部包括姓名、电子邮件地址和电话号码。

（2）目标或概述：简要说明职业目标和资质。这应针对每个工作进行定制。

（3）技能：对于数据科学家来说，这是一个重要部分。这一部分包括硬技能和软技能。与工作相关的技术技能包括编程语言、大数据框架、商业智能平台、云计算平台、集成开发环境（IDE）、项目管理程序和文字处理程序；而软技能通常包括批判性思维、沟通或解决问题的技能。如果空间允许，你可以列出软技能，但通常在面试中展示这些技能最佳。

（4）职业历史：逆时间顺序列出过去的工作，包括职位、公司名称和地点、雇用日期以及概述你的职责和成就的要点。此处应避免列出不相关的经验。这也可以包括相关的实习和研究员职位，特别是如果你缺少适用的全职经验。尽量不要为每个职位添加超过 3～4 个要点。

（5）教育：简要概述学术资格，包括获得的学位、平均绩点、机构名称和毕业日期。你也可以在这一节中突出展示获得的任何技术认证或参加的数据科学竞赛。如果你认为你的经验不能最好地总结你的技能集，也可以在这里列出相关课程。

（6）项目：如果你是初入职场的申请者或缺乏相关的在职经验，请考虑包括一个项目部分，突出显示一些最相关的项目。

对于应届毕业生或工作经验较少的人来说，将"技能"和"教育"部分放在简历的前部是明智的。然而，如果你具有丰富的工作经验，优先展示"职业历史"部分将更为有利。

2.2.5　使用正确的术语

简历不仅仅是一份过去工作和教育的清单。它是一份旨在向潜在雇主推销技能和经验的策略性文件。因此，术语选择将显著影响雇主对你的资格和职位适应性的看法。此外，使用行业特定的术语、度量标准和短语，可以展示你对业务的熟悉程度，让你在竞争中占据优势。本节将探讨有效简历语言的 3 个基本原则：具体性、主动性和可量化性。

1. 具体性优于泛泛而谈

具体的语言有助于生动地描绘技能、经验和成就，通过提供具体的例子，你将能够更好地展示你的资格。

考虑以下两个陈述。

（1）泛泛而谈：在数据分析方面有经验。

（2）具体：利用 Python 和 R 分析了超过 100 万条记录的数据集，识别了关键趋势和洞察结果。

第一个陈述过于宽泛，但第二个陈述提供了更多的信息，并使雇主对你的能力有了更清晰的理解。

2. 主动语态优于被动语态

主动语态使简历更具活力和吸引力。获得主动语态的一种方法是使用行为动词来描述经验和成就。

考虑以下两个陈述。

（1）被动语态：一个数据可视化项目已经完成。

（2）主动语态：使用 Tableau 完成了一个数据可视化项目，将复杂数据以易于理解的格式呈现。

与被动语句相比，主动语句更具吸引力，并清晰地传达了你的角色和贡献。

哈佛继续教育学院还提供了一个有用的行为动词列表，这些动词按技能领域分类（如领导力、沟通和技术技能）进行分类，这些内容绝对值得一看。

3. 量化、基于事实的语言

尽可能地量化你的成就。这增加了声明的可信度，并帮助雇主了解你的工作范围和影响。

考虑以下两个陈述。

（1）非量化：通过优化定价策略提高了销售额。

（2）量化：通过优化定价策略，将 2023 年第二季度的销售额提高了 20%，从而增加了 20 万美元的额外收入。

可以看到，量化的陈述提供了更清晰的场景。

在撰写简历时，一个有效的量化成就的技巧是行动-问题-结果格式。这种格式描述了你采取的行动以解决一个问题，随后是行动结果。

这里有一个例子：实施了一种新的机器学习算法解决高客户流失率的问题，结果在 6 个月内客户流失率下降了 15%。

简历中使用的语言可以显著影响其有效性。通过专注于具体性、主动语言以及量化、基于事实的陈述，可以创建一个引人注目的文件，有效地传达你的资格和潜力。

4. 行业术语

在某些情况下，使用技术术语是恰当的，并以此展示你的业务知识。例如，成为数字营销领域的数据科学家意味着应该具有优化行业特定关键绩效指标（KPI）的经验。这些 KPI 对于在供应链操作中工作的数据分析人员来说可能会有所不同。因此，在简历中包含数字营销特定的指标，如点击率（CTR）或广告支出回报（ROAS），将向招聘人员发出信号，表明你具有他们寻求的行业特定经验。你可以利用这些机会展示自己。

例如，"设计、验证并优化了 MMM，通过将品牌搜索投资增加 20%优化 ROAS"，这句话只有数字营销人员才能理解，在这种情况下，这是一件好事。

总之，使用正确的术语不仅向招聘经理和招聘人员推销你的成就，还表明你拥有正确的曝光度、经验或对业务正确术语的熟悉程度。这是有利的,因为它表明你已经会讲述工作"语言",并暗示可能需要较少的培训。此外,仅仅陈述在工作中完成的任务是不够的,你必须传达已经实现的 SMART 目标。记住,招聘人员正在寻找的是成就者,而不仅仅是执行者。

如果能在简历中恰当地表达所有关键点,你将增加获得首轮面试的机会。

2.3　准备获得面试机会

本节中的指导原则将帮助你提高通过初步筛选阶段并获得面试机会的可能性。

全面的面试准备至关重要。这需要你跟上行业变化的步伐,研究目标公司和招聘经理,并培养你的专业品牌和人脉网络。

跟上数据科学行业快速变化的步伐对于区别自己与那些技能过时的候选人至关重要。展示对最新趋势和技术的了解,可以彰显你致力于掌握新兴挑战的决心和能力。此外,对公司和招聘经理进行广泛的研究,使你能够有效地将技能和价值观与他们的需求对齐,并定制你的申请和面试回答。同时,投入时间建立专业品牌和网络,可以提高你的知名度,并在数据科学社区中提供有价值的联系和机会。

掌握了这些相互关联的策略,你就能在面试中取得成功,并增加获得数据科学工作的机会。正如我们所了解的那样,获得工作不仅仅需要专业的简历、求职信和成功的面试。技术领域总是瞬息万变,这使得数据科学成为最具活力、最令人兴奋的领域之一。然而,这也意味着要紧跟行业的最新趋势和工具。

下一节将提供一些如何做到这一点的技巧。在本节结束时,你将能够制定一个定制的技能提升策略,以确保你的技能始终保持相关性和新鲜度。

2.3.1　摩尔定律

技术变革的步伐往往让人感觉类似于摩尔定律,即计算机的速度和能力大约每两年翻一番。这一理念是由技术进步和计算能力的指数增长所驱动的,是不断发展变化的技术行业的恰当比喻。最终,挑战在于不断地学习、忘却和重新学习。

作为数据科学家,工作的重要部分是跟上新的发展,无论是新的编程语言、革命性的机器学习算法,还是最新的数据管理系统。幸运的是,可以采取几种策略来跟上步伐。

1. 博客/新闻通讯/播客

考虑订阅相关的数据科学博客、新闻通讯和播客。这些资源可以提供关于最新趋势和突破的及时更新。例如，The Analytics Power Hour 是由 3 位分析师主持的关于分析职业的有趣且富有洞察力的播客。DataCamp 的 DataFramed 和 Not So Standard Deviations 也是引人入胜且发人深思的节目。Medium 和 Towards Data Science 也值得推荐。

2. 参与在线社区

参与 GitHub、Stack Overflow 或 Kaggle 等在线社区和论坛。这些平台提供了丰富的共享知识和资源，并促进了关于该领域最新发展的积极讨论。你还可以在 LinkedIn、Discord、Slack、Meetup 甚至 Facebook 上找到各种相关的社交群组。此外，还有特定于编程语言的群组，如 R-Ladies。

3. 参加会议和研讨会

参加会议、网络研讨会和研讨会也是了解新工具和技术以及与该领域其他专业人士建立联系的有效方式。此外，这些活动通常展示该领域的最新研究和发展，并提供与行业专业人士、学者和研究人员建立联系的机会。Open Data Science Conference（ODSC）、PyData、Data Science Summit、Rev4、Data Science Salon 以及运筹学和管理科学研究所（INFORMS）的年会也是一些受欢迎的活动。

4. 在线课程

如前所述，通过在线课程进行持续学习是补充知识（特别是专业主题知识）的好方法。DataCamp、edX、Coursera、SoloLearn、Udacity、Udemy、Khan Academy 和 CodeAcademy 是在线课程网站的例子。一些课程还提供研究生学位。

5. 阅读研究论文

阅读研究论文甚至获取高级学位可以显著地帮助你保持技能和知识的新鲜。Google Scholar 是研究论文最易访问的搜索引擎之一。

一些求职过程可能需要数月时间才能找到合适的数据科学角色。然而，保持对领域最新状态的了解至关重要。记住，关键在于持续学习的承诺以及对新发展的好奇心。随着该领域的快速持续发展，这些策略将帮助你保持在知识和技能的最前沿。

作为数据科学家，学习之旅永远不会真正结束，它只是在不断地进化。

2.3.2　研究、研究、再研究

成功的面试往往取决于准备情况，这包括研究公司和招聘经理、预测可能的问题以及准备技术性问题。

1. 研究公司

了解即将面试的公司至关重要。这种调查显示了对公司和面试官的尊重，也让你有机会真正确定公司是否适合你。这也会让你成为一名有准备的应聘者，并对公司有所了解。以下是如何进行研究的方法。

（1）公司网站：公司的官方网站是获取信息的第一手和最直接的来源。这里，可以了解公司的使命、产品、服务、目标、挑战、举措、组织结构和文化。

（2）最新新闻：寻找有关公司的最新消息，以激发面试对话，并证明你已经进行了相关研究。这可能包括新产品发布、合作伙伴关系或领导层变动，以及最近的相关立法或公司收购。

（3）某些招聘网站可以提供有关公司文化、价值观、薪资范围和员工体验的洞察。

（4）行业趋势：了解更广泛的行业背景可以帮助你提出有见地的问题，并表明与当前趋势保持联系。

2. 研究招聘经理

了解可能录用你的人——招聘经理，这可视为求职过程中的一个显著优势。通常，求职者直到面试时才有机会了解招聘经理，然而，如果有幸事先知道招聘经理是谁，这将让你有机会在见面时建立更有趣的联系。

LinkedIn 是了解招聘经理专业背景的绝佳资源。通过查看他们的个人资料，可以了解他们的职业发展轨迹、角色和职责，以及也许最重要的是，他们的兴趣和他们热衷于解决的问题。了解招聘经理感兴趣的领域可以提供宝贵的信息，从而让你了解他们认为应聘者的哪些方面很重要。

例如，如果招聘经理的 LinkedIn 个人资料显示他们对机器学习和人工智能有浓厚兴趣，那么在面试中，可以强调与这些领域相关的技能、经验和项目。这有助于与招聘经理建立联系，并证明你的技能符合他们的兴趣和需求。此外，如果发现你和招聘经理有相同的母校，这将是一个很好的联系机会。

研究招聘经理还可以了解他们可能正在招聘某人来解决的问题的类型。如果能在面试中展示技能和经验，并使你成为解决这些问题的优秀候选人，那么你将处于有利地位。

然而，虽然了解招聘经理的背景是有益的，但尊重他们的隐私同样重要。因此，进行此类研究时，始终要以专业和尊重的态度进行。

如果有机会研究招聘经理，请抓住这一机会。它提供了宝贵的见解，可以帮助你调整面试回答，并展示满足他们需求的潜力。这是准备面试并增加获得工作机会的众多方法之一。

2.3.3　品牌塑造

与任何其他专业领域一样，个人品牌的力量可能和技术技能一样重要。个人品牌是基于你的技能、经验和个人品质，以及他人对你的感知。

专业品牌始于自我认知——你需要了解自身的优势、专业领域、价值观、激情以及与其他数据科学家的区别。一旦清楚地了解了自己的独特品质，你就可以开始向他人传达这些品质。

以下是打造专业品牌的一些步骤。

（1）传递一致的信息：简历、LinkedIn 简介和个人网站（如果有的话）应该一致地讲述你的技能、经验和职业目标。

（2）展示作品：无论是完成的数据科学项目、撰写的博文还是发表的演讲，都要确保他人了解你的工作。这有助于建立可信度并展示专业知识。

（3）建立在线形象：社交媒体平台，尤其是 LinkedIn，提供了一个建立专业品牌的绝佳机会。定期分享和参与相关内容，并展示你在本领域的知识。

2.4　本　章　小　结

本章回顾了许多内容，读者可能被这些信息所淹没。但现在，你应该已经准备好开始你的数据科学工作搜索了。

首先，我们介绍了如何准备和开始工作搜索，包括如何在心理上为该过程做准备，以及如何利用招聘网站寻找线索、建立人脉网络，并洞察特定行业。此外还讨论了如何开始建立将在面试过程中使用的工作技能组合。

然后，本章探讨了求职的另一个关键因素：简历。这里，我们讨论了如何制作和组织简历，不仅能让别人注意到，而且还能通过对简历进行初次筛选的求职者跟踪系统。

之后讨论了面试前的准备工作，即对正在招聘的主要公司进行研究，并及时了解行业的主要趋势。最后，我们讲述了发展个人和职业品牌的重要性，以及如何做到这一点。

读者应对不断发展的技术有所了解，勤于建立人脉网络，并制定明智而精简的策略以开发简历、作品集和求职信内容，从而可以最大化获得数据科学面试的机会。

此外，当新的机会出现时，无论是来自招聘网站还是人脉网络，你都应保持应有的活跃度和适应性。正如法国科学家路易斯·巴斯德曾经说过的，"机会总是垂青有准备的人"。如果本章中的工具和技巧运用得当，你将能够充分利用出现在你面前的机会。

第 3 章将专注于数据科学面试中的技术部分，首先从 Python 开始。

2.5　参　考　文　献

[1] *Working Whole: How to Unite Your Career and Your Work To Live Fullfilled* by *Kourtney Whitehead* (*Simply Service, 2019*).

[2] *The Biggest Job Search Myth, Debunked* by *Jennifer Parris*, from *Flexjobs*: https://www.flexjobs.com/blog/post/biggest-job-search-myth-debunked/#:~:text=About%2070-80%20percent%20of%20job%20listings%20are%20never,public.%20Instead%2C%20they%E2%80%99re%20filled%20 through%20word-of-mouth%2C%20or%20networking.

[3] *Use the 70% Principle To Find Your Next Job*, by *Kelly Studer*, from *Ivy Exec*: https://ivyexec.com/career-advice/2014/use-70-principle-find-next-job/.

[4] *7 Benchmark Metrics to Improve Your Recruiting Funnel* by *Stephanie Sparks*, from *Jobvite*: https://www.jobvite.com/blog/recruiting-funnel/.

第2篇　操控和管理数据

本书的第2部分涵盖大多数数据科学工作和面试中最常见的编码、数据整理和生产力技能，包括 Python 中的基本技能、数据可视化、SQL、命令行脚本和版本控制的介绍。

本篇包括以下章节。

（1）第3章，Python 编程。

（2）第4章，数据可视化与数据叙述。

（3）第5章，使用 SQL 查询数据库。

（4）第6章，Linux 中的 Shell 和 Bash 脚本编写。

（5）第7章，使用 Git 进行版本控制。

第3章　Python 编程

从本章开始，我们将过渡到数据科学工作面试中的技术部分。本书的第 2 篇最好用作准备面试时的学习/快速参考指南。因此，根据学习的需求，读者可以随意跳过或复习相关章节。

在以下的每一章中，我们将回顾关键概念并提供示例问题。因此，读者应至少熟悉初级编程概念，最好是函数式编程。这包括但不限于语法、数据类型、变量和赋值、控制流程，以及用于数据整理的包，如 pandas 和 numpy。

在阅读完本章后，读者将能够掌握数据科学面试中预期的 Python 问题，并知道如何逻辑地解决它们。此外，在思考有关控制流程、变量、数据类型、用户函数和一般数据整理的问题时你将会更加自如和自信。

本章主要涉及下列主题。

（1）变量、数据类型和数据结构。

（2）Python 中的索引。

（3）字符串操作。

（4）使用 Python 控制语句和列表推导。

（5）使用用户定义的函数。

（6）在 Python 中处理文件。

（7）使用 pandas 整理数据。

3.1　变量、数据类型和数据结构

在 Python 中，变量是任何代码的构建块。它简单地为对象分配了某种给定类型的值。例如，如果设置一个名为 x 的变量等于 10，那么变量 x 现在就持有该值（直到它被改变）。简而言之，变量用于存储数据。与一些其他编程语言（如 Java）不同，在 Python 中不需要显式声明变量类型。当为变量赋值时，变量的声明或类型会自动确定（尽管必要时可以并且应该更改数据类型）。Python 中有几种内置的数据类型。这里是一些常见的类型。

1. 数值类型

数值数据类型有多种，包括 int（整数）、float（浮点数）和 complex（复数）。在 Python 中，数值变量用于存储数字数据。

（1）整数代表没有小数部分的数字，它们可以是正数或负数。在 Python 中，整数由 int 类型表示。以下是一个示例：

```
x = 5
print(type(x)) # <class 'int'>
```

（2）浮点数代表具有小数部分的数字，它们可以是正数或负数。在 Python 中，浮点数由 float 类型表示。以下是一个示例：

```
y = 5.5
print(type(y)) # <class 'float'>
```

（3）复数代表同时具有实部和虚部的数字。它们以 a + bj 的形式书写，其中 a 代表实部，b 代表虚部。

在 Python 中，复数由 complex 类型表示。虚部使用虚数单位 j 或 J 表示。以下是一个示例：

```
z = 1+2j
print(type(z)) # <class 'complex'>
```

（4）序列类型是代表有序元素集合的数据类型，这些元素可以来自各种数据类型。因此，它允许在单个对象中存储多个条目，并通过它们在序列中的位置或索引访问它们。例如，str（字符串）、list（列表）和 tuple（元组）：

```
# strings
s = 'Hello, World!'
print(type(s)) # <class 'str'>

# lists
l = [1, 2, 3, 4, 5]
print(type(l)) # <class 'list'>

# tuples
t = (1, 2, 3, 4, 5)
print(type(t)) # <class 'tuple'>
```

元组看起来可能与列表相似，确实如此。然而，它们之间存在一些关键差异。也许最重要的区别之一是不可变性——元组是不可变的，而列表中的项目在列表创建后可以更改。此外，你可能会注意到元组使用圆括号，而不是方括号。

☑ **注意**

当元素的顺序和修改能力非常重要时，通常会使用列表。它们通常用于大小或内容可能随时间变化的动态数据。另一方面，元组是不可变的，通常用于需要确保元素集合保持不变的情况。元组还可用于强制元素不被修改的情况。

2. Python 中的布尔类型

Python 中的布尔类型代表 True 或 False 值，也可以分别由整数 1 和 0 表示。这些值用于执行逻辑操作，并根据条件控制程序的流程：

```
# boolean
b = True
a = False
print(type(b)) # <class 'bool'>
print(type(a)) # <class 'bool'>
```

3. 字典是可变的映射类型

它们以键-值对的形式存储数据。字典中的每个键必须是唯一的，并且用于访问其对应的值。字典使用大括号（{}）或 dict()构造函数定义，键-值对之间用冒号（:）分隔。以下是一个示例：

```
# dictionary
d = {'name': 'John', 'age': 30}
print(type(d)) # <class 'dict'>
```

4. None 类型

此数据类型有一个单一的值，即 None：

```
# None
n = None
print(type(n)) # <class 'NoneType'>
```

5. DataFrame

这是一种二维的表格数据结构，通常用于结构化数据库和数据分析中。由于 DataFrame（数据框）为数据操作提供的便利性，它已成为分析学中的标准数据结构，或任何需要大量数据整理和准备的工作中的标准数据结构。

其功能优势包括简单的索引、筛选、排序、聚合和计算。DataFrame 还提供了从各种文件格式（如 CSV、Excel 或 SQL 数据库）导入和导出数据的便捷方法。

一个 DataFrame 由两个维度组成：列和行。每一列代表一个变量或特征，描述了行的属性或特征；行代表一个观察值或记录，如图 3.1 所示。

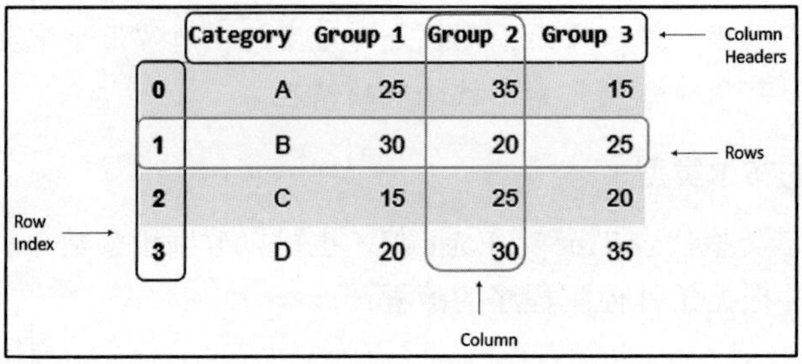

图 3.1　DataFrame 示例

原文	译文
Row Index	行索引
Category	类别
Group	组
Column Headers	列标题
Rows	行
Column	列

☑ **注意**

在本书中，你会看到这些术语被交替使用。其中，行 = 记录 = 观察值，列 = 字段 = 特征 = 属性。

在讨论了数据类型之后，还需要注意的是，Python 是一种动态类型语言，这意味着变量类型可以在程序执行过程中改变。查看以下示例：

```
var = 10
print(type(var)) # <class 'int'>

var = 'Hello'
print(type(var)) # <class 'str'>
```

在这个示例中，变量 var 最初是一个整数，然后它变成了一个字符串。换句话说，Python 允许可变变量的重新声明。

面试练习

考虑以下 Python 代码：

```
x = 100

def my_func():
    x = [10, 20, 30]
    print('x inside function:', x)

my_func()
print('x outside function:', x)
```

现在，尝试回答以下问题：

（1）函数内 x 的数据类型是什么，它的范围（作用域）是什么？

（2）函数外 x 的数据类型是什么，它的范围（作用域）是什么？

（2）这段代码的输出将会是什么？

☑ **注意**

本章将开始检验所学的概念。应对面试问题的一个好方法是使用 G.U.E.S.S 方法。不，这并不意味着只是猜测。G.U.E.S.S 是 Given（已知）、Unknown（未知）、Equation（方程式）、Solve（求解）、Solution（解决方案）的缩写。这种方法通常与数学一起教授（正如你可能从术语"方程式"猜到的那样），但它也非常适合编程，特别是在处理多步骤和/或复杂问题时。这种方法要求解题者从已知信息或数据开始，识别未知或问题，识别解决问题的方程式（或公式、代码），解决问题，并提供解决方案。

答案

（1）在函数 my_func 内部，x 是一个列表。x 是局部于 my_func 的（具有局部作用域）。

（2）在函数外部，x 是一个整数。x 处于脚本的全局作用域中。

（3）代码的输出如下所示：

```
x inside function: [10, 20, 30]
x outside function: 100
```

在这个示例中，函数 my_func 创建了一个新的局部变量 x，它不会影响全局变量 x。因此，在函数调用后，全局变量 x 仍然保持其原始值。

3.2　Python 中的索引

要访问数据对象内的值，我们可以使用索引。索引是访问数据结构内单个元素的过程。在本例中，数据结构是一个列表，但你很快就会了解到，索引适用于许多数据结构。

☑ **注意**

在数据结构中，每个元素或项都被赋予一个唯一的索引或位置，并从某个特定值开始——在 Python 中，这个值是 0。这意味着在 Python 中任何数据结构的第一个位置位于索引 0，其次是第二个位置，位于索引 1，以此类推。

索引机制允许通过指定索引检索或操作数据结构中的特定元素。它提供了一种单独引用元素的方式，而不是将整个数据结构作为一个整体来访问。

在 Python 中对列表或元组进行索引的基本语法如下所示：

```
list_or_tuple_name[index_position]
```

list_or_tuple_name 对象是列表的名称，index_position 是想要访问的元素的位置。以下是一个示例：

```
languages = ['python', 'r', 'java', 'c', 'go']
print(languages[0] #Output: 'python'
```

在这个示例中，languages[0]检索索引 0 处的元素，即第一个元素'python'。类似地，languages[2]检索索引 2 处的元素，即'java'。

当涉及索引字典时，不是使用整数位置进行索引，而是使用键访问它们对应的值。你可以使用方括号[]，并将键放在里面来检索值。以下是一个示例：

```
my_dict = {'name': 'John', 'age': 30, 'city': 'New York'}
print(my_dict['name']) # 'Output: John'
print(my_dict['age'])  # Output: 30
```

稍后，我们将在讨论 pandas 中的数据选择时深入探讨 DataFrame 的索引，以及在讨论字符串操作时探讨字符串索引。

3.3　字符串操作

在处理 Python 和文本数据时，字符串操作非常常见。因此，本节将回顾如何初始化字符串、字符串索引/切片以及一些常见的字符串方法。

✅ **注意**

此处不会讨论字符串正则表达式，因为这是一个具有相当深度的广泛话题。有关此主题的更多指导，请查阅 Victor Romero 和 Felix L. Luis 所著的 *Mastering Python Regular Expressions*。

3.3.1　初始化字符串

Python 允许通过几种方式初始化（创建）字符串。其中包括单引号（''）和双引号（""）两种方式：

```python
# Single quotes
s = 'Hello, World!'
print(s) # prints: Hello, World!

# Double quotes
s = "Hello, World!"
print(s) # prints: Hello, World!
```

单引号和双引号基本上可以互换。唯一的区别是字符串内有引号（单引号或双引号）时。例如，一种常见的情况是在字符串中包含引号。为此，可以使用一种引号来定义字符串，另一种引号则用于字符串内部。下面是一个例子：

```python
quote = "She said 'I want ice cream!' "
```

在这个示例中，字符串使用双引号定义，而字符串内部的单引号则作为字符串本身的一部分包含在内。另外，也可以反过来这样做：

```python
quote = 'She said "I want ice cream!" '
```

为了代码的可读性，无论使用哪种方法，都建议保持一致性。

3.3.2　字符串索引

在 Python 中，字符串是字符序列，每个字符都有一个与之相关联的位置或索引。字符串索引允许访问字符串中的单个字符，而字符串切片允许从字符串中访问子字符串。

在 Python 中，字符串也是从 0 开始索引的。也就是说，第一个字符的索引是 0，第二个字符的索引是 1，以此类推。Python 还支持负索引，最后一个字符的索引是-1，倒数第二个字符的索引是−2，以此类推。注意，空格也算作一个字符，负索引实际上从 1 开始。

例如，考虑将以下字符串文本赋值给变量 s。我们可以通过使用字符串索引访问字符串中的每个字符：

```
s = "Hello, World!"

# indexing
print(s[0]) # prints: H
print(s[7]) # prints: W
print(s[-1]) # prints: !
```

切片是访问字符串字符的另一种方法，最常用于从字符串中提取一个窗口或子字符串。切片的语法是 string_variable[start:stop:step]，其中，start 是切片开始的索引位置（包含），stop 是切片结束的索引位置（不包含），而 step 是一个可选参数，用于指定步长值（也称为要跳过的字符数）。如果 step 为负数，则切片将从右到左开始，而不是默认的从左到右的求值方法。

考虑与之前相同的字符串对象 s。假设想要切片字符串，以访问字符串的一个窗口，而不仅仅是字符串中的一个位置：

```
s = "Hello, World!"

# slicing
print(s[0:5]) # prints: Hello
print(s[7:12]) # prints: World
print(s[::2]) # prints: Hlo ol!
print(s[::-1]) # prints: !dlroW ,olleH (reverses the string)
```

让我们看看每个切片：

（1）在第一个切片 s[0:5]中，切片从索引 0 开始，到索引 5 结束，因此它提取了前 5 个字符。

（2）在第二个切片 s[7:12]中，它从索引 7 开始，到索引 12 结束，因此它提取了单词 World。

（3）在第三个切片 s[::2]中，没有指定开始或结束，所以它以步长 2 的方式遍历整个字符串，且每隔一个字符提取一个字符。

（4）在最后一个切片，s[::-1]中，使用负步长来反转字符串。

Python 提供了多种内置方法操作字符串。以下是 strip()、split()、join()、replace()和 find()的解释和示例。

（1）strip()：此方法从字符串中移除前导和尾随的空白符。它通常用于数据清洗时，我们想要移除不需要的空格：

```
s = " Hello, World! "
print(s.strip()) # prints: "Hello, World!"
```

（2）split()：此方法将字符串分割成一个列表，其中每个单词是一个单独的元素。这在自然语言处理（NLP）任务中的标记化以及其他数据转换任务中极为有用：

```
s = "Hello, World!"
print(s.split()) # prints: ['Hello,', 'World!']
print(s.split(',')) # prints: ['Hello', ' World!']
```

除此之外，还可以指定一个分隔符进行分割。例如，要将字符串分割成句子，可以按句号（.）字符进行分割。

（3）join()方法：此方法将字符串列表合并成一个字符串。你可以在要用作分隔符的字符串上调用此方法：

```
words = ['Hello', 'World!']
print(' '.join(words)) # prints: "Hello World!"
```

（4）replace()方法：　该方法将字符串中出现的子串替换为另一个子串。它常用于数据清理和预处理：

```
s = "Hello, World!"
print(s.replace('World', 'Python')) # prints: "Hello, Python!"
```

（5）find()方法：此方法返回子字符串在字符串中第一次出现的索引。如果未找到子字符串，它返回-1：

```
s = "Hello, World!"
print(s.find('World')) # prints: 7
print(s.find('Python')) # prints: -1
```

文本挖掘和自然语言处理（NLP）任务超出了本书的讨论范围，但如果你对数据科学的这一特定领域感兴趣，我们建议你阅读更多相关内容。

面试练习

查看下列代码：

```
s = "Data Science with Python"
```

尝试完成以下任务：

（1）s[5:11]返回什么？

（2）s[::-1]返回什么？

（3）使用字符串方法将 s 分割成单独的单词，并将结果存储在列表中。

（4）使用字符串方法将 s 转换为小写。

答案

（1）s[5:11] 返回字符串"Scienc"。它开始于索引 5（包含），结束于索引 11（不包含）。

（2）s[::-1] 返回字符串 s 的逆置结果，即"nohtyP htiw ecneicS ataD"。

（3）可以使用 split()方法将 s 分割成单个单词：words = s.split()。words 将表示为 ['Data', 'Science', 'with', 'Python'] 。

（4）可以使用 lower()方法将 s 转换为小写：lowercase_s = s.lower()。这样，lowercase_s 就变成了"data science with python"。

面试练习

查看下列 Python 字符串：

```
s = "  Hello,  World!  "
```

尝试完成以下任务：

（1）使用字符串方法移除前导和尾随的空格。

（2）使用字符串方法将"World"替换为"Python"。

（3）使用字符串方法找到"World"第一次出现的索引。

答案

（1）使用 strip()方法可以移除前导和尾随的空格：s_stripped = s.strip()。这将得到 s_stripped 为"Hello, World!"。

（2）使用 replace()方法可以将"World"替换为"Python"：s_replaced = s.replace("World", "Python")。这将得到 s_replaced 为" Hello, Python! "。

（3）使用 find()方法可以找到"World"第一次出现的索引：index = s.find("World")。这将得到 index 为 11。

3.4　使用 Python 控制语句和列表推导

控制语句用于各种任务。例如，它们基于某些条件过滤数据，在列表的每个条目上执行计算，遍历数据框中的行等。此外，列表推导在数据科学中广泛使用，因为它们提供了效率和可读性。它经常用于数据清洗和预处理任务、特征工程等。

Python 中的控制语句允许根据某些条件或循环来控制程序执行的流程。控制语句的主要类型是条件语句（如 if、elif 和 else）以及循环语句（如 for 和 while）。

与此同时，列表推导是一种编写循环语句的简写方法。更具体地说，它们是一种更简短、更简洁的语法，用于基于现有列表的值创建一个列表。

3.4.1　条件语句

条件语句可能是最容易理解的控制语句之一，因为它们的运作方式（和编写方式）反映了人类在心理上评估 if-else 场景的方式。让我们考虑 if、elif 和 else 条件语句。

（1）if 用于测试一个特定条件。如果条件为真，则将执行 if 语句块内的代码：

```
x = 10
if x > 0:
    print("x is positive") #Output: "x is positive"
```

（2）elif，代表 else if，用于连接多个条件，在 if 或另一个 elif 语句之后使用时尤其方便。这是因为如果 if 代码块的结果为假，则将评估下一个条件（elif）。如果 elif 条件被评估为真，它将被执行。在以下示例中，首先评估 if 语句。在这个特定的情况下，x 大于 0；因此，初始的 if 语句为假。这促使程序评估下一个 elif 语句，该语句为真：

```
x = 10
if x < 0:
    print("x is negative")
elif x > 0:
    print("x is positive") # Output: "x is positive"
```

（3）else 是在 if 和 elif 代码块已被评估之后评估的最后一个语句。else 在功能上几乎与 elif 相同，但两者之间的主要区别是，使用 else 进行最后的逻辑语句检查。elif 用于将逻辑检查传递给另一个逻辑评估。else 是将要评估的最后一个逻辑语句，因此，在 else 中的条件是：

```
x = -10
```

```
if x > 0:
    print("x is positive")
elif x == 0:
    print("x is zero")
else:
    print("x is negative") # Output: "x is negative"
```

3.4.2　循环语句

循环是另一类用于迭代评估代码块的控制语句。

首先，让我们以一个 for 循环示例作为启发。for 循环是一种控制流机制，用于评估可迭代数据结构中的条目。这在想要对对象（如列表或字符串）中的多个条目执行操作时最有用。

想象你有一袋 M&M 巧克力豆，对应任务是一次抽取一个 M&M，评估它是否是橙色的 M&M。该过程的伪代码如下所示：

```
for M&M in bag:
    if M&M == "orange":
        print("This is orange!")
    else:
        print("Not orange")
```

for 循环内的代码块针对对象中的每个条目执行一次：

```
for i in range(3):
    print(i)
# prints:
# 0
# 1
# 2
```

☑ **注意**

当 for 循环与其他控制流操作（如 if 语句）以及其他有用的机制（如函数）结合使用时，它们变得更加强大。结合这些工具，可以在可迭代对象的多个条目上执行操作、计算、评估和修订。注意，我们已经在 M&M 示例中展示了 for 循环和 if 语句结合使用的一个示例。你发现了吗？

除此之外，我们还有 while 循环，当想要在某个条件为真时重复执行一个代码块时就会用到它。这个条件是一个布尔表达式，它决定循环是否应该继续执行。只要条件评估为真，循环内的代码块就会执行。一旦条件变为假，循环将终止。以下是一个示例：

```
i = 0
while i < 3:
    print(i)
    i += 1
# prints:
# 0
# 1
# 2
```

与 for 循环不同，while 循环会迭代评估一个语句，直到它不再为真，或者插入了一个 break 语句。在前一个示例中，解释器将循环执行该语句，直到对象 i 不再小于 3。

你可能会好奇：如果 i 无限期地小于 3 会发生什么？答案是程序将（尝试）无限期地运行。在前一个示例中，i += 1 指定了该变量每次迭代增加 1 的值。没有这个规定，代码将永远运行。这就是 break 运算符发挥作用的地方。

以下示例演示了如何使用 break。在这个示例中，我们使用 break 语句退出 while 循环。当想根据特定条件终止循环时，这是 break 语句的典型用例：

```
count = 1

while True:
    print(count)
    count += 1

    if count > 5:
        break
```

代码的输出结果如下所示：

```
1
2
3
4
5
```

在这个示例中，while 循环的条件被设置为 True 以创建一个无限循环。然而，当计数超过 5 时，使用 break 语句终止循环。这允许打印从 1 到 5 的数字，然后退出循环。

3.4.3　列表推导

如前所述，列表推导可以被认为是一种更紧凑、更简洁的编写 for 循环的方法。以下是列表推导的基本语法：

```
[expression for item in iterable]
```

表达式应用于可迭代对象中的每个条目，结果收集到一个新的列表中。

让我们以创建一个 0 到 9 数字的平方列表为例：

```
squares = [x**2 for x in range(10)]
print(squares) # prints: [0, 1, 4, 9, 16, 25, 36, 49, 64, 81]
```

你还可以在列表推导中包含一个 if 条件来过滤条目：

```
even_squares = [x**2 for x in range(10) if x % 2 == 0]
print(even_squares) # prints: [0, 4, 16, 36, 64]
```

在这个示例中，只有偶数的平方被包含在新列表中。

面试练习

考虑以下 Python 代码：

```
numbers = [5, 2, -3, 7, -1, 4]
total = 0
for number in numbers:
    if number > 0:
        total += number
print(total)
```

输出值是什么？为什么？

答案

打印出的值将是 18。for 循环遍历 numbers 列表中的每个数字。如果数字是正数（大于 0），它就被加到总数中。因此，总数将是 numbers 列表中所有正数的总和，即 $5+2+7+4=18$。

面试练习

编写一个列表推导式，创建一个包含 1 到 10 所有数字的平方的新列表。

答案

以下列表推导式将创建所需的列表：

```
squares = [x**2 for x in range(1, 11)]
```

这将生成列表[1, 4, 9, 16, 25, 36, 49, 64, 81, 100]，即从 1 到 10 的数字的平方。

注意，使用 range(1, 11)而不是 range(1, 10)，因为传递给 range 函数的停止值是不包含在内的。因此，要包括 10 在范围内，我们需要将停止值指定为 11。

3.5　使用用户定义的函数

有时，可能需要创建自己的函数来执行非常特定的操作。这在数据科学领域很常见，特别是涉及数据清洗、预处理和建模活动时。

本节将讨论用户定义的函数，这些是由程序员创建的用以执行特定任务的函数。它们与数学函数类似，通常接收一些输入并（通常）产生一些输出。用户定义的函数旨在接收 0 个或多个输入，执行一些特定的计算，并产生一个输出。

当执行重复任务时，这一过程特别有帮助。实际上，经验法则是，如果需要执行一次以上的任务，就应该使用函数。在更高级的情况下，用户函数对于代码的可重用性、组织性、可读性和可维护性也很有帮助。

3.5.1　用户定义的函数的语法

当有效使用时，用户定义的函数是你最好的朋友。像编程中的其他事物一样，函数可能会变得相当复杂，但基本原理相当简单。

考察如图 3.2 所示的语法。

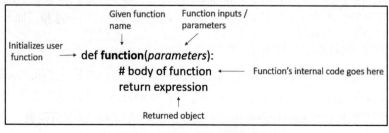

图 3.2　用户定义的函数的语法

原文	译文
Initializes user function	初始化用户函数
Given function name	给定函数名称
Function inputs/parameters	函数输入/参数
Function's internal code goes here	函数的内部代码位于此处
#body of function	函数体
return expression	返回表达式
Returned object	返回的对象

总之，如果我们在经营一家饭店，函数名就是食谱的名称，参数就是食材，语句就是烹饪指南，返回表达式就是交付方式（如外卖）。

3.5.2　使用用户定义的函数进行操作

用户定义的函数涵盖不同类型。本书中基于输入数量的函数类型如下。

（1）无参数：没有参数的用户定义函数一开始可能看起来有些奇怪，但有时你需要进行某些操作，而不需要在函数体中描述额外的信息。例如，考虑以下函数：

```
# Define a function that gives us some Vulcan wisdom
def vulcanGreeting():
    print("Live long and prosper")
#Call the function
vulcanGreeting() #Output: Live long and prosper
```

这段代码创建了一个名为 vulcanGreeting() 的函数，它打印文本 Live long and prosper（出自影片《星际迷航》）。

（2）一个或多个参数：有些函数至少会有一个输入参数。这在数据科学中尤其正确，函数被用来操作数据。要操作现有的数据对象，就需要一个输入。让我们看一个例子：

```
# Calculate a column's average and return the value
def calculate_average(column):
    average = column.mean()
    return average
```

这段代码创建了一个名为 calculate_average 的函数，它计算输入 DataFrame 列的平均值（均值）并返回该值。现在可以将此函数应用于 DataFrame 列以返回其平均值。

假设想将结果追加到 DataFrame 中。这是一个常见的需求，以便可以进一步探索结果。以下代码演示了如何使用 3 个输入而不是 1 个来实现这一点：

```
# Calculate and append a new column "Sales" to a DataFrame that multiplies
the units and price columns
    def calculate_sales(df, units_col, price_col):
df['Sales'] = df[units_col] * df[price_col]
return df
```

让我们分解这段代码。

- 输入：这个函数接收三个参数：df、units_col 和 price_col。第一个参数是 DataFrame 对象，它包含代表 units 和 price 列（另外两个参数）的列。
- 函数体：函数体创建了一个名为 Sales 的新列，并通过将 units_col 和 price_col 列的值相乘来计算（注意：这对数据集的每一行都会发生）。
- 返回：返回语句返回了 DataFrame，现在它包含了 Sales 列。

注意，函数的功能与下列代数表达式相同：Sales = Units×Price。当函数应用于输入时，会对数据集的每一行进行计算。因此，每一行都被赋予了 Sales 列中的销售值。

（3）默认参数：还有一些函数接收默认参数。在希望指定一个默认的静态值的情况下，这些参数十分有用。在许多情况下，设置默认设置可能是有利的（例如，当希望在没有提供参数时提供默认功能）。考虑以下示例：

```
# Write a function to greet someone by name
def greet(name="Guest"):
    greeting = "Hello, " + name + "!"
    return greeting

# Calling the function without providing an argument
default_greeting = greet()
print(default_greeting) #Output: Hello, Guest!

# Calling the function with an argument
custom_greeting = greet("Alice")
print(custom_greeting) #Output: Hello, Alice!
```

让我们剖析一下这个函数的作用。greet 函数接收一个参数，但请注意它已经被分配了一个值（在这种情况下是"Guest"）。分配的值是对象的默认值。这意味着除非被重写，否则函数将始终假定默认值。注意调用不带参数的函数与调用带参数的函数时，输出有何变化。

3.5.3　熟悉 lambda 函数

如前所述，函数可能会变得相当复杂，但最好的函数是简单的。简单的函数通过提供更简单的语法选项得以进一步简化。这就引入了 lambda 函数。

还记得列表推导吗？它们是 for 循环的简化版。函数也有类似的事物，它们被称为 lambda 函数。lambda 函数用于在 Python 中创建单行函数。lambda 函数不是使用 def 方法，而是使用 lambda 关键字定义，后跟一系列输入参数、一个冒号（:）以及要执行的表达式或代码块。lambda 函数的语法如图 3.3 所示。

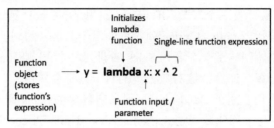

图 3.3　lambda 函数的语法

原文	译文
Function object(stores function's expression)	函数对象（存储函数表达式）
Initializes lambda function	初始化 lambda 函数
Single-line function expression	单行函数表达式
Function input/parameter	函数输入/参数

以下代码展示了完成同一件事情的两种不同方法。第一种使用了用户定义的函数：

```
# Create a user-defined function that returns the sum of 2 variables
def add_numbers(a, b):
    return a + b
result = add_numbers(3, 4)
print(result) # Output: 7
```

第二种方法利用了 lambda 函数：

```
# Create a lambda function that returns the sum of 2 variables
add_numbers = lambda a, b: a + b

result = add_numbers(3, 4)
print(result) # Output: 7
```

☑ 注意

如果 lambda 函数需要一行以上的代码，最好使用普通的用户定义函数。此外，单行注释已足够用于文档记录。

3.5.4　创建优秀的函数

以下是一些最佳实践指南，可以帮助你在创建函数时节省时间并减少麻烦。

（1）记住，函数名称应该是描述性的，但要简单。

（2）函数应该服务于单一目的。避免重复。无论函数目的是什么，或者让函数执行什么操作，它应该只执行一次。

（3）使用 docstrings。你可以阅读有关多种 docstring 约定的信息，如 Google 的格式、reStructuredText（reST）或 Numpydoc。但只要 docstrings 充分描述了函数的功能、参数和输出，那就没问题。

面试练习

现在让我们回顾一些面试问题（注意，你可以选择函数的名称）：

（1）编写一个函数，根据给定的长和宽计算矩形的面积。提示：面积 = 长×宽。

（2）编写一个函数，如果给定的数字是偶数，则返回"Even"；如果给定的数字是奇数，则返回"Odd"。

（3）编写一个函数，计算给定字符串中的元音字母数量。

（4）编写一个函数，接收一个 DataFrame 对象作为输入，并返回每列中缺失值（NaN）的数量。

答案

（1）根据提供的代数公式，我们知道如何从理论上计算矩形的面积。我们所需要的只是宽度和长度——这些就是输入内容：

```
def calculate_rectangle_area(length, width):
    area = length * width
    return area
```

如果将答案写成了 lambda 表达式，可以获得额外的分数，如下所示：

```
calculate_rectangle_area = lambda length, width: length * width
```

（2）if 是这个问题中的一个关键词。它暗示可能需要使用 if/else 控制语句。根据问题，我们可能想要检查哪些条件？嗯，我们想要检查一个数字是奇数（条件 1）还是偶数（条件 2）。我们也知道这些是互斥的。如果一个数字是奇数，它就不能是偶数（反之亦然）。

此外，给定的数字听起来很像是一个输入。因此，到目前为止，我们已经设计出编写一个具有单个输入（一个数字）的函数，我们想要检查（使用 if 语句）该输入是奇数（条件 1）还是偶数（条件 2）。

根据之前对 if 语句的经验，我们知道使用 if 和 else（如果有多个条件则使用 elif）指定条件。此外，我们知道如果为真，每个条件必须返回什么（在这种情况下是"Odd"或"Even"）。剩下的就是确定最简单的方法来检查一个数字是奇数还是偶数：

```python
def check_even_odd(number):
    if number % 2 == 0:
        return "Even"
    else:
        return "Odd"
```

（3）在这个示例中，我们得到了一个字符串，并想要计算它包含多少个元音字母。我们应该如何解决这个问题呢？嗯，字符串是一个输入。然后将要评估字符串中的每个字符。什么 Python 控制流语法有助于评估对象中每个索引？你猜到了——for 循环。此外还需要什么其他信息？对此，我们应该明确什么算作元音（提示：在 for 循环中寻找的值是区分大小写的）：

```python
def count_vowels(string):
    vowels = "aeiouAEIOU"
    count = 0
    for char in string:
        if char in vowels:
            count += 1
    return count
```

（4）这个问题事先告诉我们，将把单个 DataFrame 对象作为输入。此外还知道函数应该返回缺失值的计数，尽管目前还不知道如何得出它。有时，为最终输出指定一个占位变量会很有帮助，即使我们还不知道如何计算它。

这样我们就有了已知的输入和输出，但仍然需要弄清楚函数的主体部分需要做些什么。首先，我们可能应该将输出值赋值给某个表达式。毕竟，除非给占位变量赋值，否则它不会返回任何值。现在，棘手的问题来了——我们如何计算缺失值？在 Python 中，有两个有用的方法：isnull() 和 sum()。下面是将这些操作串联起来的方法：

```python
def count_missing_values(df):
  missing_counts = df.isnull().sum()
  return missing_counts
```

3.6　在 Python 中处理文件

在 Python 中，内置的 open 函数用于打开文件，并返回一个 file 对象。一旦文件打开，可以使用 read 方法读取其内容。然而，在管理文件时需要考虑的一个重要方面是确保它们在使用后被关闭，以允许计算资源的设置和清除。实现这一点的一种方式是使用上下文管理器。

上下文管理器是管理代码块上下文的对象，通常与 with 语句一起使用。它特别适用于设置和清除计算资源，如高效地打开和关闭文件。简而言之，with 关键字在嵌套代码块执行后自动关闭文件，它更有效，并降低了文件未正确关闭的风险。

使用上下文管理器打开文件的语法如下所示：

```
with open(<file_name.csv>) as file_object:
    # Code block
```

以下是一个如何打开和读取文件的具体示例：

```
with open('file.txt', 'r') as file:
    content = file.read()
print(content)
```

在这个示例中，file.txt 是要打开的文件的名称，r 是应该打开文件的模式。r 代表读取模式，允许读取文件的内容但不允许修改。

with open(...) as file：这行代码打开文件并将得到的文件对象赋值给 file 变量。然后，file.read()读取文件的内容并将其作为字符串返回，该字符串赋值给 content 变量。在执行 with 代码块后（即使代码块内发生错误），文件将自动关闭。

Python 中的 pandas 库提供了高性能、易于使用的数据操作和分析工具，经常在数据科学角色中使用。pandas 最常用的读取数据的函数之一是 read_csv()。以下是其使用示例：

```
import pandas as pd

df = pd.read_csv('file.csv')

print(df.head()) # print the first 5 rows of the data
```

在这个示例中，read_csv 函数读取名为 file.csv 的 CSV 文件，得到的对象被赋值给 df 变量。然后使用 head()函数打印出 DataFrame 的前 5 行。如果想打印整个 DataFrame，可以直接调用 print(df)。

如前所述，pandas 还提供了一个将文件转换为 DataFrame 的函数，且只需使用

pd.DataFrame()即可，如下所示：

```
# Create a DataFrame from the
df = pd.DataFrame(df)
# Print the DataFrame
print(df.head) #Outputs the first 5 rows of the DataFrame
```

面试练习

考虑以下 Python 代码片段：

```
with open('data.txt', 'r') as file:
    content = file.read()
print(content)
```

尝试回答以下问题：

（1）这段代码的作用是什么？

（2）open 函数中的 r 有什么意义？

（3）with 在打开文件中的作用是什么？

答案

（1）这段代码以读取模式（r）打开一个名为 data.txt 的文件，将其全部内容读入 content 字符串变量，然后打印内容。执行 with 代码块后，data.txt 文件将自动关闭。

（2）open 函数中的 r 代表 read，意味着文件是以"读"模式打开的。在这种模式下，可以从文件中读取内容，但不能写入或修改文件。

（3）如果'data.txt'不存在或在运行 Python 脚本的目录中找不到，Python 将引发一个 File Not Found Errer 消息。

（4）with 用于处理未托管的资源（如文件流）。这是一种整洁的语法，确保 File 对象 file 在使用后被正确关闭。它建立了一个文件打开的上下文，在该上下文结束时自动关闭文件，即使在上下文中引发了异常也是如此。这使得它成为 Python 中资源管理的最佳实践。

3.7 使用 pandas 整理数据

数据整理是数据科学面试中最重要的主题之一。首先，数据通常不是以分析就绪的格式呈现的，这使得进行数据建模预处理和解决数据质量问题变得必要。因此，数据科学家可能会花费高达 80% 的时间来清洗和整理数据[1]。

掌握使用函数、循环、索引、聚合、过滤和计算的能力将在数据科学之旅中为你提供极大的帮助，从而能够快速有效地完成工作。这对于提取、转换、加载（ETL）活动，查询数据，数据建模，描述性统计，报告，以及其他众多数据任务也至关重要。

本节将回顾一些常见的数据整理挑战，包括处理缺失数据、过滤数据、合并和聚合数据。

3.7.1　处理缺失数据

有时，数据是不完整的。缺失数据最常见的表示方式是完全空白的值、NaN 值或 null 值。这种情况发生的原因有很多，包括错误地收集或删除的数据、未提供的数据。实际上，甚至还存在缺失数据的类别，这些类别可以决定如何处理缺失值。以下是一些缺失数据的类别。

（1）**完全随机缺失（MCAR）**：这是在整个变量（例如，列、字段、属性和特征）中随机分布缺失的数据，与其他变量无关。换句话说，数据完全随机地缺失，它的缺失与其他字段值无关。

- 示例：如果你持有一个电子健康记录（EHR）数据集，并且患者的社会保险号码在整个字段中都缺失，而与患者的位置、种族和 BMI 无关，那么这就是 MCAR。
- 最简单的方法是移除包含缺失数据的记录（行）。这确保任何分析不会因缺失值而产生偏差，并可以通过使用 pandas 的 dropna() 函数实现。

（2）**随机缺失（MAR）**：这是系统性缺失的数据，但可以通过数据集中其他观察到的变量来解释。

- 示例：对于另一个 EHR 数据集，"Smoking Status"字段对某些患者来说是缺失的，但是这种缺失可以通过另一个观察到的变量解释，如"Age"。年轻患者不太可能记录他们的吸烟状态。
- 可以使用均值插补、中位数插补或预测性插补（如回归插补）等方法填补缺失值。这可以通过使用 pandas 的 fillna() 函数实现。插补方法的选择取决于分析师，但也存在一些经验法则。对于具有对称分布（如正态分布）的数据，使用字段的均值插补缺失值是一种合适的方法。对于具有偏斜分布的数据，使用字段的中位数更为合适。当缺失值变量与其他观察到的变量之间存在显著相关性时，回归等高级方法可能会很有用。

（3）**非随机缺失（MNAR）**：这是缺失性与未观察到的因素或缺失数据本身相关的情况。

- 示例：对于同一个 EHR 数据集，"Mental Health Diagnosis"字段对某些患者来说是缺失的，但是这种缺失与他们的心理健康状况的严重程度有关。病情更严重的患者不太可能记录他们的诊断。

- MNAR 是最复杂的案例，因为缺失性不容易通过观察到的变量解释。因此，可仔细分析缺失的原因，并考虑使用更复杂的技术，如多重插补或最大似然估计，这一点非常重要。

让我们来看一个例子，并使用以下数据框：

```
import pandas as pd
import numpy as np

df = pd.DataFrame({
    'A': [1, 2, np.nan],
    'B': [5, np.nan, np.nan],
    'C': [1, 2, 3]
})
```

以下是可以处理缺失值的一些方法。

（1）**删除缺失值**：dropna()函数可以移除缺失值。默认情况下，它会移除至少有一个缺失值的任何行：

```
print(df.dropna())
```

（2）**填充缺失值**：fillna()函数填充（也称为插补）缺失值，你可以自行选择值。这里我们用'FILL VALUE'字符串替换缺失数据：

```
print(df.fillna(value='FILL VALUE'))
```

接下来是一个用均值插补缺失数据的示例：

```
print(df['A'].fillna(value=df['A'].mean()))
```

在这个例子中，我们取'A'列，并用'A'列的均值填充缺失值。

此外也可以使用回归来插补数据，但这会稍微复杂一些，稍后将讨论回归。

3.7.2　选择数据

选择数据是处理数据时非常常见的操作。使用 pandas，可以以几种不同的方式在数据框或 Series 中选择数据。

　　假设有以下数据框：

```
import pandas as pd

df = pd.DataFrame({
    'A': [1, 2, 3, 4],
    'B': [5, 6, 7, 8],
    'C': ['a', 'b', 'c', 'd']
})
```

以下是如何选择数据的特定部分。

　　（1）选择列。可以使用 df['ColumnName']选择单个列，或使用 df[['Column1', 'Column2']]
选择多个列：

```
# select column 'A'
print(df['A'])

# select column 'A' and 'B'
print(df[['A', 'B']])
```

　　（2）选择行。你可以使用切片来选择行，就像你处理列表一样：

```
# select the first 2 rows
print(df[0:2])
```

　　（3）根据条件选择。这是 pandas 真正大放异彩的地方。你可以根据一个或多个列中的
值快速过滤行：

```
# select rows where 'A' is greater than 2
print(df[df['A'] > 2])

# select rows where 'A' is greater than 2 and 'B' is less than 8
print(df[(df['A'] > 2) & (df['B'] < 8)])
```

　　（4）使用 query 方法进行过滤。可使用字符串表达式进行过滤：

```
# select rows where 'A' is greater than 'B'
print(df.query('A > B'))
```

　　（5）使用 loc()和 iloc()进行选择。pandas 包还提供了另一种数据选择的方法。loc()和
iloc()索引方法特定于 pandas 数据框。它们旨在提供一种便捷的方式，根据标签或整数位置

分别选择和访问数据框的特定行和列。两者之间存在一些显著的区别。

- loc()：此方法允许基于列标签和/或行索引选择数据以识别和检索数据。
- iloc()：此方法允许基于行和列的整数位置选择数据以定位和检索数据。注意，它使用独占切片，即停止索引不包括在内。此外还支持基于位置的切片和索引。

loc()和iloc()遵循类似的语法。图3.4显示了loc()的语法。

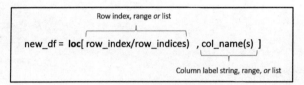

图3.4　loc()的语法

原文	译文
Row index,range or list	行索引、范围或列表
Column label string,range,or list	列标签字符串、范围或列表

📝 **注意**

第一个参数可以是行索引、范围或列表。同样，第二个参数可以是标签字符串、范围或列表。

iloc()的语法如图3.5所示。

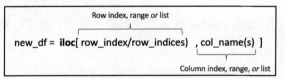

图3.5　iloc()的语法

原文	译文
Row index,range or list	行索引、范围或列表
Column index,range,or list	列索引、范围或列表

让我们查看一些使用这两种方法的例子。首先创建一个数据集：

```
import pandas as pd

# Create a sample DataFrame
data = {
```

```
    'Name': ['John', 'Alice', 'Bob', 'Emily', 'Jack'],
    'Age': [25, 30, 35, 28, 32],
    'City': ['New York', 'London', 'Paris', 'Sydney', 'Tokyo'],
    'Salary': [50000, 60000, 70000, 55000, 80000]
}
```

现在，让我们复习一下如何使用 loc() 选择列和/或行：

```
df = pd.DataFrame(data)

# Select specific columns using loc()
selected_columns_loc = df.loc[:, ['Name', 'City']]
print("Selected columns using loc():")
print(selected_columns_loc)
print()
```

接下来使用 iloc() 方法选择相同的信息：

```
# Select specific columns using iloc()
selected_columns_iloc = df.iloc[:, [0, 2]]
print("Selected columns using iloc():")
print(selected_columns_iloc)
print()

# Select specific rows using loc()
selected_rows_loc = df.loc[1:3, :]
print("Selected rows using loc():")
print(selected_rows_loc)
print()

# Select specific rows using iloc()
selected_rows_iloc = df.iloc[2:4, :]
print("Selected rows using iloc():")
print(selected_rows_iloc)
print()

# Select a range of rows and specific columns using loc()
selected_range_loc = df.loc[1:3, ['Name', 'Age', 'Salary']]
print("Selected range of rows and specific columns using loc():")
print(selected_range_loc)
print()

# Select a range of rows and specific columns using iloc()
```

```
selected_range_iloc = df.iloc[2:4, [0, 1, 3]]
print("Selected range of rows and specific columns using iloc():")
print(selected_range_iloc)

)
```

3.7.3　排序数据

使用 pandas 库在 Python 中进行排序是一种强大的技术,它允许有效地组织和分析数据。pandas 提供了各种函数和方法,可以根据一个或多个列对数据集进行排序,从而以结构化的方式从数据中获得洞察。

要使用 pandas 在 Python 中执行字母数字排序,可使用 sort_values()指定想要排序的列和所需的排序顺序。以下是一个示例:

```
import pandas as pd

# Create a sample DataFrame
data = {
'Name': ['John', 'Emma', 'Alex', 'Sarah'],
'Age': [28, 32, 25, 30],
'Salary': [5000, 7000, 4500, 6000]
}
df = pd.DataFrame(data)
# Sort the DataFrame by the 'Age' column in ascending order
sorted_df = df.sort_values('Age')

print(sorted_df)
```

输出结果如图 3.6 所示。

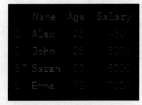

图 3.6　排序示例 1

此外也可以按照多个列进行排序,如下例所示:

```
sorted_df = df.sort_values(["Age", "Salary"], ascending=[True, False])
```

ascending 参数允许指定哪些列应该按升序排序。值为 True 将确保相应列按升序排序；值为 False 将确保该列按降序排序。

这个方法还有一个名为 na_position 的参数。此方法允许确定在排序过程中如何处理 NA 值。例如，将此参数设置为 first 意味着 NA 值将出现在 DataFrame 的顶部。以下是一个示例：

```
sorted_df = df.sort_values('Age', na_position='first')
```

输出结果如图 3.7 所示。

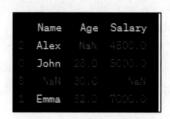

图 3.7　排序示例 2

3.7.4　合并数据

pandas 库提供了多种工具，以高效地结合 Dataframe 对象。特别地，merge 是一个强大的函数，允许执行数据库风格的合并（或连接）操作（类似于 SQL 中的 JOIN 操作）。

假设有两个共享一个公共列键的 Dataframe。其中，键是一个用于建立两个或更多数据集之间关系的列。在连接数据时，键作为存在于两个数据集中的共同标识符或属性，允许组合相关信息。

连接数据的过程涉及根据记录的键值匹配来自不同数据集的记录。这可以创建一个包含来自多个来源的信息的综合数据集。

在 Python 中，pandas 库为连接和合并 DataFrame 提供了强大的工具。用于连接的键通过 on 参数指定，该参数接收一个或多个列名。以下是合并 DataFrame 的方式：

```
import pandas as pd

df1 = pd.DataFrame({
'key': ['A', 'B', 'C', 'D'],
'value': np.random.randn(4)
})

df2 = pd.DataFrame({
```

```
'key': ['B', 'D', 'D', 'E'],
'value': np.random.randn(4)
})

merged = pd.merge(df1, df2, on='key')
```

生成的合并 DataFrame 包含 df1 和 df2 的行，其中键列匹配，并将 df1 和 df2 的列连接起来。默认情况下，pd.merge()执行内连接，这意味着只有两个 DataFrame 中都存在的键被合并。在当前示例中，我们使用一个公共键合并两个 DataFrame，但也可以根据多个键进行合并。如果在任一 DataFrame 中不存在键，则相应的行将从结果中排除。

除此之外，merge()还允许其他类型的连接操作，类似于 SQL。虽然以下选项不是详尽的列表，但这些是最常使用的选项。

（1）内连接（默认功能）是一种仅根据指定的键返回两个数据集中匹配记录的连接。来自任一数据集的非匹配记录都从结果中排除。生成的数据集只包含数据集之间的共同记录，如下例所示：

```
merge(df1, df2, how='inner')
```

（2）外连接（也称为全外连接）是一种连接，它根据指定的键返回两个数据集中的匹配和非匹配记录。一个表中的记录在另一个表中没有匹配记录时，将在生成的数据集中用空值或 NaN 值填充，如下例所示：

```
merge(df1, df2, how='outer')
```

（3）左连接（也称为全左连接）返回左侧（或第一个）数据集中的所有记录和右侧（或第二个）数据集中的匹配记录。右侧数据集中的非匹配记录将用空值或 NaN 值填充。生成的数据集包括左侧数据集的所有记录和右侧数据集中的共同记录，如下例所示：

```
merge(df1, df2, how='left')
```

（4）右连接类似于左连接，但返回右侧（或第二个）数据集中的所有记录和左侧（或第一个）数据集中的匹配记录。生成的数据集包括右侧数据集的所有记录和左侧数据集中的共同记录，如下例所示：

```
merge(df1, df2, how='right')
```

3.7.5　使用 groupby()进行聚合

聚合是数据分析中的一项基本操作，它允许根据指定的分组对选定数据范围执行汇总操作（例如，求和、平均、最小、最大等）。pandas 中的 groupby()函数提供了一种强大的聚合执行方式。groupby()操作的概念可以与 SQL 中的 Group By 概念以及 R 中的 Split-Apply-Combine 策略相比较。

相应地，存在多种聚合函数（例如，sum、mean、median 等）。然而，大多数聚合操作涉及以下 3 个步骤。

（1）根据某些标准将数据分割成组。这包括选择一个或多个分类字段对数据进行分组。

（2）对每个组应用函数。这是决定想要执行的聚合类型的函数。一些示例包括求和（sum）、最小值（min）、最大值（max）、计数（count）等。

（3）将结果合并成一个数据结构。

让我们考虑一个 DataFrame：

```
import pandas as pd

data = {
    'Company': ['GOOG', 'GOOG', 'MSFT', 'MSFT', 'FB', 'FB'],
    'Person': ['Sam', 'Charlie', 'Amy', 'Vanessa', 'Carl', 'Sarah'],
    'Sales': [200, 120, 340, 124, 243, 350]
}

df = pd.DataFrame(data)
```

如果想找到每家公司的总销售额，可以使用 groupby()，对应语法如下所示：

```
dataset.groupby('<Group(s)>')['<Aggregated_Col>'].agg_function()
```

这里，Group(s)参数代表想要根据哪个分类字段对聚合结果进行分组。Aggregated_Col 参数代表想要执行聚合的数值字段。最后，agg_function()代表想要用来执行聚合的函数。

让我们将这个语法应用到当前例子中：

```
by_comp = df.groupby('Company')['Sales'].mean()
print(by_comp.head) # Outputs the first 5 rows of the result dataset
```

这段代码将创建一个 groupby 对象，然后在此结果上调用 mean()函数。然后它将输出每家公司的平均销售额。在这种情况下，groupby()函数根据'Company'列将数据分割成组。然后 mean()函数分别应用于这些组，结果再合并回一个新的 DataFrame。

这里有一些更多关于如何使用 groupby()的例子：

```
# To get the sum of sales for each company
df.groupby('Company')['Sales'].sum()
```

```
# To get the standard deviation of sales for each company
df.groupby('Company')['Sales'].std()

# To get more detailed information about each group
df.groupby('Company')['Sales'].describe()
```

除此以外，还可以将任何函数与 groupby()结合使用，只要该函数可以对 DataFrame 或 Series 进行操作。这包括内置的 pandas 和 numpy 函数，以及自己定义的函数和 lambda 函数。

此外还可以使用 agg()应用多个聚合函数。以下是一些示例：

```
import pandas as pd

# Create a sample DataFrame
data = {
'Name': ['John', 'Alice', 'Bob', 'Emily', 'Jack'],
'Age': [25, 30, 35, 28, 32],
'Salary': [50000, 60000, 70000, 55000, 80000]
}

df = pd.DataFrame(data)

# Aggregate multiple columns with different functions
aggregations = {
'Age': ['mean', 'min', 'max'],
'Salary': ['sum', 'mean']
}

result = df.agg(aggregations)
print(result)
```

输出结果如图 3.8 所示。

图 3.8　聚合输出结果

面试练习

给定如下带有缺失值的 DataFrame：

```
import pandas as pd
import numpy as np

df = pd.DataFrame({'A': [1, 2, np.nan],
'B': [5, np.nan, np.nan],
'C': [1, 2, 3]})
```

如何使用同一列中非缺失值的平均值填充列'A'中的缺失值？

答案

我们使用 pandas 数据框的 fillna 函数，它允许采用自己的某个值替换 NaN 值：

```
df['A'].fillna(value=df['A'].mean(), inplace=True)
```

这里，我们用同一列中非 NaN 值的平均值替换列'A'中的 NaN（缺失）值。

面试练习

给定一个名为 df 的数据框，其中包含一个名为'Company'的列，用于存放公司名称，以及一个名为'Sales'的列，用于存放它们各自的销售额。编写一个代码片段，过滤掉销售额超过 500 的公司对应的行。

答案

这里，df['Sales'] > 500 创建了一个布尔 Series，如果相应的销售值大于 500，则元素为真，否则为假：

```
df_filtered = df[df['Sales'] > 500]
```

该 Series 用于索引原始数据框，结果是一个只包含销售额超过 500 的行的新数据框。

面试练习

假设有一个名为 df 的数据框，包含'Name'、'Age'和'Salary'列。如何使用 iloc()方法选择前三行和最后两列？

答案

要使用 iloc()方法选择前三行和最后两列，可使用以下代码：

```
df.iloc[:3, -2:]
```

面试练习

给定一个包含'Name'、'Age'、'Salary'和'Country'列的数据框 df，如何使用 loc()和 iloc()方法选择所有'Age'小于 40 的行，并且只选择'Name'和'Country'列？

答案

要执行此操作，可以使用以下代码：

```
df.loc[df['Age'] < 40, ['Name', 'Country']]
```

或者，也可以使用以下代码：

```
df.iloc[df['Age'] < 40, [0, 3]]
```

面试练习

假设有以下数据集：

```
import pandas as pd

data = {
    'OrderID': [1, 2, 3, 4, 5],
    'CustomerID': [101, 102, 103, 104, 105],
    'OrderDate': ['2022-01-01', '2022-02-15', '2022-03-10', '2022-04-
20', '2022-05-05'],
    'OrderTotal': [100, 150, 200, 75, 120]
}

df = pd.DataFrame(data)
```

如何使用 agg()函数计算每位客户的订单总额?

答案

首先使用 groupby()将数据分组。在本例中,需要将每个客户分组。然后要找出订单总额的总和,因此要在 OrderTotal 列上使用 agg()方法。随后将聚合函数设置为 sum(),因为我们需要的是总和。这一新计算的列被命名为 total_order_amount:

```
result = df.groupby('CustomerID')['OrderTotal'].agg(total_order_
amount=('sum'))
```

面试练习

假设有两个 DataFrame,df1 和 df2。这两个 DataFrame 共享一个名为'key'的键列。如何合并这些数据集?

答案

pd.merge()函数用于在键上合并两个 DataFrame:

```
merged_df = pd.merge(df1, df2, on='key')
```

默认情况下,它执行的是内连接,这意味着它只包含键同时出现在 df1 和 df2 中的行。合并后的数据框 merged_df 将包括 df1 和 df2 中的所有列,但只包括键值同时出现在这两个数据框中的行。

3.8　本 章 小 结

本章涵盖了技术面试中需要的许多 Python 编程基础知识。首先介绍了 Python 变量数据类型和字符串操作,包括字符串索引。之后回顾了 Python 列表推导式和控制语句,包括循环。然后我们专注于 Python 类的索引、合并、排序、数据聚合和处理缺失数据。

精通数据整理和操作非常重要,这构成了数据科学面试和评估的很大一部分。虽然数据处理占了很大一部分,但在数据科学工作中,数据处理的测试与其存在是成正比的。

第 4 章将把重点从 Python 基础知识转移到数据可视化和故事叙述上。

3.9　参考文献

[1] *A Comparative Study of Data Cleaning Tools* by *Chen, Z., Oni, S., Hoban, S., & Jademi, O.*, from *International Journal of Data Warehousing and Mining (IJDWM) (2019)*.

第 4 章　数据可视化与数据叙述

数据可视化是创建图像、图表和其他视觉数据的过程。这样做是为了揭示和理解数据中的潜在趋势和模式。这些技能对于数据科学家来说很重要，以便讲述引人入胜的数据故事。例如，市场分析师可能会检查在线客户行为，以识别购买习惯趋势，如季节性趋势、产品偏好或人口统计相关性。这些模式可以用来制定针对性的市场活动或形成个性化建议，从而改善客户体验。或者，分析师可能会分析历史财务时间序列数据，以识别市场趋势、股票表现或经济指标中的模式。通过识别这些模式，他们可以对未来市场行为做出明智的预测，指导投资决策，并制定风险管理策略。

本章将深入数据可视化和故事叙述的世界。这里，读者将学习选择适当的数据可视化方法的关键原则和技术，以有效地传达隐藏在复杂数据集中的洞察和模式。本章的目标是提供创建有影响力和有意义的数据视觉表示所需的知识和技能。在本章结束时，读者将了解一些数据可视化的工具，包括一些软件库，以及设计视觉上吸引人且内容丰富的仪表板、报告和关键绩效指标（KPI）的最佳实践。此外，本章将回顾 Python 中的编码技术，从而能够以编程方式创建图表和图形。最后将介绍数据叙述的框架，强调在向不同受众展示数据驱动的洞察时，叙事和上下文的重要性。

掌握这些概念对于数据科学家至关重要，因为它能够有效地传达你的发现结果，进而影响决策，并为各个领域和行业的商业决策提供信息。

本章主要涉及下列主题。

（1）理解数据可视化。

（2）调查行业工具。

（3）开发仪表板、报告和关键绩效指标。

（4）开发图表和图形。

（5）应用基于情景的叙事。

4.1　理解数据可视化

作为数据科学家，我们有时感觉自己像是在茫茫数据集的荒野中探险的探险家，寻找富有洞察力的模式和重要的关系。然而，旅程的真正价值在于将这些发现转化为影响决策、激发行动和推动创新的故事。这正是数据可视化和叙事艺术发挥作用的地方。

数据可视化不仅仅是展示统计数据或趋势的强大工具——它赋予数据生命，将数字和变量转化为引人注目、引发情感和引发思考的视觉叙事。它是一个转换过程，将数据的抽象语言转化为人们可以理解和参与的直观视觉语言。精心制作的数据可视化不仅仅是图形，它们可以讲述引人入胜的故事。

可视化的力量在于其对数据、叙事和受众的适宜性。选择正确的可视化是数据科学家的重要技能——这可以显著影响数据叙述的理解、影响力和参与度。让我们来看一下不同类型的数据可视化。

4.1.1 条形图

条形图是一种多功能可视化图表，可以显示分类数据或离散数量。它将不同组别表示为长度与所代表数值成正比的矩形条，从而对其进行比较。典型的条形图如图 4.1 所示。

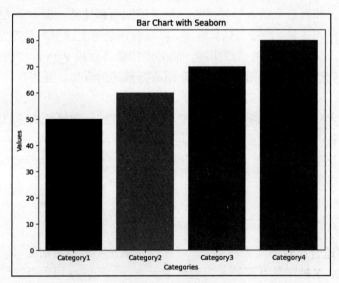

图 4.1　条形图

条形图不仅可以垂直显示，还可以水平翻转以创建水平条形图，如图 4.2 所示。

条形图也有众多变体，包括堆叠条形图，它通过将多个条形堆叠在一起来展示每个类别内的不同子类别或组成部分，或者分组条形图（如图 4.3 所示），它展示按组分类的类别间的数值数据。

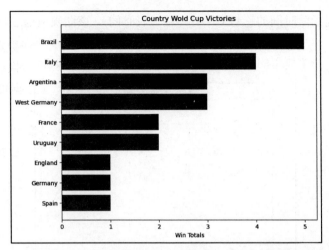

图 4.2　截至 2023 年，各国在国际足联世界杯上的获胜次数的水平条形图

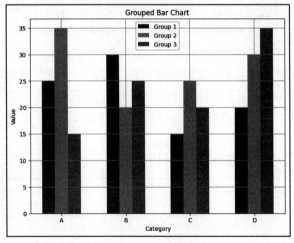

图 4.3　分组条形图

　　条形图非常适合比较不同类别间的数量，展示数量不多的组别随时间的差异，或呈现相对比例。注意，Y 轴应从 0 开始，以避免误示差异。确保使用适当的尺度，清晰展示类别数量的差异。当类别标签较长或类别数量较多时，可使用水平条形图。

4.1.2　折线图

　　折线图表示一个或多个变量的定量数据，非常适合展示两个定量变量（每个轴一个）

之间的关系，或显示随时间的趋势（其中 X 轴代表时间）。该图表是通过用线连接数据点构建的。

图 4.4 展示了一个典型的折线图，其中，每个轴代表数值变量。

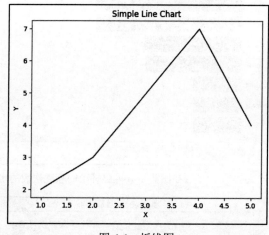

图 4.4　折线图

如前所述，折线图有时用于创建时间序列图，这是一种特殊类型的折线图。时间序列图本质上是折线图，其中一系列时间（分、日、月、年等）是 X 轴变量。虽然普通的折线图用于展示两个数值变量之间的关系，但时间序列图特别展示了某个数值变量与时间之间的关系。

图 4.5 展示了一个时间序列折线图的例子。

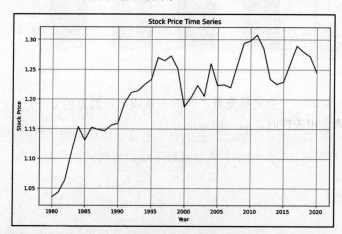

图 4.5　股票价格的时间序列折线图

可使用折线图来显示一段时间内的趋势、移动或变化，或比较不同群体的趋势。有时，折线图可用于评估两个或多个变量是否相关，或它们是否符合某种数据形状，如指数或对数。例如，两个变量的折线图可能显示指数衰减，这在评估数字变量关系时非常有用。

注意，应保持图表简洁，线条过多会使图表难以解释。另外，可为每个数据点使用标记以增加清晰度。

4.1.3　散点图

散点图用点表示两个不同变量的值，分别绘制在 X 轴和 Y 轴上，如图 4.6 所示。通过散点图可以观察到各种关系或相关性，如果某种模式持续存在，散点图通常是折线图的前身。

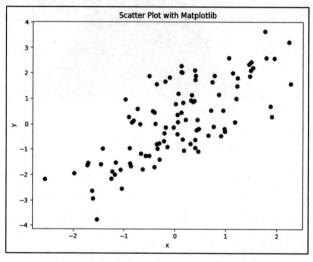

图 4.6　散点图

散点图非常适合显示两个定量变量之间的关系或显示数据的分布。当想突出两个变量之间的相关性或缺乏相关性时，散点图非常方便。

可使用不同的颜色或形状表示不同的类别（这甚至可能揭示以前未知的自然数据分段）。另外，添加趋势线则有助于直观地显示整体关系。

4.1.4　直方图

直方图是数据分布的图形表示。它用于显示离散的数值数据，其中各区间（或条形）

代表数据的范围。直方图由一系列条形图组成，其中每个条形图代表一个类别或数值范围，条形图的高度代表属于该类别的观测值的频率或计数。直方图中的条形通常相邻放置，以强调变量的离散性。直方图有助于了解不同类别中数值的频率和分布，并识别数据中的模式或异常值，如图 4.7 所示。

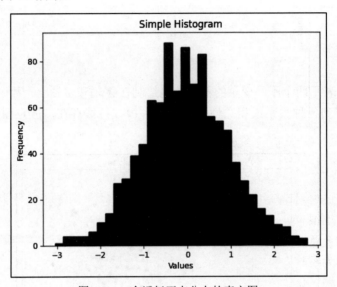

图 4.7　一个近似正态分布的直方图

可使用直方图展示（至少）一个数值变量的分布，并识别如偏态、峰态或异常值等模式。

偏态可简单地表示为不对称的程度。例如，右偏态的直方图在其峰值的右侧有一个较长的尾部，而左偏态的直方图在其峰值的左侧有一个较长的尾部。另外，峰态是偏离正态分布程度的测量。读者将在第 8 章了解更多关于分布的知识。

注意，条形大小会极大地影响直方图的形状和洞察力。对此，可尝试使用不同的尺寸，以找到最能代表你的数据的尺寸。

4.1.5　密度图

同样，密度图（也称为核密度图）是另一种用于展示数值数据分布的可视化方法，如图 4.8 所示。与直方图不同，密度图用于表示一个或多个连续变量的分布。

相比之下，直方图用于表示离散变量的分布（这些变量具有有限数量的不同值或类别）。因此，密度图提供了数据潜在概率密度函数（PDF）的平滑估计。该图显示了变量范围内不同区间内数据点的相对频率，显示了数据的集中度和高密度或低密度区域。

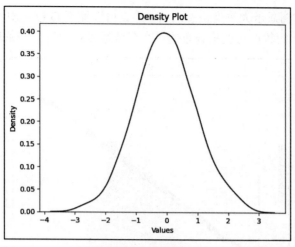

图 4.8　密度图

可使用密度图展示连续变量的分布，并识别偏态、峰态或异常值等模式。它在研究变量的理论分布时也很有用。

我们将在第 8 章了解更多关于常见的理论分布，但请注意，从现实世界的经验数据中得出的分布被称为经验分布，这些经验分布进而与确定数据假设的理论分布进行比较。

类似于直方图，你可以创建包含多个变量的密度图，以比较变量分布和偏态。

4.1.6　分位数–分位数图（Q–Q 图）

Q-Q 图是另一种用于评估数据集分布的图表，通常用于将其与某种理论分布（例如，正态分布）进行比较。它将数据集中的经验数据的分位数（沿 Y 轴）与预期理论分布的分位数（沿 X 轴）进行比较。该图中的对角线表示分布完全匹配的位置——散点越接近这条线，数据集就越符合理论分布，如图 4.9 所示。在标准正态理论分布的情况下，预期的分位数将描绘出均值为 0 和标准差为 1 的情况。

Q-Q 图用于检查潜在的统计假设，通常是为了准备有分布要求的统计模型，如线性回归。该图允许分析师直观地审查 Q-Q 图，以确定数据是否符合建模前的预设要求——即检查数据是否符合某种预定的理论分布。

Q-Q 图在统计分析前的直观性不如其他视觉工具，因此请将其使用限制在一定范围内。非分析师更有可能理解直方图和密度图。

在评估数据集的分布时，可以从直方图开始，它可以让你对数据的一般分布有所了解。如果你希望数据呈正态分布，而直方图显示数据是偏斜的，那么使用 Q-Q 图就没有太大意义。然而，如果直方图显示大致呈正态形状，那么可以使用 Q-Q 图更准确地估计数据的分布，因为它直接将你的数据与理论分布的已知分位数进行比较。

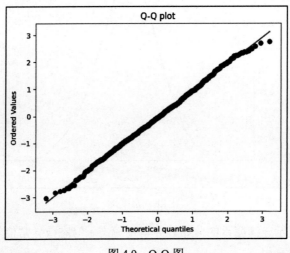

图 4.9　Q-Q 图

4.1.7　箱线图

箱线图或箱须图提供了数据集的 5 个数字的可视化摘要，即最小值、第 1 四分位数、中位数、第 3 四分位数和最大值，如图 4.10 所示。

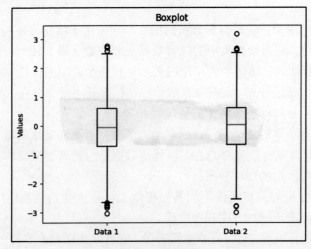

图 4.10　箱线图

箱线图非常适合比较不同组之间的分布或识别数据集中的异常值。它至少需要一个连续的数值变量，但你还可以按类别绘制多个箱线图。箱线图更适合总结中心趋势、扩散度和识别异常值，使它们适用于不同变量或组之间的比较。

可将箱线图与其他图表配对使用，如与蜂群图（swarm plot）结合使用，以显示个别数据点并提供更全面的视图。蜂群图是在箱线图上叠加数据的散点图。

4.1.8　饼图

饼图是一种圆形图表，用于表示各类别之间的比例或百分比，每个扇区对应一个类别，所有类别的比例加起来等于 100%，如图 4.11 所示。尽管饼图看似容易解释，但大多数分析专业人士避免使用它们，因为它们有时会误导人脑。我们并不总是能正确感知数值比例，这使得区分不同类别变得困难。

此外，当类别数量很少时，解释饼图就变得极其具有挑战性。而且，与条形图不同，饼图没有自然的排序功能。

传统上，饼图适用于显示涉及不多数量类别的整体比例或百分比。然而，建议谨慎使用它们。相反，可考虑使用条形图或堆叠条形图。

将扇区数量限制在可管理的数量（理想情况下不超过 7 个），以避免使图表过于复杂。为了清晰起见，用实际的值或百分比标记扇区。

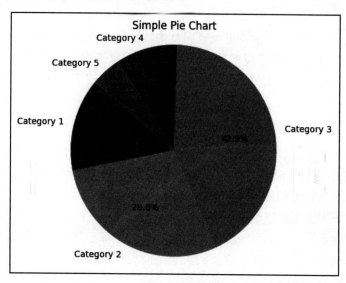

图 4.11　饼图

　　这些只是数据可视化广阔世界中的一些例子。记住，目标不是使用最复杂的可视化，而是最有效地向受众传达你的数据故事。随着经验的增长，不要害怕尝试不太常规的可视化类型，如热图、树图或径向图。同时，始终确保考虑到你的受众、数据和叙述。

面试练习

　　你得到了一个包含连锁杂货店销售数据的数据集。数据集包括按商店位置、产品类别和时间（过去两年的月度）的销售数字。你被要求分析并呈现总销售额的月度趋势，同时比较不同产品类别的销售情况。你会选择哪些类型的数据可视化来完成这项任务，为什么？

答案

　　为了呈现总销售额的月度趋势，折线图将是最合适的可视化方式。折线图非常适合展示随时间变化的趋势，可以轻松展示在给定的 2 年期间内总销售额的增加或减少。

　　为了比较不同产品类别的销售情况，堆叠条形图将是一个很好的选择。每个条形可以代表一个月，而每个条形内的各个部分则代表不同产品类别的销售情况。这将使观众能够直观地比较不同产品类别的销售情况，并理解它们对总销售额的贡献。

面试练习

　　你正在处理一个包含客户满意度调查回复的数据集。调查包括客户人口统计信息（年龄、性别、地点等）以及对满意度问题的回答，满意度水平按 1～5 的等级划分（1=非常不满意，5=非常满意）。你会使用哪种类型的数据可视化来呈现满意度回复的概览，为什么？

答案

　　直方图或条形图适合展示满意度回复的概览。直方图是一个不错的选择，因为它展示了单一变量（在这种情况下，是满意度水平）的分布。它可以直观地表示出哪个满意度水平被选择得最频繁和最不频繁，以及回复的一般分布情况。

　　或者，有序条形图也能很好地工作，考虑到满意度水平是离散且有序的类别。每个条形代表一个满意度水平（从 1 到 5），条形的长度显示了每个等级的回复数量。这种可视化可以清晰地展示顾客的情绪，便于在不同类别之间进行比较。

　　这两种可视化方法都有助于直观地表示每个回复类别的分布和频率，快速理解顾客的满意度回复。

4.2　调查行业工具

可视化工具种类繁多，可满足各种需求、技能组合和用例。本节将讨论几种流行的数据可视化工具，包括 Power BI、Tableau、R 的 Shiny 以及 Matplotlib 和 Seaborn 等 Python 库，并就何时使用这些工具提供指导。不过，这里的目的是帮助读者掌握更多常识，为技术面试做好准备，并了解何时选择特定工具。

4.2.1　Power BI

Power BI 是微软开发的一款商业智能工具。它提供了交互式可视化功能，界面足够简单，以至于最终用户可以创建报告和仪表板。

当处理大量复杂数据源时，Power BI 非常有效，这需要相当程度的数据整理或建模。对于寻求创建交互式、用户友好的仪表板或将分析集成到现有的基于微软的系统中的企业来说，它是一个很好的选择。

4.2.2　Tableau

Tableau 是一款数据可视化工具，因其创建复杂、交互式的可视化、报告和仪表板的直观能力而被广泛使用。

在处理大型复杂数据集时，尤其是需要创建交互式仪表板或复杂的可视化叙述时，Tableau 会大显身手。对于以业务分析师或高管为主要用户的企业来说，Tableau 是一款出色的工具，他们希望与数据进行交互，但不一定具备丰富的数据建模技能。

4.2.3　Shiny

Shiny 是 RStudio 的一个包，允许 R 用户以及最近新增的 Python 用户构建交互式 Web 应用程序，将 R 的统计能力带入可视化。

当数据处理工作需要进行大量的统计分析，并且希望创建基于 Web 的交互式可视化时，Shiny 是首选工具。如果读者已经熟悉 R，Shiny 则允许你利用现有的技能创建复杂的应用程序。

4.2.4　ggplot2（R）

ggplot2 是一个 R 包，以创建优雅和视觉上引人注目的可视化而闻名。它实现了一种独特的图形语法方法，允许强大的图表定制，并拥有一个强大的在线用户社区。

当在 R 中处理数据并且需要创建复杂、定制的可视化时，ggplot2 是极好的选择。它的强项在于其灵活性以及输出的一致性。

4.2.5　Matplotlib（Python）

Matplotlib 是一个基于 NumPy 数组的多平台数据可视化库，且适用于 Python。它功能强大而灵活，几乎可以创建任何类型的图表或图形。

Matplotlib 非常适合创建简单到中等复杂度的静态图表。它适用于为出版物或演讲定制图表，或者与其他 Python 库（如 NumPy 或 pandas）一起工作。

4.2.6　Seaborn（Python）

Seaborn 在增强 Matplotlib 视觉效果时特别有用。它是探索性数据分析的绝佳工具，能让统计图看起来更有吸引力。

选择正确的可视化工具取决于数据的复杂性、任务的性质、团队的技术技能以及项目的特定要求。熟悉几种工具是有益的，这样就可以为遇到的每个数据可视化挑战选择最合适的工具。

面试练习

你是一家使用基于微软基础设施的跨国公司的一名数据科学家。经理要求你对一个复杂、大规模的数据集进行深入分析，以获得公司运营的洞察力，并向技术团队和非技术利益相关者展示你的发现。你熟悉 R 和 Python。考虑到这些情况，哪种数据可视化工具最适合你的任务，为什么？

答案

鉴于数据集的复杂性和规模，以及公司的基于微软的基础设施，Power BI 将是这项任务的较好选择。Power BI 与微软的生态系统深度集成，能够从各种微软来源平滑地导入和导出数据。它能够处理大规模数据集，并制作交互式仪表板，这对于以一种易于访问的、交互的方式向非技术利益相关者展示洞察非常有益。

然而，考虑到部分受众是技术人员，并且你熟悉编程，使用 Python 的 Matplotlib 和 Seaborn 库或者 R 的 ggplot2 进行探索性数据分析，并制作定制的复杂统计图形可能是有益的。这些工具为图表提供了更多的控制和定制能力，并且能够处理深入分析中可能需要的统计细节。因此，本质上，结合使用 Power BI 进行交互式仪表板创建，以及 Python 或 R 实现定制和复杂的可视化，将是一种全面的方法。

4.3　开发仪表板、报告和关键绩效指标

在一些技术面试中，你会被分配一项带回家完成的技术任务，这可能包括数据可视化。上一节提到了一些数据科学家可能会使用的一些常见的仪表板工具。这一部分将更深入地探讨一些最佳实践，以优化仪表板、报告和 KPI。

作为数据科学家，你不仅要负责从数据中发现洞察，还要有效地传达这些洞察。这通常涉及创建仪表板、报告和 KPI。虽然视觉效果的美观性很重要，但清晰度、准确性和可用性应该始终优先考虑。以下是一些最佳实践，帮助你创建有效的仪表板和报告。

（1）优先考虑清晰度和简洁性：避免混乱或过于复杂的可视化，并保持仪表板和报告简单直观。每个图表阐明一个主要信息，并限制单页或单屏上的可视化数量。记住，可视化的目标是澄清，而不是混淆。

（2）使用适当的标题和标签：每个图表或图形都应该有一个清晰的、描述性的标题，传达其主要点。轴标签应该简洁但描述性强。在适用的地方包括测量单位也是必要的。图例应该容易识别，并策略性地放置，以免干扰数据。

（3）选择正确的图表类型：如前所述，图表类型应该与数据的性质和想要传达的内容相匹配。条形图和折线图通常更直观、多功能，而饼图和散点图可能需要更多的上下文或解释。不要强迫特定类型的图表适应你的数据；相反，可让数据指导你的可视化选择。

（4）使用一致的设计元素：在仪表板和报告中保持色彩方案、字体和样式的一致性。这并不意味着一切都必须看起来相同，但工作报告应该有一个协调一致、专业的外观。一致性减少了认知负荷，帮助用户专注于内容。

（5）实施交互性：交互性可以通过使用户能够专注于感兴趣的领域、探索数据并获得个性化的洞察极大地增强用户体验。过滤器、下拉菜单和悬停效果是仪表板中常见的交互元素。然而，应确保交互性不会损害仪表板的清晰度或性能。

（6）将视觉效果与 KPI 对齐：KPI 应该在报告或仪表板中处于核心位置。它们应该在视觉上独特、一目了然且容易理解。对此，可采用简单但有效的视觉提示来指示性能（如颜色或方向指示器）。

（7）反复推敲并收集反馈意见：在面试环境中，可能无法做到这一点。有些面试官喜欢与受访者像同事一样互动。如果是这种情况，那么就不要把仪表板或报告当作一劳永逸的任务。要把面试官当作最终用户来收集反馈。了解用户如何解释你的可视化内容并与之互动，可以为改进工作提供宝贵的见解。

记住，数据可视化既是一门艺术，也是一门科学。应追求清晰和简洁，但不要害怕实验和创新。你练习得越多，你的数据可视化技能就会越直观有效。

面试练习

你被要求为客户设计一个仪表板，以监控他们网站的流量、用户参与度和销售业绩。客户对技术不太了解，该仪表板将由组织内的不同团队使用，包括销售、市场营销和产品管理。客户的关键指标包括以下内容：

（1）每日和每月网站访问量。

（2）平均会话时长。

（3）每次会话的页面数。

（4）销售转化率。

（5）表现最佳的产品（按销售额）。

考虑到创建有效的仪表板、报告和 KPI 的指导方针，概述设计这个仪表板的方法，包括将为每个指标使用哪些可视化工具，以及将如何应用最佳实践以确保仪表板的有效性和用户友好性。

答案

执行这项任务的方法应该考虑到最终用户，确保仪表板易于访问、清晰，并且与组织内广泛的受众相关。

（1）每日和每月独立网站访问量：折线图是跟踪这些指标随时间变化的理想选择。它们清晰地展示了趋势和波动，使用户能够快速了解网站流量模式。

（2）平均会话时长：同样，折线图是一种有效的可视化方式，提供了随时间变化的理解。

（3）每次会话的页面数：这里可以使用条形图，可能展示每天或每月的平均每次会话页面数。

（4）销售转化率：折线图跟踪销售转化率随时间的变化，是显示这一重要 KPI 的清晰方式。

（5）表现最佳的产品：水平条形图可以有效地展示表现最佳的产品，使用户易于比较不同产品。

为确保仪表板遵循最佳实践，请考虑以下建议。

（6）每个图表都应该有清晰的、描述性的标题和标签，并在必要时注明单位。

（7）所有可视化应使用一致的色彩方案和风格，以实现统一的外观。例如，所有折线图可以使用相同的调色板，通过不同的色调或图案区分不同的线条。

（8）应突出显示 KPI，如销售转化率和表现最佳的产品，并将它们放置在仪表板的显眼位置。

（9）为了迎合多样化的受众并提供个性化的洞察，应实施交互功能。例如，可以使用下拉菜单让用户选择特定的时间范围或按类别筛选产品。

（10）设计应保持清晰、不杂乱。如果单个屏幕上无法舒适地容纳太多可视化元素，可以使用标签页将它们组织成相关组。

4.4　开发图表和图形

尽管有许多工具可以创建不同的数据可视化，本节将回顾一些基本的可视化操作，包括条形图、散点图和直方图在 Python 中的实现。在 Python 中创建数据可视化的两个标准库是 Matplotlib 和 Seaborn。

这一部分将讨论不同的图表类型以及如何在 Matplotlib 和 Seaborn 中制作它们。

4.4.1　条形图——Matplotlib

Matplotlib 是 Python 中可视化的基础库。以下是如何使用 Matplotlib 创建条形图的一个基本示例：

```python
import Matplotlib.pyplot as plt

# Categories and their associated values
categories = ['Category1', 'Category2', 'Category3', 'Category4']
values = [50, 60, 70, 80]

plt.figure(figsize=(8,6)) # Create a new figure with a specific size
(width, height)

plt.bar(categories, values) # Create a bar chart
```

```
# Labels for x-axis, y-axis and the plot
plt.xlabel('Categories')
plt.ylabel('Values')
plt.title('Bar Chart with Matplotlib')

plt.show() # Display the plot
```

上述代码的解释如下所示。

（1）首先导入了 Matplotlib 库，特别是按 Matplotlib.pyplot 约定的 pyplot 模块。它通常以别名 plt 导入。

（2）这里只是定义了两个列表：categories 和 values，将分别用于条形图的 X 轴（分类数据）和 Y 轴（定量数据）。

（3）plt.figure() 是一个创建新图形的函数。figsize 参数允许指定图形的宽度和高度（以英寸为单位）。

（4）plt.bar() 函数创建一个条形图。它接收两个参数：X 值（类别）和 Y 值（相应的值）。

（5）plt.xlabel()、plt.ylabel() 和 plt.title() 函数允许分别为 X 轴、Y 轴和图表标题设置标签。这一步对于图表的自解释性至关重要。

（6）plt.show() 用于显示图形。它通知 Python 显示图形，并确保你能够看到它。这是必要的，因为 Matplotlib 是一个图形库，需要与图形后端交互以显示其图形。

代码块的对应输出结果如图 4.12 所示。

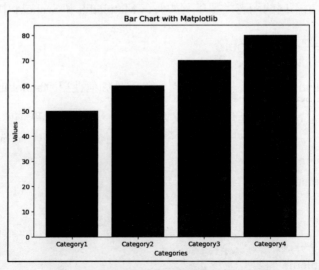

图 4.12　Matplotlib 条形图脚本的输出结果

4.4.2 条形图——Seaborn

如前所述，Seaborn 是另一个建立在 Matplotlib 之上的 Python 数据可视化库。它允许增加额外的绘图功能，如添加颜色或绘制主题，如下所示：

```
import Matplotlib.pyplot as plt
import seaborn as sns

# Categories and their associated values
categories = ['Category1', 'Category2', 'Category3', 'Category4']
values = [50, 60, 70, 80]

# Convert data to DataFrame
import pandas as pd
data = pd.DataFrame({"Categories": categories, "Values": values})

plt.figure(figsize=(8,6)) # Create a new figure with a specific size
(width, height)

sns.barplot(x="Categories", y="Values", data=data) # Create a bar chart

# Labels for x-axis, y-axis and the plot
plt.xlabel('Categories')
plt.ylabel('Values')
plt.title('Bar Chart with Seaborn')

plt.show() # Display the plot
```

上述代码的解释如下所示。

（1）首先导入 Seaborn 库，通常以 sns 别名导入。

（2）和 Matplotlib 代码一样，我们定义两个列表，categories 和 values，它们保存将绘制的数据。然后导入 pandas 库，并用数据创建一个 DataFrame。DataFrame 是一个表格式的数据结构，Seaborn 可以用它来创建可视化。

（3）使用 Matplotlib 的 plt.figure 函数创建一个新的图形。我们指定 figsize 参数以设置图形的宽度和高度。

（4）使用 sns.barplot 函数创建条形图。我们为 x 和 y 参数指定 DataFrame 的列，并将 DataFrame 传递给 data 参数。这告诉 Seaborn 用类别在 X 轴和值在 Y 轴创建一个条形图。

（5）使用 Matplotlib 函数为 X 轴（plt.xlabel）、Y 轴（plt.ylabel）和图表标题（plt.title）

添加标签。

（6）plt.show 用于显示图表。Seaborn 依赖于 Matplotlib 显示图表，该函数告诉 Matplotlib 渲染如图 4.13 所示的条形图。

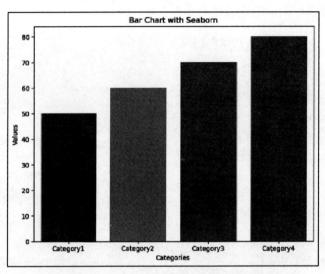

图 4.13　Seaborn 条形图脚本的输出结果

4.4.3　散点图——Matplotlib

接下来将演示如何使用 Matplotlib 创建散点图。散点图在展示两个不同类别的两个数值变量之间的关系时非常有用。它通常是在应用更决定性的技术（如回归分析）之前，用于调查协变量关系的初步测试。

让我们看看如何使用 Matplotlib 库绘制散点图：

```
import Matplotlib.pyplot as plt
import numpy as np

# Generate some example data
np.random.seed(0)
x = np.random.randn(100)
y = x + np.random.randn(100)
plt.figure(figsize=(8,6))

plt.scatter(x, y) # Create a scatter plot
```

```
# Labels for x-axis, y-axis and the plot
plt.xlabel('x')
plt.ylabel('y')
plt.title('Scatter Plot with Matplotlib')

plt.show()
```

上述代码的解释如下所示。

（1）首先导入 Matplotlib 库，特别是按照 matplotlib.pyplot 约定的 pyplot 模块。它通常以别名 plt 导入。此外还以别名 np 导入 NumPy 模块，以便稍后用于创建样本数据集。NumPy 是为 Python 编程语言添加对大型多维数组和矩阵的支持的库，同时附带大量高级数学函数以操作这些数组。

（2）为散点图生成一些随机数据。np.random.seed(0)用于确保每次运行时的随机数保持一致。np.random.randn(100)生成 100 个来自正态分布的随机值。在 y = x + np.random.randn(100) 中，生成的 Y 值与 X 值有一定的关系（因为它们基于 x），但也有额外的随机噪声。

（3）创建一个新的图形对象，图形大小设置为 8 个单位（宽度）乘以 6 个单位（高度）。

（4）为了创建散点图，plt.scatter 函数生成一个散点图，其中 x 和 y 是绘制的数据点。

（5）plt.xlabel()、plt.ylabel()和 plt.title()函数分别为 X 轴、Y 轴和图表标题设置标签。

（6）调用 plt.show()函数显示图表。

代码块的输出结果如图 4.14 所示。

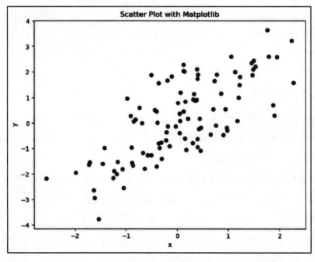

图 4.14　Matplotlib 散点图脚本的输出结果

4.4.4 散点图——Seaborn

前述内容已经介绍了 Matplotlib 中的散点图，接下来让我们看看使用 Seaborn 的一个示例：

```python
import Matplotlib.pyplot as plt
import seaborn as sns
import pandas as pd
import numpy as np

# Generate some example data
np.random.seed(0)
x = np.random.randn(100)
y = x + np.random.randn(100)

# Convert data to DataFrame
data = pd.DataFrame({"x": x, "y": y})

plt.figure(figsize=(8,6))

sns.scatterplot(data=data, x="x", y="y") # Create a scatter plot

# Labels for x-axis, y-axis and the plot
plt.xlabel('x')
plt.ylabel('y')
plt.title('Scatter Plot with Seaborn')

plt.show()
```

上述代码的解释如下所示。

（1）首先导入必要的模块，即 seaborn、numpy 和 pandas。

（2）数据被转换成 pandas DataFrame，这是一种二维表格数据结构。

（3）创建一个指定大小的新图形。

（4）调用 scatterplot()函数，将 DataFrame 传递给 data 参数，并为 x 和 y 指定列名。

（5）在图表上添加标签，并通过调用 plt.show()函数显示它。

（6）这段代码将生成一个类似于 Matplotlib 生成的散点图。然而，Seaborn 允许更多的定制和复杂性，因为你可以将其他变量映射到点的尺寸、色调和样式等方面。

输出结果如图 4.15 所示。

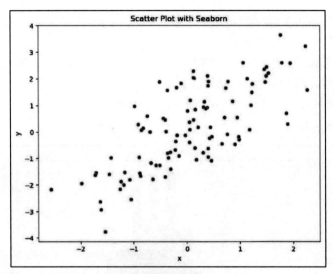

图 4.15　Seaborn 散点图脚本的输出结果

4.4.5　直方图——Matplotlib

以下是一个如何使用 Matplotlib 创建标准直方图的示例：

```
import Matplotlib.pyplot as plt
import numpy as np

# Generate some example data
np.random.seed(0)
data = np.random.randn(1000)

plt.figure(figsize=(8,6))

plt.hist(data, bins=30) # Create a histogram

# Labels for x-axis, y-axis and the plot
plt.xlabel('Value')
plt.ylabel('Frequency')
plt.title('Histogram with Matplotlib')

plt.show()
```

上述代码的解释如下所示。

（1）首先导入 Matplotlib 和 NumPy 模块。此外，我们使用 NumPy 库生成随机数据。

（2）创建一个指定大小的图形。

（3）使用 plt.hist()创建直方图，数据和条形数作为参数。

（4）标记 X 轴、Y 轴和图表标题并显示出来。

（5）这段代码将生成一个包含 30 个条形的直方图。

输出结果如图 4.16 所示。

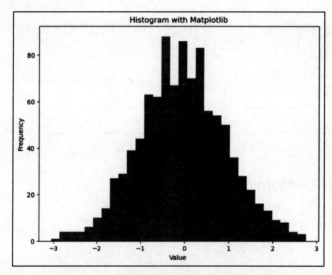

图 4.16　Matplotlib 直方图脚本的输出结果

4.4.6　直方图——Seaborn

下面考察 Seaborn 如何为直方图增添更多特色和视觉吸引力：

```python
import Matplotlib.pyplot as plt
import seaborn as sns
import numpy as np

# Generate some example data
np.random.seed(0)
data = np.random.randn(1000)

plt.figure(figsize=(8,6))

sns.histplot(data, bins=30, kde=True) # Create a histogram
```

```
# Labels for x-axis, y-axis and the plot
plt.xlabel('Value')
plt.ylabel('Frequency')
plt.title('Histogram with Seaborn')

plt.show()
```

上述代码的解释如下所示。

（1）代码的前几行应该看起来很熟悉。我们导入了必要的模块，生成了一些示例数据，并创建了图表。

（2）使用 sns.histplot 函数创建直方图。除了以 30 个条形进行绘图外，此处还绘制了核密度估计（KDE），这有助于展示可视化数据的潜在分布。

（3）标记轴并显示图表以完成绘图。

输出结果如图 4.17 所示。

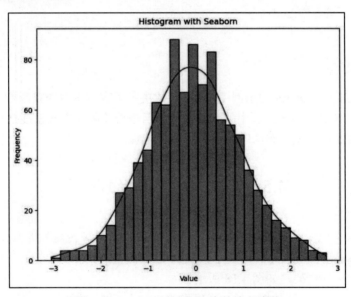

图 4.17　Seaborn 直方图脚本的输出结果

面试练习

你持有一个包含大量数据点的数据集，并被要求可视化数据集中值的分布。你认为在 Matplotlib 和 Seaborn 中哪种类型的图表最适合这项任务？如何在代码中实现它？

答案

对于可视化大型数据集中值的分布，直方图是最合适的选择。直方图通过将连续数据划分为多个条形区间，然后绘制落入每个条形中的数据点数量以提供数据分布的视觉表示。

对应代码如下所示。

```
import Matplotlib.pyplot as plt
import seaborn as sns

# Assuming data is your dataset
plt.figure(figsize=(8,6))

# Histogram with Matplotlib
plt.hist(data, bins=30)
plt.show()

# Histogram with Seaborn
sns.histplot(data, bins=30, kde=True)
plt.show()
```

在 Matplotlib 和 Seaborn 的示例中，bins 参数决定了直方图中的条形数（可以根据特定需求进行调整），而 Seaborn 示例中的 kde 参数表示是否绘制高斯核密度估计（这可以生成一个更平滑的曲线，代表分布情况）。

4.5 应用基于情景的叙事

数据科学家角色中最重要的方面之一是将复杂的数据集转化为非数据科学家也能理解的叙述。能够清晰并引人入胜地展示其发现是数据科学家的关键技能。本节提供了一个有效构建数据故事的框架，如图 4.18 所示。

（1）明确目标：在处理数据之前，明确你的目标。例如，想要传达的关键信息是什么？想要采取什么行动？一个清晰的目标将指导你的分析，影响选择可视化的类型，并确保你的故事与受众产生共鸣。

（2）了解受众：理解受众的需求、兴趣和知识水平将帮助你有意义地展示数据。根据受众定制故事——你使用的详细信息、复杂性和可视化应该根据正在交谈的人而有所不同。

（3）构建叙述：了解受众的需求、兴趣和知识水平将帮助你以有意义的方式展示数据。再次强调，要根据受众的需求量身定制故事。

（4）明智地使用视觉：人脑处理视觉的速度远远超过文本。可通过将数据以视觉形式呈现来利用这一点。然而，并非所有视觉图形都是平等的。可视化选择应该简化复杂数据，突出最重要的见解，并支持你的叙述。因此，应保持视觉的清晰和不杂乱，并避免不必要的装饰分散对数据的注意力。

（5）让数据说话：好的故事会让数据自己说话。用叙述引导受众，但让数据提供证据。这会让故事更有说服力，并在受众中建立可信度和信任感。尽量减少解释，避免猜测和使数据符合先入为主的故事。

（6）参与和互动：尽可能使你的数据故事具有互动性。让受众自己探索数据、调整视图或过滤数据。这将使故事更有吸引力，并让受众从不同角度查看数据。

（7）练习、回顾和完善：　与任何形式的交流一样，讲出令人信服的数据故事也需要练习。对此，可在值得信赖的同事或导师身上测试你的故事。征求反馈意见，并据此完善你的故事。记住，最有效的数据故事不仅准确，而且引人入胜。

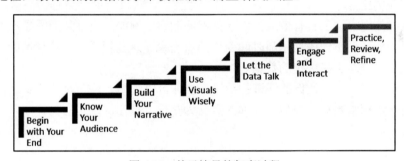

图 4.18　基于情景的叙事过程

原文	译文
Begin with Your End	明确目标
Know Your Audience	了解受众
Build Your Narrative	构建叙述
Use Visuals Wisely	明智地使用视觉
Let Data Talk	让数据说话
Engage and Interact	参与和互动
Practice,Review,Refine	练习、回顾和完善

总之，数据叙述是一种强有力的工具，可以启发受众并推动行动。但它不仅仅是展示数据和洞察，它关乎制作引人入胜的叙述，选择正确的视觉，并让数据为自己说话。在数

据科学职业发展的过程中，记住，讲述引人入胜的数据故事的能力可能和技术水平一样重要。

面试练习

你被要求向公司领导层展示客户流失分析。考虑到受众的高层地位和面向业务的思维模式，你会如何构建演讲以确保其有效性和吸引力？

答案

鉴于受众的高层地位，关键是要把重点放在广泛的业务影响上，而不是技术细节上。

（1）首先需要清楚地阐明分析的目标（例如，了解客户流失的原因并提出减少流失的策略），并确保这与公司的战略目标一致。

（2）构建一个清晰而连贯的叙述，引导受众了解你的关键发现及其含义，尽可能使用易懂的语言和类比。

（3）应该使用视觉工具有效地突出最关键的洞察。例如，通过条形图显示不同客户细分的流失率，或通过折线图展示随时间变化的流失率。这些视觉工具应该清晰、不杂乱，并且易于理解，专注于最关键的数据。

（4）如果可能的话，使你的演讲互动化，也许可以使用一种工具，让受众在他们愿意的情况下进一步探索数据。最后，以你的数据为基础，提出清晰可行的建议作为结尾。

面试练习

在数据叙述中，为什么"让数据说话"很重要，以及在展示你的发现时如何实现这一点？

答案

让数据说话意味着使用数据为结论提供证据并推动叙述。这也意味着确保可视化内容对包括非技术人员在内的广泛受众都是可访问的。在许多情况下，可视化将由来自不同背景和角色功能的各种人使用。因此，必须创建需要最少解释的视觉工具，使图表中预期的洞察清晰，并且你已经考虑了在开发过程中的可访问性（例如，色盲）。这种方法确保故事以事实为基础，这为信息增加了可信度，并与受众建立了信任。

你可以通过以下方式实现这一点。

（1）突出显示支持信息的关键数据点和趋势。这可以通过图或图表在视觉上完成，或者通过在演示中明确讨论这些数据点来叙述性地完成。

（2）将解释和推测保持在最低限度。虽然通常需要对数据进行一些解释，但重要的是不要过多地陷入猜测。让数据推动故事，而不是试图使数据适应预先设想的叙述。

（3）在适当的地方呈现原始数字或统计数据。虽然视觉工具通常更具吸引力，但有时让数据说话的最有效方式是直接呈现数字本身，特别是当这些数字特别有影响力时。

（4）使用定性数据中的直接引用或轶事强调或说明某个要点。这可以使数据更易于理解和个人化，进而为你的故事增添另一个维度。

4.6 本章小结

在本章的前半部分，我们确立了数据可视化和叙事在数据科学领域中的关键作用。从概述数据可视化的重要性开始，我们深入探讨了基于数据类型和沟通目标选择正确可视化的框架。我们探索了各种数据可视化类型，如条形图、饼图、直方图、散点图和箱线图，讨论了它们的用例、创建过程以及增强其叙事能力的建议。此外还分析了各种可视化工具，包括 Power BI、Tableau、R 的 Shiny、Python 的 Matplotlib 和 Seaborn，提供了对它们的优势、局限性和理想用例的见解。

本章的后半部分专注于数据可视化和叙事方面。我们介绍了创建有效的仪表板、报告和 KPI 的最佳实践，强调了清晰且不杂乱的视觉、适当的标题、可读的轴和交互性，以及使用 Python 的 Matplotlib 和 Seaborn 实现不同图表的实践操作，包括创建条形图、散点图和直方图的解释和代码示例。

最后一部分强调了叙事的关键作用，提供了构建引人入胜的数据故事的清晰框架。在整个学习过程中，我们都会提出一些面试练习问题，以加深对知识的理解，从而为求职面试和数据科学家早期职业生涯中的实际应用做好准备。

第 5 章将探讨如何准备技术面试中的 SQL 的问题。

第 5 章　使用 SQL 查询数据库

　　本章将学习数据库的基本要素，从广泛的概述开始，然后深入到 SQL 的基本语言，探索子查询、JOIN、CASE WHEN、窗口函数、聚合等关键概念，以及如何应对复杂查询。我们的目标是提供必要的知识和工具，以便在技术面试中有效地处理任何与数据库相关的问题。这对于准备技术面试的人士来说至关重要，因为理解数据库是数据科学家的基础技能。掌握了这些章节中分享的知识，你将能够自信和熟练地应对任何数据库问题。

　　本章主要涉及下列主题。

（1）介绍关系数据库。

（2）掌握 SQL 基础知识。

（3）使用 GROUP BY 和 HAVING 聚合数据。

（4）使用 CASE WHEN 创建字段。

（5）分析子查询和 CTE。

（6）使用连接合并表格。

（7）计算窗口函数。

（8）处理复杂查询。

5.1　介绍关系数据库

　　数据库是在数据驱动的商业和组织中的关键组件，数据科学家需要了解其结构、功能和底层语言。本节旨在介绍关系数据库，并重点关注 SQL 语言。

　　关系数据库（也称为 SQL 数据库）是一种将数据组织到表格中的数据库，每个表格都有行和列。每个表格代表一个特定的实体类型，如客户或产品。就像 DataFrame 一样，每一行代表一个独特的记录，每一列代表数据的一个字段（或属性）。这种关系模型引入了一种标准的方式表示和查询数据，而与任何特定应用程序无关。图 5.1 中显示了一个关系数据库的例子。

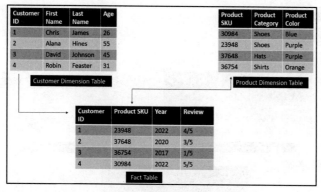

图 5.1　关系数据模型示例——星型模式

原文	译文
Customer Dimension Table	客户维度表
Product Dimension Table	产品维度表
Fact Table	事实表

关系数据库之所以如此强大，是因为它们能够建立多个数据集之间高效且有用的关系，以便可以将它们连接起创建独特的视图和洞察，同时确保数据完整性。

为了完全理解关系数据库的工作原理，让我们考察一些关键概念。

1. 主键

主键是表中每条记录的唯一标识符。通过将表中的单个行与另一个表中的同类主键（称为外键）连接起来，可以唯一地识别和区分表中的单个行。本章稍后将讨论连接。

2. 模式

模式是 SQL 数据库中使用的标准数据模型结构和逻辑。标准模式不胜枚举，但有几种模式你在 99%的情况下都能看到。

（1）星型模式：这种模式由代表业务事件的事实表和代表与事实相关的各种属性的维度表组成。事实表位于数据模型的逻辑中心，并通过主键和外键关系与一个或多个维度表连接。图 5.1 展示了一个星型模式的数据模型，包含一个事实表和两个维度表。事实表通过客户 ID 和产品 SKU 键与维度表连接。

（2）雪花模式：这种模式是星型模式的扩展，用于进一步规范化维度表。在雪花模式中，维度表被划分为多个级别，创建了一个更复杂的关系网络。图 5.2 使用与图 5.1 相同的数据展示了雪花模式的结构，同时增加了一些细节。雪花模式不是使用一个事实表和两个维度表，而是通过给维度表添加相关维度表来扩展维度表。

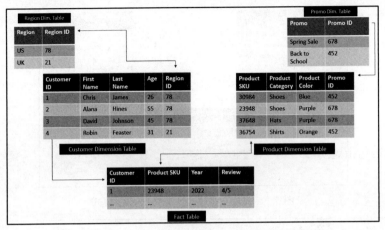

图 5.2　关系数据模型示例——雪花模式

原文	译文
Region Dim.Table	区域维度表
Promo Dim Table	Promo 维度表
Customer Dimension Table	客户维度表
Product Dimension Table	产品维度表
Fact Table	事实表

　　SQL 是数据科学家不可或缺的工具，它用于查询和操作存储在数据库中的数据。此外，它还允许检索特定数据，对其进行分组，排序以及连接不同的表格，所有这些均是数据分析中的关键任务。

☑ **注意**

　　在接受 SQL 或数据库面试时，请务必要求面试官说明进行测试的 SQL 版本。此外，你可能还需要查看首选的 SQL 版本，以便做好最佳准备。

5.2　掌握 SQL 基础知识

　　作为数据科学家，掌握 SQL 的基础知识是至关重要的。幸运的是，基础知识相当容易掌握，即使是对于非技术学习者来说也是如此。这是因为，在这个阶段，SQL 通常看起来像英文句子。本节主要介绍 SQL 的 3 个基本组成部分，即 SELECT、WHERE 和 ORDER BY 语句。

5.2.1　SELECT 语句

SELECT 语句是任何 SQL 查询的基础，用于从数据库中检索数据。一般语法如下：

```
SELECT column1, column2, ..., columnN
FROM table_name;
```

语法列出了想要返回的不同列，并用逗号分隔。由于数据库包含许多表格，查询代码使用 FROM 语句指定从哪个表格选择列。最后，使用分号（;）标记查询的结束。

☑ **注意**

标准的做法是为每个主子句（大写）创建查询的一个新行。这里，当我们开始 FROM 子句时，就开始了一个新行。虽然这不是硬性规定，但这种结构是相当标准的，建议在需要时遵循这一规则，以保持代码的清晰和有序。

考虑一个例子，我们有一个名为 employees 的表格，其中包括 first_name、last_name 和 salary 列。可以使用以下 SQL 查询检索所有的名和姓。

```
SELECT first_name, last_name
FROM employees;
```

如果需要列出的列很多，可能会令人生畏。SQL 提供了一个称为通配符的有用操作符，用于返回查询输出的所有列。要使用通配符，我们必须使用*，如下所示：

```
SELECT *
FROM employees;
```

如果数据集中包含重复项，而你只想返回不同的值，可使用 DISTINCT 与 SELECT。这个子句也是显示列中唯一值的绝佳方法。例如，以下查询显示了给定表中所有不同的狗的品种。

```
SELECT DISTINCT breeds
FROM dogs;
```

5.2.2　WHERE 子句

虽然 SELECT 语句允许指定要检索哪些列，但 WHERE 子句可以定义条件以过滤被选择的行。一般语法如下所示。

```
SELECT column1, column2, ..., columnN
```

```
FROM table_name
WHERE condition;
```

其中，condition 可以涉及各种逻辑和比较运算符，如图 5.3 所示。

运算符	含义	示例	解释
=	等于	SELECT * FROM Table WHERE Name= 'Malik';	返回Name列等于 "Malik" 的行
<>	不等于	SELECT * FROM Table WHERE NAME <> Malik;	返回Name列不等于 "Malik" 的行
<	小于	SELECT * FROM Table WHERE Salary < '100000';	返回Salary列小于100 000 的行
>	大于	SELECT * FROM Table WHERE Salary > '50000';	返回Salary列大于50 000 的行
<=	小于或等于	SELECT * FROM Table WHERE Salary <= '100000';	返回Salary列小于等于100 000 的行
>=	大于或等于	SELECT * FROM Table WHERE Salary >= '50000';	返回Salary列大于等于50 000 的行
BETWEEN ... AND...	介于……和……之间	SELECT * FROM Table WHERE Salary BETWEEN 50000 AND 100000;	返回Salary列值在50 000到100 000 之间的行
IN	在（一个列表）之内	SELECT * FROM Table WHERE City IN ('Columbus','Chicago','Indianapolis');	返回City列等于"Columbus" "Chicago" 或 "Indianapolis"的行
OR	返回满足OR 语句中任意子句的行	SELECT * FROM Table WHERE Salary < '100000' OR City = 'Detroit';	返回Salary列小于100 000 或City列等于Detroit的行（不必同时满足）
AND	返回满足OR 语句中任意条件的行	SELECT * FROM Table WHERE Salary < '100000' AND City = 'Detroit';	返回Salary列小于100 000 且City列等于Detroit的行（两项条件必须同时满足）

图 5.3　常见的逻辑和比较运算符

5.2.3　ORDER BY 子句

一旦选择了所需的数据，通常希望以特定的方式对结果进行排序。这就是 ORDER BY 子句的用武之地，它根据一个或多个列对结果集进行排序。一般语法如下所示：

```
SELECT column1, column2, ..., columnN
FROM table_name
ORDER BY column1 [ASC|DESC], column2 [ASC|DESC], ... columnN [ASC|DESC];
```

ORDER BY 子句默认情况下会按升序（ASC）对结果进行排序。如果想按降序排列结果，可以使用 DESC 关键字。

如所提供的语法所示，还可以按多个列排序，并用逗号分隔不同的列。首先对第一列进行排序，然后是第二列，以此类推。

例如，要检索所有员工并按薪水降序排序，然后按年龄降序排序，SQL 查询将如下所示：

```
SELECT *
FROM employees
ORDER BY salary DESC, age DESC;
```

以下是该查询的输出示例（给定 employee_ID、first_name、last_name、salary 和 age字段）：

```
4 | Sophia | Davis | 6500 | 32
2 | Emily | Johnson | 6000 | 35
5 | Daniel | Jones | 6000 | 31
3 | Michael | Williams | 5500 | 28
1 | John | Smith | 5000 | 30
```

注意，数据首先按薪水排序，然后按年龄排序。

面试练习

假设有一个名为 Products 的表格，包含 ProductID、ProductName、Category 和 Price 列，尝试编写一个 SQL 语句选择'Electronics'类别（Category）中价格大于 100 美元的所有产品。结果应按价格以降序排序。

答案

对应答案如下所示：

```
SELECT *
FROM Products
WHERE Category = 'Electronics' AND Price > 100
ORDER BY Price DESC;
```

SELECT *语句选择了 Products 表中的所有列。WHERE 子句过滤了在'Electronics'类别中且价格大于 100 美元的产品。然后，ORDER BY 子句将输出按 Price 降序排列（从高到低）。

面试练习

假设有一个名为 Orders 的表格，包含 OrderID、CustomerID、ProductID 和 Quantity 列。编写一个 SQL 语句选择订购数量（Quantity）超过 5 的 ProductID 值。结果应按 ProductID

升序排列。

答案

对应答案如下所示：

```
SELECT ProductID
FROM Orders
WHERE Quantity > 5
ORDER BY ProductID ASC;
```

SELECT 语句从 Orders 表中选择了 ProductID 列。WHERE 子句过滤了订购数量超过 5 的订单。然后，ORDER BY 子句按 ProductID 升序排列输出。

5.3　使用 GROUP BY 和 HAVING 聚合数据

聚合是一个你应该已经熟悉的概念（参见第 3 章中对 Python 使用 pandas 的讨论）。就像在 Python 中一样，SQL 中的聚合是以更有用、易于理解和可管理的方式总结或组织数据。GROUP BY 和 HAVING 是 SQL 中帮助完成此任务的两个关键组件。

5.3.1　GROUP BY 子句

与在 Python 中使用 pandas 进行分组类似，SQL 中的 GROUP BY 语句与聚合函数（如 COUNT、SUM、AVG、MAX 和 MIN）一起使用，按一个或多个列对结果集进行分组。因此，使用 GROUP BY 对你来说应该很熟悉。对应语法如下所示：

```
SELECT column1, column2, columnN aggregate_function(columnX)
FROM table
GROUP BY columns(s);
```

最好使用别名管理聚合值。别名只是计算或聚合字段或者临时表的昵称。相应地，可简单地使用 AS，如下所示：

```
SELECT column1, aggregate_function(column2)AS alias
```

例如，假设我们有一个名为 employees 的表格，包含 employee_id、first_name、last_name、salary 和 department_id 列。如果想要找出每个部门支付的总薪水，可以编写下列代码：

```
SELECT department_id, SUM(salary) as total_salary
FROM employees
GROUP BY department_id;
```

该查询将返回一份部门 ID 列表，以及每个部门的总薪水。我们为薪水总和分配了 total_salary 别名。

☑ **注意**

从技术上讲，不必使用 AS 关键字创建别名。你可以直接提供别名，如下所示：

```
SELECT column1, agg_function(column2) alias FROM table;
```

在使用 GROUP BY 时有一条小规则，将使你免于令人沮丧的错误。单值分组规则规定，SELECT 子句中包含的任何字段，如果不是聚合函数的一部分，都应包含在 GROUP BY 子句中，或者是表中唯一约束的一部分。这样可以确保 SELECT 子句中的每一列都代表 GROUP BY 子句定义的每个组的单个值。下面是一个示例：

```
SELECT DepartmentID, DepartmentManager, COUNT(EmployeeID) AS
EmployeeCount
FROM Employees
GROUP BY DepartmentID, DepartmentName;
```

在这个例子中，必须按 DepartmentID 和 DepartmentManager 进行分组，以返回每个独特的部门 ID 和部门经理组合的员工数量。图 5.4 显示了示例输出结果。

DepartmentID	DepartmentManager	EmployeeCount
1	Anya	8
1	Lola	12
2	Dustin	24
3	Cody	15

图 5.4 应用单值分组规则

然而，这条规则也有例外。在某些情况下，如果 SELECT 子句中的字段在功能上依赖于已经是 GROUP BY 子句一部分的列，那么就不需要显式包含它。考虑这个例子，我们想要返回每个客户的最大订单金额以及相应的订单日期：

```
SELECT CustomerID, OrderDate, MAX(TotalAmount) AS MaxOrderAmount FROM Orders
GROUP BY CustomerID;
```

输出结果如图 5.5 所示。

CustomerID	OrderDate	MaxOrderAmount
101	2023-01-02	100
102	2023-01-03	200
103	2023-01-03	200

图 5.5　未应用单值分组

这个例子没有遵循单值分组规则，因为我们需要每个 CustomerID 的最大订单金额，而不是每个唯一订单日期的最大金额。因此，MAX 函数将计算每个独特客户的最高总订单金额，而不是每个客户独特订单日期的最大金额。结果是每个独特客户的最大订单金额和该订单对应的订单日期。

☑ 注意

并非所有数据库系统都一致地处理这种例外情况，因此通常建议遵循单值分组规则以保证可移植性和清晰度。

5.3.2　HAVING 子句

由于 WHERE 子句不适用于聚合结果，因此将 HAVING 子句添加到 SQL 中以过滤 GROUP BY 子句的结果。HAVING 子句的语法如下所示：

```
SELECT column1, aggregate_function(column2)
FROM table
GROUP BY column1
HAVING aggregated_condition;
```

假设我们想知道哪些部门的总薪水支付超过 50 000 美元。对此，可编写以下代码：

```
SELECT department_id, SUM(salary) as total_salary
FROM employees
GROUP BY department_id
HAVING SUM(salary) > 50000;
```

在该查询中，HAVING 子句过滤掉了总薪水不大于 50 000 美元的组（在本例中为部门）。GROUP BY 和 HAVING 是 SQL 的基本组成部分，特别是当处理大型数据集时。

☑ **注意**

HAVING 子句与 WHERE 子句相似，以至于初学者在 SQL 学习中常常困惑于使用哪一个。那么，让我们现在来区分一下这两者。

WHERE 子句用于 SELECT 语句中，基于指定条件在数据分组或聚合之前过滤行。它针对单个行操作，并根据给定条件进行过滤。

在 SELECT 语句中，HAVING 子句与 GROUP BY 子句结合使用，基于指定条件在数据分组和聚合之后过滤行。它对分组操作的结果进行操作，过滤聚合后的数据。

面试练习

考虑这两个表：

（1）Employees 表，包含 EmployeeId、FirstName、LastName 和 DepartmentId 列。

（2）Departments 表，包含 DepartmentId 和 DepartmentName 列。

编写 SQL 查询，找出有 5 名以上员工且工资高于 65 000 美元的部门。

答案

对应答案如下所示：

```
SELECT d.DepartmentName
FROM Employees e
INNER JOIN Departments d ON e.DepartmentId = d.DepartmentId
WHERE e.Salary > 65000
GROUP BY d.DepartmentName
HAVING COUNT(e.EmployeeId) > 5;
```

在此查询中，INNER JOIN 用于合并来自 Employees 和 Departments 的记录，其中 DepartmentId 在两个表中都匹配。WHERE 子句过滤薪水大于 65 000 美元的员工。GROUP BY 子句按 DepartmentName 对剩余数据进行分组。然后使用 HAVING 子句过滤这些组，使其只包括有 5 名以上员工的组。

5.4　使用 CASE WHEN 创建字段

CASE WHEN 语句是一种使用条件逻辑创建新字段的直接技术。它允许指定多个条件，并为每个条件定义动作或结果。CASE WHEN 语句通常用于转换数据、创建计算列或执行条件聚合。CASE WHEN 语句的语法如下所示：

```
CASE WHEN
condition1 THEN result1
WHEN condition2 THEN result2
WHEN conditionN THEN resultN
ELSE else_result
END As alias;
```

下面是一个示例，我们创建了一个新字段，该字段将根据学生的分数详细说明他们是通过了考试还是没有通过考试：

```
SELECT student_id, student_name, exam_score,
CASE WHEN exam_score >= 60 THEN 'Pass'
ELSE 'Fail'
END AS result
FROM students;
```

该查询创建了一个名为 result 的新字段，并在学生考试成绩至少 60 分时用"Pass"填充它；否则，用"Fail"填充。结果与学生的姓名和 ID 一起返回。

5.5　分析子查询和 CTE

SQL 子查询，也称为嵌套查询或内部查询，是嵌入到另一个 SQL 查询上下文中的查询。它们是执行复杂数据操作的强大工具，需要一个或多个中间步骤，即它们用于执行需要多个步骤或依赖于中间查询结果的数据操作。

这听起来可能很复杂，确实，子查询很容易变得非常复杂。但一旦知道了参与规则，你很快就会看到它们是完全可行的。在实现子查询之前，问问自己以下问题。

（1）我从哪里开始？

（2）我要去哪里？

如果能回答这两个问题，你就赢得了一半的战斗。另一半是确定需要采取哪些步骤从点 A（现有数据）到达点 B（所需数据）。本节将学习如何使用子查询进行多步查询。

我们将通过检查不同类型的子查询开始我们的旅程。

（1）SELECT 子查询：子查询位于 SELECT 子句中。

（2）FROM 子查询：子查询位于 FROM 子句中。

（3）WHERE 子查询：子查询位于 WHERE 子句中。

（4）HAVING 子查询：子查询位于 HAVING 子句中

接下来将回顾子查询在 SELECT、WHERE、FROM 和 HAVING 子句中的使用方法。

5.5.1　SELECT 子句中的子查询

SELECT 子句中的子查询是最容易理解的，因为它类似于过去使用 SELECT 的方式。从历史上看，我们简单地使用 SELECT 返回一个特定的列或列的聚合（例如，SUM）。当想要返回一些尚不存在的内容时，选择子查询很有用，因此至少需要一个额外的中间步骤。构建查询时，请考虑以下问题。

（1）所需的输出是否可选（换句话说，它是一个现有字段吗）？

（2）所需的输出是单步计算吗（例如，SUM(column)或 CASE WHEN 用例）？

如果上述两个问题的答案都是否定的，则可执行 SELECT 子句的子查询。

以下是它的工作原理：

```
SELECT column1, column2, columnN,
(SELECT agg_function(column) FROM table WHERE condition)
FROM table
```

这段代码返回指定的列。其中一个指定列是一个子查询，它使用聚合函数来汇总原始表中的列。

这里有一个更具体的例子：

```
SELECT CustomerID, SUM(TotalAmount) AS TotalSales, (
SELECT COUNT(*)
FROM Orders
WHERE CustomerID = O.CustomerID AND TotalAmount > 1000) AS
HighTotalAmountOrderCount
FROM Orders O
GROUP BY CustomerID;
```

在这个例子中，我们可以看到以下内容。

（1）SELECT 子句中的子查询计算每个客户订单数量，其中每个客户的 TotalAmount 大于 1000。

- 该计数特定于每个客户，因为它使用 CustomerID 列与外部查询相关联。
- 子查询的结果被重命名为 HighTotalAmountOrderCount，并在结果集中显示为一个单独的列。

（2）外部查询检索 CustomerID 和 TotalAmount 的聚合总和作为每个客户的 TotalSales。GROUP BY 按 CustomerID 对结果进行分组。

5.5.2　FROM 子句中的子查询

FROM 子句中的子查询创建一个临时表，该表可用于主查询。这允许程序员通过将问题分解成更小、更易管理的部分来简化过程。要掌握 FROM 子句中的子查询，请确保识别出当前数据集和期望的输出。自此，按步骤将当前数据塑造成期望的数据。以下是一个例子：

```
SELECT employee, total_sales
FROM (SELECT first_name || ' ' || last_name as employee, SUM(sales) as
total_sales
    FROM sales
    GROUP BY employee) as sales_summary
WHERE total_sales > 100000;
```

在这个例子中，子查询创建了一个名为 sales_summary 的临时表别名，该表执行以下操作。

（1）连接每个员工的名和姓（用空格分隔）。该连接被重命名为 employee。

（2）计算每个员工的总销售额。

（3）按员工对 total_sales 进行分组。

因此，即使不知道销售表的值，我们也知道输出的结构将如图 5.6 所示。

employee	total_sales
...	...
...	...
...	...

图 5.6　子查询的中间结果

外部查询随后从 sales_summary 临时表中选择 employee 和 total_sales。这些结果被过滤为所有总销售额超过 100 000 美元的员工。

5.5.3　WHERE 子句中的子查询

WHERE 子句中的子查询用于根据子查询中详细说明的条件过滤行。当无法访问要过滤查询的条件时，这种方法很有用。

考虑之前执行的以下基本查询：

```
SELECT *
FROM Table
WHERE Salary < '100000';
```

在这个例子中，我们将结果从表中过滤到 Salary 字段小于 100 000 的行。这是一个单一的标量值，我们可以通过硬编码的 100 000 值获得。但是，如果条件不容易获得怎么办？如果我们需要推导条件（因为它尚不存在），或者该条件不是标量怎么办？对于动态条件，情况又当如何？这就是 WHERE 子句中子查询的强大之处。

☑ **注意**

在子查询的上下文中，内部查询是子查询，外部查询是查询子查询的查询——这说起来真拗口。记住，最内层的查询总是首先被计算。

WHERE 子查询最常用的条件是标量值或非标量值。

在这种情况下，标量值是子查询的结果，只产生一个值。另外，非标量值是指返回 0（假）或 1（真）的子查询。

☑ **提示**

始终从内向外阅读 SQL 查询，首先阅读最内层的查询，然后逐层向外阅读。

1. 标量示例

让我们来看一个标量的例子。假设有一个名为 employees 的表格，包含 employee_id、first_name、last_name、salary 和 department_id 列。如果想要找出所有收入高于平均工资的员工，我们可以使用子查询：

```
SELECT first_name, last_name, salary
FROM employees
WHERE salary > (SELECT AVG(salary) FROM employees);
```

子查询（SELECT AVG(salary) FROM employees）计算所有员工的平均工资，这是一个标量值。外部查询通过条件（即高于所有员工的平均工资）过滤每一行。结果就是那些收入高于这个平均工资的员工的 first_name、last_name 和 salary 值，如图 5.7 所示。

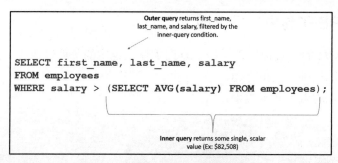

图 5.7　标量 WHERE 子查询的解释

原文	引文
Outer query returns first_name,last_name，and salary,filter by the inner-query condition	外层查询返回 first_name、last_name 和 salary，根据内层查询的条件进行过滤
Inner query returns some single,scalar value(Ex:$82508)	内层查询返回某个单一的标量值（例如：82 508 美元）

☑ **注意**

一些初学者可能想知道，为什么我不能直接使用 WHERE salary > AVG(salary)。确实，那样会更直接，但不幸的是，SQL 不是这样工作的。这是因为像 AVG、MIN 和 MAX 这样的聚合函数不能在 WHERE 子句中使用。此外，我们也不能在这种情况下使用 HAVING，因为没有进行分组——因此需要子查询。

2. 非标量示例

让我们来看一个非标量的例子。假设像以前一样使用具有 first_name、last_name 和 salary 字段的数据集。我们想要返回以字母'J'开头的员工的名、姓和薪水：

```
SELECT first_name, last_name, salary
FROM employees
WHERE salary > ANY (SELECT salary FROM employees WHERE first_name LIKE
'J%');
```

让我们评估这个多步骤过程。

（1）从最内层的查询开始，选择 first_name 以字母'J'开头的员工的 salary。如果行满足子查询条件，它将评估为 True，这意味着该行将返回在结果中。如果该行不满足条件，它将被外部查询的 WHERE 子句过滤掉。与标量值示例不同，这个子查询返回多行。

（2）一旦解释器确定内部查询将返回哪些行，外部查询就以此作为新的基准数据集。外部查询的 WHERE 子句将子查询过滤为 salary 高于任何以'J'开头的员工的 salary 的行。为了实现这一点，ANY 操作符识别子查询中的任何 salary，并将整个 employees 表过滤为

salary 高于子查询中 salary 的那些行。

5.5.4 HAVING 子句中的子查询

HAVING 子句根据涉及聚合函数的条件过滤 GROUP BY 查询的结果。子查询针对每个组执行，并根据指定条件过滤组。

以下是 HAVING 子句中子查询有用的一些情况。

（1）基于聚合来过滤组：当需要基于聚合计算过滤组时，HAVING 子句中的子查询特别有用。例如，可以使用子查询识别平均订单金额超过某个阈值的组，或者订单数量满足特定条件的组。

（2）应用条件过滤器：HAVING 子句中的子查询允许对分组结果应用条件过滤器。这在想要基于某些条件包含或排除组时特别方便。例如，可以使用子查询来过滤最大值高于特定阈值的组，或者满足特定条件的组。

（3）跨组比较聚合：HAVING 子句中的子查询可以帮助跨不同组比较聚合值。你可以使用子查询在每个组内计算聚合值，然后比较这些值以识别模式或差异。

对应示例如下所示：

```
SELECT CustomerID, AVG(TotalAmount) AS AverageTotalAmount
FROM Orders
GROUP BY CustomerID
HAVING AVG(TotalAmount) > (SELECT AVG(TotalAmount)
FROM Orders);
```

子查询（SELECT AVG(TotalAmount) FROM Orders）在 HAVING 子句中使用，用来比较每个客户的平均总金额与整体平均总金额。它有助于根据子查询中指定的条件过滤结果。

5.5.5 区分公用表表达式（CTE）和子查询

许多 SQL 学生将 CTE 与子查询混淆，所以现在正是区分这两者的好时机。CTE 也是临时表，通常在查询的开始处制定，且仅在查询执行期间存在。这意味着 CTE 不能在其他查询中使用，除了正在使用 CTE 的那个查询。

虽然 CTE 和子查询都用于类似的情况（例如，当需要产生一个中间结果时），但有几个因素可以识别出 CTE。

（1）CTE 通常在查询的开始处使用 WITH 操作符创建。

（2）CTE 后面跟着一个查询 CTE 的查询。

或者，子查询是一个查询中的查询，嵌套在某个查询子句中。

以下是 CTE 的构建方式：

```
WITH alias AS ( <Put query here>
)
…. <Query that queries the alias>
```

以下是一个使用 CTE 的更具体的例子：

```
WITH customer_totals AS (
SELECT CustomerID, SUM(TotalAmount) AS total_sales
FROM Orders
GROUP BY CustomerID )
SELECT c.CustomerID, c.total_sales, o.avg_order_amount
FROM customer_totals c
JOIN (
SELECT CustomerID, AVG(TotalAmount) AS avg_order_amount
FROM Orders GROUP BY CustomerID ) o
ON c.CustomerID = o.CustomerID;
```

具体情况如下所示。

（1）使用 WITH 关键字定义 CTE，并命名为 customer_totals。在括号内，CTE 由一个简单的 SELECT 语句组成，该语句通过汇总 Orders 表的 TotalAmount 列计算每个客户的总销售额。结果按 CustomerID 分组，并重命名为 total_sales。

（2）外部 SELECT 语句从 CTE 中检索 CustomerID 和 total_sales，以及 avg_order_amount 子查询。

（3）主查询的 FROM 子句直接引用 customer_totals CTE 作为 c 源表。

（4）JOIN 子句中的子查询计算每个客户的平均订单金额。结果按 CustomerID 分组，并重命名为 avg_order_amount。JOIN 条件使用 CustomerID 键列将主查询与子查询连接。

（5）返回最终结果集，显示每个客户的客户 ID、总销售额和平均订单金额。

☑ 注意

类似于子查询，CTE 也可以在 FROM 子句之外的其他子句中使用，如在 WHERE 和 SELECT 子句中使用。

总之，在处理需要过滤的 SQL 问题时，可以询问自己这个条件是否可以硬编码，或者是否需要进行计算。然后，问问自己是否旨在过滤至单一标量值或多行数据。

面试练习

考察一个名为 Sales 的表格，包含 SaleId、ProductId、SaleDate、SaleAmount 和 CustomerId 列。编写一个 SQL 查询，以检索至少有一次 SaleAmount 超过 1000 的客户的 CustomerId 和总 SaleAmount（别名为 TotalSaleAmount）。结果应按 TotalSaleAmount （SaleAmount 的总和）降序排列。

答案

对应答案如下所示：

```
SELECT CustomerId, SUM(SaleAmount) as TotalSaleAmount
FROM Sales
WHERE SaleId IN (
  SELECT SaleId
  FROM Sales
WHERE SaleAmount > 1000)
GROUP BY CustomerId
ORDER BY TotalSaleAmount DESC;
```

WHERE 子句中的子查询筛选出 SaleAmount 大于 1000 的 SaleId 值。主查询随后使用这些 SaleId 值过滤 Sales 表，并获取这些销售的 CustomerId 和总 SaleAmount。GROUP BY 子句按 CustomerId 对数据进行分组，SUM 函数计算总 SaleAmount。最后，ORDER BY 子句按 TotalSaleAmount 降序排序结果。

面试练习

使用 CTE 而不是子查询重写上述答案。

答案

对应答案如下所示：

```
WITH filtered_sales AS (
SELECT SaleId FROM Sales WHERE SaleAmount > 1000 )
SELECT CustomerId, SUM(SaleAmount) AS TotalSaleAmount
FROM Sales WHERE SaleId IN (
SELECT SaleId FROM filtered_sales)
```

```
GROUP BY CustomerId
ORDER BY TotalSaleAmount DESC;
```

5.6　使用连接合并表格

SQL 连接根据两个或多个表之间的相关列合并它们的记录，从而提供完整的数据视图。我们之前曾暗示过这些相关列是主键和外键。

作为复习，主键是数据库表中唯一标识表中每一行的列（或列组合）。另一方面，外键是表中的一列或列组合，它与另一个表的主键建立链接或关系。

在深入学习 SQL 连接时，我们将运用主键和外键的知识。

☑ **注意**

在讨论 SQL 连接时，我们主要关注连接两个表以简化概念。传统意义上，两个连接的表被称为左表和右表。

5.6.1　内连接

INNER JOIN 选择在两个表中都有匹配值的记录。图 5.8 展示了这种连接类型的逻辑。

图 5.8　内连接逻辑

原文	译文
INNER JOIN	内连接
Table A	表 A
Table B	表 B

表 A 代表左表，表 B 代表右表。两个表共享一个键（分别是主键和外键）。执行内连接时，返回的结果是在表 A 和表 B 中都存在的行。

让我们考虑一个例子，其中有两个表，Orders（订单）表和 Customers（客户）表，如图 5.9 所示。

OrderID	OrderDate	CustomerID
1	2023-06-01	101
2	2023-06-02	102
3	2023-06-03	103
4	2023-06-04	101
5	2023-06-05	102
6	2023-06-06	104
7	2023-06-07	105

CustomerID	CustomerName	City
101	John	London
102	Sarah	Paris
103	Michael	Berlin
106	Emma	Madrid

图 5.9　Orders 表和 Customers 表

我们希望列出 Customers 表中的客户及其在 Orders 表中的订单。然而，我们只想要那些有订单的客户。这就是内连接的用武之地。首先，可以使用 INNER JOIN 和 ON 关键字来执行内连接，如下所示：

```
SELECT Orders.OrderID, Customers.CustomerName
FROM Orders
INNER JOIN Customers ON Orders.CustomerID = Customers.CustomerID;
```

让我们讨论一下这段代码。

（1）第一行代码选择了 Orders 表中的 OrderID 列和 Customers 表中的 CustomerName 列。由于这个查询涉及多于一个表，我们会在每一列名称前加上相应的表名，中间用点（.）隔开。

（2）第二行指出正在 Orders 表中进行查询（参见下面的“注意”以获取更多信息）。

（3）最后一行是连接过程的核心。我们调用 INNER JOIN 对 Customers 表进行操作（这是因为在 FROM 子句中指定了 Orders 表）。

（4）调用 ON，将 Orders 表的 CustomerID 设置为等于 Customers 表的 CustomerID 字段，如图 5.10 所示。

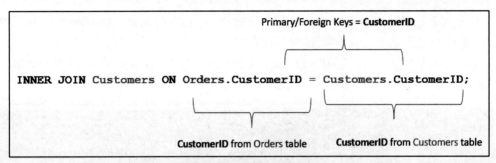

图 5.10　内连接的代码逻辑

原文	译文
Primary/Foreign Keys = CustomerID	主键/外键 = CustomerID
CustomerID from Orders table	源自 Orders 表中的 CustomerID
CustomerID from Customers table	源自 Customers 表中的 CustomerID

☑ **注意**

ON 关键字与所有连接操作一起使用。它通过识别主键描述如何将两个表连接起来。

该查询返回一个订单 ID 的列表，以及创建每个订单的客户的姓名。

☑ **注意**

读者很快就会了解到，连接的语法通常是相对的。哪个表被认为是左表和右表完全取决于你。此外，在前一个示例中的 FROM 子句中指定的表可以是 Customers 而不是 Orders——因为使用了内连接，所以结果会是一样的。无论哪种情况，在 FROM 子句中未使用的表，就是在 INNER JOIN 子句中使用的表。此外，还必须更新后面的 ON 操作符。注意，正如将在其他连接类型中看到的，FROM 子句中的表将会变得重要。

初学者在看到连接语法时可能会感到困惑，但有一个模式可以帮助你记住它：A、B、A、B，或者 B、A、B、A。

让我们看看如何将此模式应用到 Orders 表和 Customers 表示例中。注意图 5.10 中的语法在 INNER JOIN 子句中调用了 Customers 表（称之为表 A）。假设 Orders 表是表 B，其余的代码就很容易记住了：

```
...ON TableB.Key = TableA.Key;
```

这也可以使用如下方式指定：

```
Customers ON Orders.Customer_ID = Customers.Customer_ID;
```

因此，你应该注意到如图 5.11 所示的两种方法都是正确的。

```
OPTION 1:
FROM TableA
INNER JOIN TableB ON TableA.Shared_Key = TableB.Shared_Key;

OPTION 2:
FROM TableB
INNER JOIN TableA ON TableB.Shared_Key = TableA.Shared_Key;
```

图 5.11　使用两种不同的方法实现相同的内连接

5.6.2　左连接和右连接

LEFT JOIN（也称为 LEFT OUTER JOIN）选择左表中的所有记录以及右表中所有匹配的记录，如图 5.12 所示。

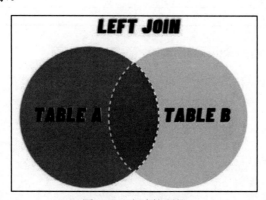

图 5.12　左连接逻辑

原文	译文
LEFT JOIN	左连接
Table A	表 A
Table B	表 B

如果在两个表之间没有找到匹配项，返回的行将显示表 A 的值，以及右表的 NULL 值。RIGHT JOIN（也称为 RIGHT OUTER JOIN）则正好相反。它返回右表（表 B）中的所

有记录，并匹配左表（表 A）中的记录。任何没有匹配项的例子将导致左表的值为 NULL。

如果您将表 A 换成表 B，将表 B 换成表 A，然后执行右连接，其结果将与未交换表并执行左连接的结果相同，如图 5.13 所示。

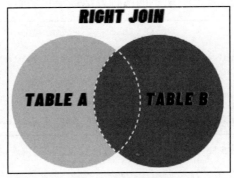

图 5.13　右连接逻辑

原文	译文
RIGHT JOIN	右连接
Table A	表 A
Table B	表 B

以下是使用 LEFT JOIN 和 RIGHT JOIN 的语法：

```
SELECT column_name(s)
FROM table1
LEFT JOIN table2
ON table1.column_name = table2.column_name;

SELECT column_name(s)
FROM table1
RIGHT JOIN table2
ON table1.column_name = table2.column_name;
```

再次强调，ON 子句定义了如何连接这两个表。

如果想要选择所有客户以及任何可用的订单信息，我们将使用 LEFT JOIN，如下所示：

```
SELECT Customers.CustomerName, Orders.OrderID
FROM Customers
LEFT JOIN Orders ON Customers.CustomerID = Orders.CustomerID;
```

假设想要选择所有订单以及任何可用的客户信息；我们会使用 RIGHT JOIN：

```
SELECT Orders.OrderID, Customers.CustomerName
FROM Customers
RIGHT JOIN Orders ON Customers.CustomerID = Orders.CustomerID;
```

☑ **注意**

你可能会想，既然切换左右表的名称就可以实现右连接，那么为什么还要存在右连接呢？最相关的解释是查询优化和性能。例如，在某些情况下，优化查询性能会受到连接操作中左右表相对大小的影响。

5.6.3　全外连接

FULL OUTER JOIN 返回两个表中的所有行，无论是否存在匹配项。它结合了左外连接和右外连接的结果。如果一个表中的行在另一个表中没有匹配项，结果将包含非匹配表的列的 NULL 值，如图 5.14 所示。

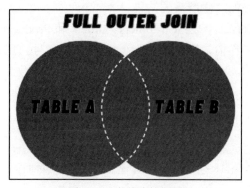

图 5.14　全外连接逻辑

原文	译文
FULL OUTER JOIN	全外连接
Table A	表 A
Table B	表 B

全外连接的语法如下所示：

```
SELECT column_name(s)
FROM table1
FULL OUTER JOIN table2
ON table1.column_name = table2.column_name;
```

例如，下面的查询将返回结果集，其中 CustomerName 和 OrderID 列代表从 Customers 表和 Orders 表中合并的数据。结果集中包含两个表中的所有行，以及相关列（即 CustomerName 和 OrderID）：

```
SELECT Customers.CustomerName, Orders.OrderID
FROM Customers
FULL OUTER JOIN Orders ON Customers.CustomerID = Orders.CustomerID;
```

SQL 连接是 SQL 语言的一个基本特性，理解它们对于任何数据科学家来说都是必不可少的。精通连接操作不仅有助于进行数据操作和查询任务，而且在技术面试中也证明是有益的，因为理解连接是关系数据库管理的基础部分。

5.6.4　多表连接

连接多于两个表的情况很常见。幸运的是，过程是相同的。你只需要记住正在连接哪些表。跟踪这个顺序将确保产生所需的结果。

考虑一个例子，我们有 3 个表：Customers、Orders 和 Products。Customers 表包含客户信息，Orders 表存储订单详情，Products 表包含产品信息。我们想检索每个订单的客户名称、订单日期和产品名称。

以下是一个示例 SQL 查询，用于连接这 3 个表：

```
SELECT c.CustomerName, o.OrderDate, p.ProductName
FROM Customers c
INNER JOIN Orders o ON c.CustomerID = o.CustomerID
INNER JOIN Products p ON o.ProductID = p.ProductID;
```

JOIN 子句按照需要的顺序排列，以建立表之间的期望连接。注意，连接这些表的顺序并不重要，因为最终目标是连接所有 3 个表。这在使用内连接时是另一个优点。然而，在某些情况下，连接表的顺序会很重要。考虑以下示例：

```
SELECT c.CustomerName, o.OrderDate, p.ProductName
FROM Customers c
INNER JOIN Orders o ON c.CustomerID = o.CustomerID
LEFT JOIN Products p ON o.ProductID = p.ProductID;
```

在这个例子中，Orders 表在 Products 表之前连接，我们在 Orders 和 Products 之间使用 LEFT JOIN。这确保了 Orders 表中的所有记录都包含在结果中，无论 Products 表中是否有匹配的记录。连接条件基于 ProductID 列连接 Orders 和 Products 表。

面试练习

考察以下两个表：

（1）Orders 表，包含 OrderId、CustomerId 和 OrderDate 列。

（2）Customers 表，包含 CustomerId、FirstName、LastName 和 Country 列。

编写一个 SQL 查询，以检索所有订单及客户详细信息。如果客户没有任何订单，也将这些客户包含在结果中。结果应包含 OrderId、OrderDate、CustomerId、FirstName、LastName 和 Country 列。

答案

对应答案如下所示：

```
SELECT o.OrderId, o.OrderDate, c.CustomerId, c.FirstName, c.LastName,
c.Country
FROM Customers c
LEFT JOIN Orders o ON c.CustomerId = o.CustomerId;
```

这里，我们使用 LEFT JOIN 组合 Customers 和 Orders 表中的行。这种类型的连接返回 Customers 表（左表）中的所有行以及 Orders 表（右表）中匹配的行。如果没有找到匹配项，则 Orders 表的列为 NULL。这确保即使没有订单的客户也被包含在结果中。

5.7　计算窗口函数

SQL 窗口函数是工具包中的一个额外工具。聚合函数会为每组记录（行）返回一个结果，而窗口函数则不同，它会根据相关记录窗口中记录的上下文，为每条记录返回一个结果。

5.7.1　OVER、ORDER BY、PARTITION 和 SET

窗口函数具有以下基本语法：

```
<function> (<expression>)
OVER (
[PARTITION BY <expression_list>]
```

```
[ORDER BY <expression_list>] [ROWS|RANGE <frame specification>])
```

这里有几个关键概念需要理解。

（1）OVER 关键字是区分窗口函数和普通函数的特征。一旦看到它，你就知道正在使用窗口函数。OVER 子句定义了窗口函数操作的窗口或查询结果集中行的子集。简而言之，它提供了一种将结果集划分为逻辑组的方法，并允许窗口函数在这些组上执行计算或聚合。参见图 5.15 以获得说明性示例。

（2）在 OVER 子句中，可以使用 PARTITION BY 关键字将数据分成不同的窗口。它根据一个或多个列将结果集划分为不同的分区或组。然后窗口函数分别应用于每个分区，允许在每个不同的组内执行计算或聚合。

☑ 注意

　　PARTITION BY 是一个可选操作符，执行窗口函数时并不需要它，且只需要 OVER 初始化窗口函数。然而，正是 PARTITION BY 允许对分组的类别执行某些操作，因此通常看到它与 OVER 一起使用。如果缺少 PARTITION BY，查询将把整个结果集视为一个单一的分区。最后，ORDER BY 是可选的，但它用于对这些窗口内的数据进行排序。

让我们通过一些例子加以说明。假设有以下数据集：

```
Month    | Year | State    | Revenue --------------------------------------
January  | 2022 | New York | 45000
February | 2022 | New York | 47000
March    | 2022 | New York | 49000
January  | 2022 | Texas    | 52000
February | 2022 | Texas    | 54000
March    | 2022 | Texas    | 55000
January  | 2023 | New York | 50000
February | 2023 | New York | 52000
March    | 2023 | New York | 54000
January  | 2023 | Texas    | 60000
February | 2023 | Texas    | 61000
March    | 2023 | Texas    | 62000
```

假设想要按州对结果进行分组，然后在这些州分组内，按年显示平均收入。OVER 和 PARTITION BY 允许基于一个字段（在本例中是 State）创建行的窗口。我们创建这些窗口是为了计算这些窗口的平均收入。ORDER BY 简单地允许我们组织这些窗口中的结果。

以下是查询过程：

```
SELECT Year, State, Revenue
```

```
AVG(Revenue) OVER (
PARTITION BY State ORDER BY Year)
AS AverageRevenue
FROM SalesTable;
```

假设有三个州而不是两个州。假设结果如图 5.15 所示。

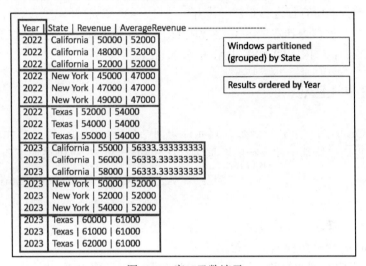

图 5.15　窗口函数演示

让我们回顾一下这个表是如何得出的。

（1）SELECT 子句指定了结果集中要包含的列：年份（Year）、州（State）、收入（Revenue）以及计算出的平均收入（AverageRevenue）。

（2）FROM 子句指定了 SalesTable 列，结果集将从该列中导出。

（3）AVG 函数用作带有 OVER 子句的窗口函数，以计算每个分区内的平均收入。

（4）PARTITION BY 子句用于按州（State）列对数据进行分区。这意味着数据将按每个不同的州分别分组和处理。

（5）ORDER BY 子句用于按年份（Year）列对每个分区内的行进行排序。这决定了在每个州组内应用窗口函数的顺序。

正是 OVER、PARTITION BY 和 ORDER BY 的结合，使得窗口函数如此强大。窗口函数的一个常见用途是计算累积总额。SUM()函数可以作为窗口函数实现这一点。

假设有一个名为 employees 的表，包含 employee_id、first_name、last_name、salary 和 department_id 列，我们想要计算每个部门内薪资的累积总额。对此，可以使用以下查询：

```
SELECT employee_id, first_name, last_name, salary, department_id,
```

```
          SUM(salary) OVER (PARTITION BY department_id ORDER BY employee_
id) as
running_total
FROM employees;
```

此查询返回每行的 running_total 工资值，对具有相同 department_id 且 employee_id 值小于或等于当前行的所有行进行累加（求和）。

窗口函数与在窗口内计算的 SQL 函数搭配使用时效果最佳。这包括 LAG、LEAD、ROW_NUMBER、RANK、DENSE_RANK 和 NTILE。

5.7.2　LAG 和 LEAD

LAG 是 SQL 中的一个分析函数，它允许访问结果集中的前一行。它允许检索前一行中列的值，使我们能够基于前一行的数据进行比较和计算。对应语法如下所示：

```
LAG(column, offset, default) OVER (PARTITION BY partition_clause ORDER BY
order_clause)
```

让我们回顾一下这些术语的含义。

（1）column 是要从中检索前一行值的列。

（2）offset 指定回溯的行数。这是一个可选参数，默认值为 1。

（3）default 是一个可选参数，用于设置如果找不到前一行则返回的默认值。

（4）PARTITION BY 根据指定的列将结果集划分为分区或组。

（5）ORDER BY 确定每个分区内行的顺序。

假设有一个名为 sales 的表，包含 order_id、order_date 和 revenue 列。我们想要检索每个订单的前一个订单的收入。对此，可执行下列操作：

```
SELECT order_id, order_date, revenue,
LAG(revenue) OVER (ORDER BY order_date) AS previous_revenue
FROM sales;
```

此查询检索 order_id、order_date 和 revenue，并使用 LAG() 函数检索前一个订单的收入。结果集将包括 sales 表中的列，以及一个名为 previous_revenue 的额外列，其中包含前一个订单的收入。

LEAD 是 SQL 中的另一个分析函数，它允许访问结果集中的随后一行，并检索下一行中列的值，从而能够基于随后一行的数据执行计算和比较。LEAD 和 LAG 的语法相同，唯一的区别在于函数名称本身（LEAD 或 LAG）。

继续以 sales 表为例。假设想要计算连续订单之间的收入差异：

```
SELECT order_id, order_date, revenue,
LEAD(revenue) OVER (ORDER BY order_date) - revenue AS revenue_ difference
FROM sales;
```

此查询检索 order_id、order_date 和 revenue，并计算连续订单之间的收入差异。结果集将包括 sales 表中的列，以及一个名为 revenue_difference 的额外列，代表收入的差异。

面试练习

考虑一个名为 employees 的表，包含 employee_id、employee_name 和 hire_date 列。按 hire_date 排序，检索每个员工的前一个员工的入职日期。

答案

对应答案如下所示：

```
SELECT employee_id, employee_name, hire_date,
LAG(hire_date) OVER (ORDER BY hire_date) AS previous_hire_date FROM
employees
```

带有 ORDER BY 子句的 LAG 函数根据指定的列（hire_date）从结果集中检索前一行的值。通过对行按 hire_date 排序，确保 LAG 回溯查看每行前一个员工的入职日期。结果是一个包含员工详细信息以及该员工前一个员工的入职日期的数据集。

面试练习

考虑一个名为 orders 的表，包含 order_id、order_date 和 revenue 列。按 order_date 排序，计算连续订单之间的收入差异。

答案

对应答案如下所示：

```
SELECT order_id, order_date, revenue,
LEAD(revenue) OVER (ORDER BY order_date) - revenue AS revenue_ difference
FROM orders;
```

LEAD 函数与 ORDER BY 子句结合使用，根据指定的列（order_date）从结果集中的下一行检索值。通过对行按 order_date 排序，确保 LEAD 函数查看每行后续订单的收入。从后续订单的收入中减去当前订单的收入，我们得到了收入差异。结果是一个包含订单详情以及连续订单之间收入差异的数据集。

5.7.3 ROW_NUMBER

ROW_NUMBER 是 SQL 中的一个分析函数，它为结果集中的每行分配一个唯一的数字。它为第一行生成一个从 1 开始的连续整数，并为每一后续行加 1。该函数非常适用于排名、检测重复或分页等操作。对应语法如下所示：

```
ROW_NUMBER() OVER (
PARTITION BY partition_clause ORDER BY order_clause)
```

考察一个名为 students 的表，包含 student_id、student_name 和 exam_score 列。我们希望根据他们的考试成绩，按降序为每个学生分配一个唯一的行号：

```
SELECT student_id, student_name, exam_score,
ROW_NUMBER() OVER (ORDER BY exam_score DESC) AS row_number FROM students;
```

此查询检索 student_id、student_name 和 exam_score，并使用 ROW_NUMBER 为每个学生分配一个唯一的行号。结果集将包括 students 表中的列，以及一个名为 row_number 的额外列，包含顺序编号。

5.7.4 RANK 和 DENSE_RANK

RANK 是 SQL 中的一个分析函数，它根据指定的标准为结果集中的每行分配一个唯一的排名。它允许确定一行与其他行相比的排名位置，必要时考虑并列情况并跳过排名。

同样，DENSE_RANK 是 SQL 中的另一个分析函数，它根据指定的标准为结果集中的每行分配一个唯一的排名。与 RANK 不同，它在存在并列时不会跳过排名。相反，它为并列的行分配连续的排名。

以下是 RANK 和 DENSE_RANK 的语法：

```
[RANK() or DENSE_RANK()] OVER (PARTITION BY partition_clause ORDER BY
order_clause)
```

考察一个名为 students 的表，包含 student_id、student_name 和 exam_score 列。我们希

望基于他们的考试成绩对学生进行排名，并按降序排列，成绩最高的学生在最上面。以下是一个使用 RANK 的示例查询：

```
SELECT student_id, student_name, exam_score,
RANK() OVER (
ORDER BY exam_score DESC) AS rank FROM students;
```

此查询检索 student_id、student_name 和 exam_score，并根据每个学生的考试成绩为他分配一个唯一的排名。分数按降序排列。

然而，如果将 RANK 替换为 DENSE_RANK，当存在并列分数时结果将有所不同。RANK 在存在并列时会在排名序列中留下空白，而 DENSE_RANK 会为并列的行分配连续的排名，且没有任何空白。

例如，假设有两个学生获得了 98 分，这是数据中的最高分。使用 DENSE_RANK 时，他们都会被分配排名 1，而下一个最高分的学生将获得排名 2。使用 RANK 时，得分为 98 的两个学生仍然会获得排名 1，但第二高得分的学生将被赋予排名 3。这是因为 RANK 在存在并列时会跳过排名。

图 5.16 显示了使用 DENSE_RANK 的示例。

student_id	student_name	exam_score	dense_rank
2	Emily	92	1
4	Michael	92	1
3	Sarah	88	2
1	John	85	3
5	Sophia	85	3

图 5.16　DENSE_RANK 输出结果

图 5.17 显示了使用 RANK 的示例。

student_id	student_name	exam_score	rank
2	Emily	92	1
4	Michael	92	1
3	Sarah	88	3
1	John	85	4
5	Sophia	85	4

图 5.17　RANK 输出结果

注意，使用 DENSE_RANK 时，Sarah 的排名更高（2 而不是 3）。简而言之，你可能会更喜欢老师使用 DENSE_RANK 方法给你排名。

面试练习

给定一个名为 Sales 的表，包含 SaleId、ProductId、SaleDate、SaleAmount 和 EmployeeId 列，编写一个 SQL 查询找出每个 EmployeeId 的总销售额，以及每个员工按总销售额的排名值。排名应按总销售额的降序排列，总销售额最高的员工排名第一。

答案

对应答案如下所示：

```
SELECT EmployeeId, SUM(SaleAmount) OVER (PARTITION BY EmployeeId) AS
TotalSales,
        RANK() OVER (ORDER BY SUM(SaleAmount) OVER (PARTITION BY
EmployeeId)
DESC) AS SalesRank
FROM Sales;
```

此查询引入了两个窗口函数：

（1）SUM(SaleAmount) OVER (PARTITION BY EmployeeId) 计算每个员工的总销售额。

（2）RANK() OVER (ORDER BY SUM(SaleAmount) OVER (PARTITION BY EmployeeId) DESC) 根据员工的总销售额，以降序排列，并为每个员工分配排名。

5.7.5　使用日期函数

SQL 中的日期函数用于操作日期数据类型，它们对于执行诸如计算日期之间的差异、提取日期部分和格式化日期等操作至关重要。虽然不同 SQL 数据库中的特定函数可能略有不同，但大多数数据库都支持一组核心日期函数。

让我们回顾一些最常见的函数。

（1）NOW：NOW 函数返回当前日期和时间。

```
SELECT NOW() AS 'Current Date and Time';
```

（2）CURDATE：CURDATE 函数返回当前日期。

```
SELECT CURDATE() AS 'Current Date';
```

（3）DATE_ADD：DATE_ADD 函数用于添加或减去日期部分。此函数的参数包括一个日期值、一个 INTERVAL 值和一个间隔大小。例如，如果想为日期列的每一行增加 2 天，则将写入 DAY 日期值。紧随其后的是 INTERVAL 和间隔值，在本例中为 2。然而，如果使用负值作为间隔，则会从日期中减去。如果想计算从现在开始 30 天后的日期，可使用 DATE_ADD，如下所示：

```
SELECT DATE_ADD(date_column, INTERVAL 2 DAY) AS '2 Days Later';
```

（4）DATEDIFF：DATEDIFF 计算两个日期之间的差异。假设有一个名为 orders 的表，包含 order_id、product_id 和 order_date 列，如果想要计算自每个订单下单以来已经过去了多长时间，则可以编写下列代码：

```
SELECT DATEDIFF(NOW(), order_date) AS 'Days Since Order'
FROM orders;
```

SQL 日期函数是执行复杂日期操作和计算的关键部分。

5.8　处理复杂查询

编写复杂的 SQL 查询可能是一项具有挑战性的任务，特别是当涉及多个表、复杂的过滤条件和复杂的计算时。然而，通过遵循逐步的方法，可以将问题分解成较小、可管理的部分，并逐渐构建出最终的查询。

以下是一些关于如何处理复杂查询的系统性指导方针。

（1）明确目标：首先明确查询目标。例如，试图检索或计算什么具体信息？期望的输出是什么？

（2）确定表：确定哪些表包含目标所需的数据，并识别它们各自的键。这有助于确定起始点。如果涉及多个表，考虑它们之间的关系以及应该如何连接它们。同时确定每个表中的键。

（3）确定过滤条件：确定需要的过滤条件以缩小数据集。确定应该应用哪些条件限制返回的行。考虑显式条件（如 WHERE 子句）和可能需要的任何隐式条件。哪个表正在被过滤？它是内部还是外部查询？

（4）从简单的连接开始：如果查询涉及多个表，先执行相关表之间的简单连接。确定哪个表将位于左侧，以及它将如何与其他表连接。从主要关系开始，然后根据需要逐步添加额外的连接条件。

（5）合并聚合：如果查询需要聚合数据，确定适当的聚合函数。考虑是否需要任何分组或分区以在所需级别聚合数据。对于每个聚合，确保考虑聚合应该在什么级别进行。是在整个数据集上吗？是通过分组实现的吗？是在特定的窗口段上吗？如果进行了分组，可考虑单值分组规则。

（6）评估子查询和 CTE：如果查询的复杂性要求使用子查询或 CTE，可考虑使用它们处理计算、临时视图，或过滤结果。查看每个聚合函数的粒度需求，并寻找使用子查询的机会。

（7）复审：回到步骤（1），确认已经实现了目标。

通过遵循这种逐步方法，可以更有效地处理复杂的 SQL 查询。虽然可以调整这些步骤的顺序，但建议尽可能紧密地遵循此框架。

面试练习

你正在使用一个包含 3 个表的数据库。面试官要求检索每个客户的总订单金额，以及他们最昂贵订单的产品详情。输出应包括 CustomerID、CustomerName、MaxOrderAmount 和 TotalOrderAmount。

以下是表的内容：

（1）Customers：CustomerID，CustomerName，CustomerAddress，CustomerEmail。

（2）Orders：OrderID，CustomerID，OrderDate，OrderAmount。

（3）Products：ProductID，ProductName，ProductPrice，ProductCategory。

答案

以下是具体的处理过程。

（1）定义目标：目标是检索每个客户的总订单金额，并包含他们最昂贵订单的产品详情。根据指示，需要返回 CustomerID、CustomerName 和 ProductName，以及计算字段 TotalOrderAmount 和 MaxOrderAmount。尽管此时还不知道所有这些信息来自何处，但可以将其包含在查询中，因为我们知道这是查询开发结束时想要达到的目标。确保按照指示准确命名任何计算字段。

到目前为止，对应的查询如下所示：

```
SELECT CustomerID, CustomerName, SUM(OrderAmount) AS TotalOrderAmount,
ProductName, ... AS MaxOrderAmount ...
```

稍后将计算 MaxOrderAmount。尽管 TotalOrderAmount 是所有独特客户所需的一个聚合值，但 MaxOrderAmount 仅用于那些最昂贵的订单。

（2）确定表：订单信息将来自 Orders 表。客户信息将来自 Customers 表。产品详情将来自 Products 表。

（3）确定过滤条件：对于此目标，我们没有任何特定的过滤条件。我们希望检索所有客户的信息。

（4）从简单的连接开始：根据目标，我们需要从 Orders 表获取所有订单信息。由于这是针对每个客户的，我们希望从 Customers 表获取所有客户。这构成了 Customers 表和 Orders 表的内连接。它们的共享键是 CustomerID 字段。由于处理的是多个表，我们将需要在每个字段名前提供表别名并用点分隔。

现在，让我们再次审查查询：

```
SELECT c.CustomerID, c.CustomerName, SUM(o.OrderAmount) AS
TotalOrderAmount, ProductName, ... AS MaxOrderAmount
FROM Customers c
INNER JOIN Orders o ON c.CustomerID = o.CustomerID;
```

由于还需要产品详情，我们将把 Products 表加入已经连接的 Customers 和 Orders 表中。再次使用内连接确认将返回全部有客户和订单的产品。Customers 表与 Products 表没有共享 ID，但它与 Orders 共享 ID，所以将使用 ProductID。

让我们看看包含这个新信息的查询：

```
SELECT c.CustomerID, c.CustomerName, SUM(o.OrderAmount) AS
TotalOrderAmount, p.ProductName, ... AS MaxOrderAmount
FROM Customers c
INNER JOIN Orders o ON c.CustomerID = o.CustomerID
INNER JOIN Products p ON o.ProductID = p.ProductID;
```

（5）加入聚合：我们已经在 OrderAmount 上使用了 SUM 得出 TotalOrderAmount。由于该值应针对每个客户进行聚合，因此需要对 CustomerID 和 CustomerName 使用 GROUP BY。此外还需要每个产品的 TotalOrderAmount，因为我们需要的是具有 MaxOrderAmount 的产品的详细信息。

让我们回顾一下此时更新的查询：

```
SELECT c.CustomerID, c.CustomerName, SUM(o.OrderAmount) AS
TotalOrderAmount, p.ProductName, ... AS MaxOrderAmount
FROM Customers c
INNER JOIN Orders o ON c.CustomerID = o.CustomerID
```

```
INNER JOIN Products p ON o.ProductID = p.ProductID;
GROUP BY c.CustomerID, c.CustomerName, p.ProductName;
```

现在我们可以包含每位客户最昂贵订单的产品详细信息，因此将加入一个子查询。

（6）评估子查询和 CTE：最后需要计算 MaxOrderAmount。如果你认为答案只是在 SELECT 子句中调用 MAX(o.OrderAmount) AS MaxOrderAmount，那么请再考虑一下。我们必须注意粒度。在 OrderAmount 上使用 MAX 将为每个 CustomerID、CustomerName 和 ProductName 组合提供最大的 OrderAmount 值，但这并不是我们的目标——我们的目标是返回所有订单中最大的订单金额。由于这是一项过滤任务，我们将使用 WHERE 子句。这听起来像一个过滤练习。（注意：这一步本可以在步骤（3）中实现，但为了演示目的，我们将在这里进行。）我们在子查询中包含 WHERE CustomerID = c.CustomerID 条件，以确保子查询通过匹配 CustomerID 值与外部查询相关联。

现在准备实现子查询，如下所示：

```
SELECT c.CustomerID, c.CustomerName, SUM(o.OrderAmount) AS
TotalOrderAmount, p.ProductName, o.OrderAmount AS MaxOrderAmount
FROM Customers c
INNER JOIN Orders o ON c.CustomerID = o.CustomerID
INNER JOIN Products p ON o.ProductID = p.ProductID
WHERE o.OrderAmount = (
SELECT MAX(OrderAmount)
FROM Orders
WHERE CustomerID = c.CustomerID)
GROUP BY c.CustomerID, c.CustomerName, p.ProductName;
```

（7）复审：审查你的查询，确保已经实现了所有必要的目标。

注意，我们可以使用 CTE 代替子查询来计算每个客户的最大订单金额，从而获得相同的结果。我们只需将其连接到我们的表中，然后筛选出订单金额等于最大金额的客户：

```
WITH MaxOrderAmounts AS (
SELECT CustomerID, MAX(OrderAmount) AS MaxOrderAmount
FROM Orders
GROUP BY CustomerID )
SELECT c.CustomerID, c.CustomerName, SUM(o.OrderAmount) AS
TotalOrderAmount, p.ProductName, o.OrderAmount AS MaxOrderAmount
FROM Customers c
INNER JOIN Orders o ON c.CustomerID = o.CustomerID
INNER JOIN Products p ON o.ProductID = p.ProductID
INNER JOIN MaxOrderAmounts moa ON c.CustomerID = moa.CustomerID
```

```
WHERE o.OrderAmount = moa.MaxOrderAmount
GROUP BY c.CustomerID, c.CustomerName, p.ProductName, o.OrderAmount;
```

可以看到，将问题分解成较小的步骤，并逐渐构建查询将帮助你更有信心地应对复杂场景并产生准确的结果。记得练习和尝试不同的技术，以进一步提高 SQL 查询编写技能。

5.9　本章小结

本章学习了数据库和 SQL 的基础知识，这些是许多数据科学家在面试中会遇到的主题。实际上，作为一名数据科学家，在面试过程中几乎肯定会被问到这个主题。本章讨论了基本的查询概念、子查询、连接、窗口函数、评估顺序、聚合、过滤以及如何处理复杂问题。

在大多数情况下，解决问题的方法不止一种，但通常有最优的方法。因此，请确保花足够的时间练习本章讨论的概念。尽量不要去记忆查询语句；相反，可熟悉本章所解释的常见用例。按照前述步骤分解复杂问题，但要意识到这些步骤的顺序并非一成不变。一旦掌握，你将能够在任何场合识别出正确的查询。

第 6 章将研究 Linux 中的 Shell 和 Bash 脚本编写。

第 6 章　Linux 中的 Shell 和 Bash 脚本编写

本章将深入探讨 Linux 中的 Shell 和 Bash 脚本编写，包括基本的导航控制语句、函数、数据处理、管道以及数据库操作。此外还将学习如何利用 cron 命令进行任务调度，以及如何从命令行运行 Python 程序。

尽管在数据科学面试中测试 Linux 命令的可能性很小，但你将为基于命令行的数据科学相关技术做好更充分的准备。本章主要涉及下列主题。

（1）操作系统简介。

（2）导航系统目录。

（3）文件和目录操作。

（4）使用 Bash 进行脚本编写。

（5）介绍控制语句。

（6）创建函数。

（7）数据处理和管道。

（8）使用 cron。

6.1　操作系统简介

操作系统（OS）是一个软件程序，充当计算机硬件和用户应用程序之间的中介。读者可能熟悉 Windows、Android 和 iOS，这些都是具有各自独特功能和应用程序的不同类型的操作系统。

Linux 是一个开源操作系统，以其类 Unix 架构而闻名，允许用户根据特定需求配置和修改系统。像其他基于 Unix 的系统一样，它将文件和目录以层次结构排列。根目录位于这个层次结构的最顶端，由一个正斜杠（/）表示。

根目录是操作系统文件系统树状层次结构中的顶级目录，是所有其他目录和文件的起点。例如，如果你看到一个文件路径，如/home/user/file.txt，前面的正斜杠表示它是参照根目录的相对位置。具体位置是在根目录下的 home 目录中的 user 目录里的一个名为 file.txt 的文件。

除了/home，根目录内还有其他目录，如/usr 和/etc，每个目录都服务于特定目的。学习如何在命令行中导航文件将使你在加速工作流程和导航其他技术方面领先一步。

命令行界面（CLI）或 shell 是 Linux 中的一个基于文本的界面，允许用户通过输入命令与计算机交互。本章的剩余部分将学习如何使用 CLI 中的 Bash 脚本和 shell 命令导航 Linux 操作系统及其目录。

6.2　导航系统目录

在 Linux 环境中工作的一项基础内容是能够从命令行导航文件结构和目录。

如果您熟悉任何计算机上的文件系统，那么就已经熟悉了这个概念。例如，Windows 操作系统可能有名为 Desktop、Pictures、Downloads 或 Documents 的目录（文件夹）。图 6.1 显示了一个名为 Physics 的示例目录，其中有 3 个文本文件和一个名为 Assignments 的目录。

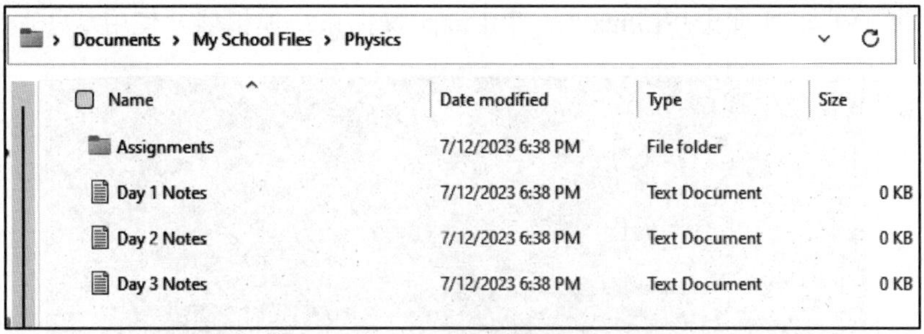

图 6.1　Physics 示例目录

目录是一个文件夹、容器或组织结构，用于保存和组织文件和其他目录。图 6.1 展示了一个用户界面程序，允许普通 Windows 用户导航他们的文件系统。然而，图 6.2 中显示的命令行界面（CLI）使我们能够使用命令来导航和自动化文件管理。

图 6.2　Windows CLI 示例

6.2.1　介绍基本命令行提示符

要开始学习如何使用 CLI，首先让我们看一些基本示例。以下是在文件探索过程中使用的命令。

（1）pwd：此命令将当前工作目录的完整路径名（例如，/home/user/）打印到终端。如果用户在终端中迷路了，pwd 将是你的指南针。

（2）ls：此命令列出当前工作目录中的所有文件和目录。

（3）cd <directory_name>：如果当前目录中存在 directory_name，则此命令将当前工作目录更改为 directory_name。

（4）cd ..：此命令向上导航一级目录（注意，.. 是单独的命令，因此请确保在 cd 和 .. 之间留有空格以区分它们）。

（5）cd：没有任何参数时，此命令将返回主目录。

（6）cd -：此命令将回到之前所在的目录。

图 6.3 展示了如何通过 JSLinux（一个 Linux 操作系统模拟器）使用这些命令。

```
localhost:~# pwd
/root
localhost:~# ls
bench.py      hello.c      hello.js      myfolder      readme.txt
localhost:~# ls -l
total 20
-rw-r--r--    1 root      root            114 Jul  5  2020 bench.py
-rw-r--r--    1 root      root             76 Jul  3  2020 hello.c
-rw-r--r--    1 root      root             22 Jun 26  2020 hello.js
drwxr-xr-x    2 root      root            114 Jul 13 11:59 myfolder
-rw-r--r--    1 root      root            151 Jul  5  2020 readme.txt
localhost:~# cd myfolder/
localhost:~/myfolder# ls -l
total 0
-rw-r--r--    1 root      root              0 Jul 13 12:00 analysis.py
-rw-r--r--    1 root      root              0 Jul 13 12:00 test.py
-rw-r--r--    1 root      root              0 Jul 13 12:00 train.py
localhost:~/myfolder# cd ..
localhost:~# pwd
/root
localhost:~#
```

图 6.3　基本 Linux 命令在实际操作中的应用

注意，ls -l 命令可以使用 -l 标志。在 Linux 中，标志是命令修饰符，用于修改命令行实用工具的行为。它们为命令提供额外的指令或设置，允许用户自定义命令的操作方式，通常由一个短横线（-）后面跟一个单字符或单词表示。在这里，-l 标志修改了 ls 的输出，打印出更详细的信息和目录内容的格式。

6.2.2　理解目录类型

在 Linux 中，有两种方法可以访问目录路径。

（1）绝对路径：绝对路径从根目录指定文件或目录的位置。它们总是以斜杠开始，例如，/home/user/data/file.txt。

（2）相对路径：相对路径相对于当前目录指定文件或目录的位置。例如，如果当前的目录是/home/user/data/，而你想要导航到/home/user/data/project1/目录，对此，可以使用以下命令：

```
cd project1
```

project1 目录将被解释为相对于当前工作路径的相对路径。

理解如何使用这两种路径类型可以帮助你更有效地导航文件系统。此外，为了加快导航和使用路径的速度，可以通过在输入几个字符后按 Tab 键来实现自动完成功能。

现在你已经熟悉了基本导航，下面是一些高级技术。

（1）pushd directory_name 和 popd：这些命令允许使用目录堆栈。pushd 将目录添加到堆栈并导航到其中。popd 从堆栈中移除顶部目录并导航到其中。当使用多个目录并且需要经常在它们之间切换时，这非常有用。

（2）find：这是一个强大的命令，可以根据名称、大小和修改时间等标准搜索文件或目录。例如，find /home/user -name "file.txt" 将在/home/user 目录及其子目录中搜索名为 file.txt 的文件。

作为数据科学家，你经常需要处理大量文件和复杂的目录结构。因此，命令行导航是一项至关重要的技能。它是学习更高级主题（如文件和目录操作、Bash 脚本编写、cron 作业以及从命令行使用 Python）的基础。

面试练习

假设当前位于/home/user/project/dataset1/ 目录，并且想要更改到/home/user/project/dataset2/目录。仅使用包含相对路径的一个命令，您将如何实现这一点？

答案

```
cd ../dataset2/
```

此命令使用../向上导航一级到 project 目录，然后进入 dataset2 目录。../部分是一个特殊的目录名称，意味着当前目录的父目录，所以它总是指向上面的目录。这里使用了相对路径的概念，提供的路径是相对于当前目录的。

面试练习

一位数据科学家正在 Linux 机器上工作。他正在进行一项复杂的数据处理任务，并且已经导航到多个不同的目录。现在，他们想确认文件系统中的当前目录。他们应该使用哪个命令？

答案

```
pwd
```

pwd（print working directory，打印工作目录）命令用于显示当前目录的完整路径名。它是 Unix/Linux shell 中的一个内置命令，将完整路径名打印到终端，这有助于用户确认他们在文件系统层次结构中的当前位置。

6.3　文件和目录操作

在基于 Unix 的环境中工作时，管理文件和目录是一项基本技能。作为数据科学家，你将经常需要创建、删除、移动和复制文件和目录。了解如何在日常活动中使用这些命令可能成为一项核心技能，这取决于所使用的系统。然而，在技术面试中，这些主题可能会偶尔出现。因此，我们在这里只快速回顾一些核心操作。

以下内容将解释这些操作，并讨论如何操作文件和目录内容。

（1）创建文件：要创建一个新文件，请使用 touch 命令，后跟想要创建的文件名。例如，要创建一个名为 analysis.py 的文件，可使用以下命令：

```
touch analysis.py
```

（2）创建目录：要创建一个新目录，可使用 mkdir 命令。例如，要创建一个名为 new_data 的目录，可使用以下命令：

```
mkdir new_data
```

（3）删除文件：要删除一个文件，可使用 rm 命令。应小心使用此命令，因为删除的文件无法恢复。因此，以下示例将永久删除 analysis.py 文件：

```
rm analysis.py
```

（4）删除目录：要删除一个目录，可使用 rmdir，如下所示：

```
rmdir new_data
```

记住，rmdir 只能删除空目录。要删除目录及其内容，请使用带有-r（递归）标志的 rm
命令：

```
rm -r old_data
```

图 6.4 显示了这些命令在实际操作中的示例。

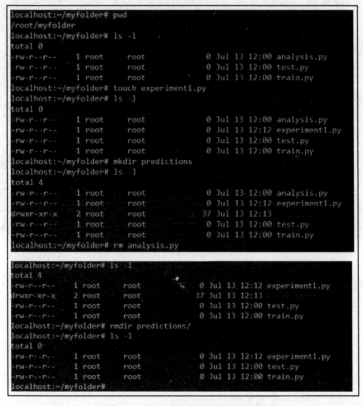

图 6.4　创建和删除文件及目录

（5）移动和重命名文件及目录。mv 命令有两个用途：

● 移动和重命名文件。
● 移动和重命名目录。

对应语法如下所示：

```
mv /path/to/source /path/to/destination
```

例如，要重命名一个文件，可使用以下命令：

```
mv oldname.txt newname.txt
```

图 6.5 展示了一个示例，其中将名为 experiment1.py 的文件从 myfolder 目录移动到上一级目录中的 experiments 目录。

```
localhost:~# ls -l
total 24
-rw-r--r--    1 root      root           114 Jul  5  2020 bench.py
drwxr-xr-x    2 root      root            37 Jul 13 12:21 experiments
-rw-r--r--    1 root      root            76 Jul  3  2020 hello.c
-rw-r--r--    1 root      root            22 Jun 26  2020 hello.js
drwxr-xr-x    2 root      root           117 Jul 13 11:59
-rw-r--r--    1 root      root           151 Jul  5  2020 readme.txt
localhost:~# cd myfolder/
localhost:~/myfolder# ls -l
total 0
-rw-r--r--    1 root      root             0 Jul 13 12:12 experiment1.py
-rw-r--r--    1 root      root             0 Jul 13 12:00 test.py
-rw-r--r--    1 root      root             0 Jul 13 12:00 train.py
localhost:~/myfolder# mv experiment1.py ../experiments/
localhost:~/myfolder# cd ../experiments/
localhost:~/experiments# ls -l
total 0
-rw-r--r--    1 root      root             0 Jul 13 12:12 experiment1.py
localhost:~/experiments#
```

图 6.5　在目录间移动文件

（6）在文件中搜索特定模式：grep 命令在文件中搜索特定模式并打印匹配的行。它是搜索大量数据的有效工具。例如，以下命令将打印出 data.csv 中包含字符串 San Francisco 的每一行：

```
grep 'San Francisco' data.csv
```

此功能还接收递归标志（-r），这将允许递归地搜索一个目录。修改之前的示例，进而在 data 目录中的每个文件中搜索 San Francisco：

```
grep -r 'San Francisco' /home/user/data
```

作为数据科学家，你可能会使用命令行导航和管理机器学习项目的 Python 脚本，或者创建数据管道。这些技能无疑会派上用场。

面试练习

假设你位于包含大量文件的目录中。如果打算找到所有包含单词 ERROR 的文件，应该使用哪个命令？

答案

```
grep -r 'ERROR' .
```

grep 命令用于在文件内容中搜索特定模式。-r 选项告诉 grep 递归地读取每个目录下的所有文件。这里的.符号代表当前目录。因此，grep -r 'ERROR' .将在当前目录及其子目录中的所有文件中搜索字符串 ERROR。

6.4　使用 Bash 进行脚本编写

Bash（Bourne Again SHell）是一种特定的 shell 实现，它已经获得了广泛的普及，并且是许多 Linux 发行版的默认 shell。Bash 脚本可以自动化重复性任务、处理文件和文本操作、控制作业调度，等等。

☑ **注意**

虽然 Bash 是一个特定的 shell，但 "shell" 这个术语更具通用性，包括了其他的 shell 实现。

Bash 脚本是一个包含一系列命令的纯文本文件。这些脚本可以用来自动化整个工作流程和复杂过程，否则将不得不在命令行上逐个命令执行。

要创建 Bash 脚本，可使用文本编辑器编写脚本，用任何名称保存，并以.sh 作为扩展名。例如，你可能会将脚本命名为 script.sh。另外，你也可以按照图 6.6 所示的方式使用 Vim。

```
localhost:~/pipelines# vi run_pipeline.py
```

图 6.6　创建 Bash 脚本

在图 6.6 中，我们正在使用 vi 创建一个 Bash 脚本，然后提供文件名 run_pipeline.py。一旦按下 Enter 键，随后必须按下键盘上的 i 键开始编辑文件，否则将无法编辑该文件。

☞ **注意**

有关使用基于 Unix 的 vi 文本编辑器的更多信息，请查看 https://www.redhat.com/sysadmin/
get-started-vi-editor，该网站对此话题进行了更深入的探讨。

每个 Bash 脚本的第一行应该是#!/bin/bash（也称为 shebang）——此行告诉系统这是一
个 Bash 脚本，应该用 Bash shell 执行。

以下是一个简单的 Bash 脚本：

```bash
#!/bin/bash

# This is a comment
echo "Hello, world!"
```

此脚本在运行时将简单地打印字符串"Hello, world!"。

完成文本文件编辑后，按下 Esc 键，然后输入:wq 以保存并退出编辑器。然后按下 Enter
键，你将回到最近的目录。要运行 Bash 脚本，可使用 bash 命令后跟脚本名称：

```bash
bash script.sh
```

或者，也可以使用 chmod 命令使脚本本身直接可执行：

```bash
chmod +x script.sh
```

然后，可以这样运行脚本：

```bash
./script.sh
```

此外还可以在 Bash 脚本中使用变量。变量使用$符号声明。在分配变量时，不要在等
号周围包含空格，以避免错误。这里有一个简单的例子：

```bash
#!/bin/bash

greeting="Hello, world!"
echo $greeting
```

在这个脚本中，greeting 是一个变量，它存储了字符串"Hello, world!"。$符号用于访问
变量的值。

面试练习

你在当前目录下创建了一个名为 script.sh 的 Bash 脚本。然而，当尝试使用./script.sh 运

行脚本时，终端返回一个错误："Permission denied"（权限拒绝）。

可以使用什么命令来解决这个问题，原因是什么？

答案

```
chmod +x script.sh
```

该问题的出现是因为脚本没有执行（x）权限。chmod 命令用于更改文件的权限。+x 选项给文件添加执行权限。因此，chmod +x script.sh 将给 script.sh 赋予执行权限，这将允许使用./script.sh 运行脚本。

面试练习

在 Bash 脚本的上下文中，脚本开头的#!/bin/bash 行表示什么，为什么它很重要？

答案

#!/bin/bash 行被称为 shebang。它用于告诉系统后续脚本应使用 Bash 执行。这很重要，因为不同系统可以有不同的默认 shell，如果使用不同的 shell 运行，旨在用 Bash 运行的脚本可能无法正确工作。通过在脚本开头包含#!/bin/bash，可确保它们将使用正确的解释器运行，而不管系统的默认 shell 是什么。

6.5　介绍控制语句

控制语句，包括条件语句和循环，是 shell 脚本的一个组成部分，允许在脚本中加入决策制定和重复任务。作为数据科学家，你可能在自动化数据预处理、根据某些条件运行不同的分析或构建复杂流程时使用控制语句。本节将介绍 Bash 脚本中最常用的控制语句。

就像其他编程语言一样，Bash 提供了条件语句来控制执行流程。Bash 中最常用的条件语句是 if、if-else 和 if-elif-else。

让我们来看一个简单的 if 语句：

```
#!/bin/bash
x=10
if [ $x -gt 5 ]
then
```

```
echo "x is greater than 5"
fi
```

在这个脚本中，如果 x 的值大于 5，则将消息"x is greater than 5"打印到控制台。

可以看到，控制语句通常与算术运算符配对使用。图 6.7 显示了 Bash 算术运算符及其含义的列表。

Bash 算术运算符	含义	详情
-lt	<	小于
-gt	>	大于
-le	<=	小于或等于
-ge	>=	大于或等于
-eq	==	等于
-ne	!=	不等于

图 6.7　Bash 算术运算符

if-else 语句在条件为真时执行一个代码块，如果条件为假，则执行另一个代码块：

```
#!/bin/bash
x=10
if [ $x -gt 5 ]
then
  echo "x is greater than 5"
else
  echo "x is not greater than 5"
fi
```

在这种情况下，如果 x 不大于 5，脚本将打印"x is not greater than 5"。

此外，这里还需要提醒您，在编写 if 语句时，间距对于避免出错非常重要。与 Python 相比，Bash 和 Shell 对间距的要求更为严格，如果不正确，将产生错误。

对于多个条件，可使用 if-elif-else：

```
#!/bin/bash
x=10
if [ $x -gt 10 ]
then
  echo "x is greater than 10"
elif [ $x -eq 10 ]
then
```

```
  echo "x is equal to 10"
else
  echo "x is less than 10"
fi
```

此脚本检查多个条件，并根据哪个条件为真执行不同的代码块。

循环结构，特别是 for 和 while 循环，对于多次执行任务至关重要。以下是一个 for 循环示例：

```
#!/bin/bash
for i in {1..5}
do
  echo "This is iteration $i"
done
```

此脚本在从 1 到 5 的每次迭代中打印"This is iteration x"。

以下是一个 while 循环示例：

```
#!/bin/bash
x=1
while [ $x -le 5 ]
do
  echo "This is iteration $x"
  x=$(( $x + 1 ))
done
```

该脚本执行与前一个 for 循环相同的任务，但它使用了一个 while 循环，直到 x 大于 5 才停止。x=$(($x + 1))在循环的每次迭代中给 x 加 1。

理解和在 Bash 脚本中使用这些控制语句可以自动化和简化数据科学工作流程，从而使你的操作更加高效和可重复。

面试练习

假设有一个 x 变量，你想编写一个脚本，如果 x 大于 0，则打印"x is positive"；如果 x 小于 0，则打印"x is negative"；如果 x 等于 0，则打印"x is zero"。如何使用条件语句构建这个脚本？

答案

可使用 if-elif-else 语句。以下是如何构建脚本的示例：

```
#!/bin/bash
x=10
if [ $x -gt 0 ]
then
  echo "x is positive"
elif [ $x -lt 0 ]
then
  echo "x is negative"
else
  echo "x is zero"
fi
```

该脚本首先检查 x 是否大于 0。如果这个条件为真，它将打印"x is positive"。如果为假，则接下来检查 x 是否小于 0。如果这个条件为真，它将打印"x is negative"。如果两个条件都为假（即，x 既不大于 0 也不小于 0），那一定意味着 x 等于 0，因此它打印"x is zero"。

6.6　创 建 函 数

Bash 中的函数是执行特定动作的可重用代码块。它们有助于构建脚本并避免重复代码，使脚本更易于维护和调试。在数据科学中，你可能会使用 Bash 函数执行诸如加载数据、处理文件或管理资源等经常性任务。

Bash 中的函数声明采用以下语法：

```
function_name() {
  # Code here
}
```

function_name 是函数的名称，并将用它来调用函数。花括号 {} 内的代码是函数的主体。以下是一个打印问候语的函数示例：

```
greet() {
  echo "Hello, $1"
}
```

greet 函数打印"Hello"，后面跟着传递给它的第一个参数。$1 部分是一个特殊变量，指的是第一个参数。

一旦定义了函数，就可以通过其名称来调用。例如，要调用 greet 函数，可以编写以下代码：

```
greet "Data Scientist"
```

这行代码将打印"Hello, Data Scientist"。

可以像使用命令一样向函数传递参数。在函数内部，可以使用$1、$2 等引用这些参数，其中$1 是第一个参数，$2 是第二个参数，以此类推。以下是一个接收两个参数并打印它们的函数：

```
print_arguments() {
  echo "First argument: $1"
  echo "Second argument: $2"
}
```

要使用 Data 和 Science 作为参数调用这个函数，可编写以下代码：

```
print_arguments "Data" "Science"
```

这将打印以下内容：

```
First argument: Data
Second argument: Science
```

在 Bash 中，函数返回最后一个执行的命令的退出状态。可以使用 return 语句明确指定返回状态，后跟一个整数：

```
is_even() {
  if [ $(($1 % 2)) -eq 0 ]
  then
    return 0
  else
    return 1
  fi
}
```

该函数检查第一个参数是否为偶数。如果是，函数返回 0（在类 Unix 系统中表示成功）；否则，它返回 1。

面试练习

想象正在编写一个 Bash 函数，该函数将文件名作为参数并打印该文件中的行数。试编写该函数。

答案

对应函数如下所示：

```
count_lines() {
  echo "The file $1 has $(wc -l < $1) lines"
}
```

在这个名为 count_lines 的函数中，$1 参数用来表示传递给函数的文件名。wc -l < $1 命令用来计算文件中的行数，整个 echo "The file $1 has $(wc -l < $1) lines"命令打印出带有文件名和行数的消息。

6.7　数据处理和管道

作为数据科学家，经常需要处理大型数据集。Bash 为数据处理和创建管道提供了强大的工具，管道是由标准流链接的进程序列。这允许一个命令的输出作为输入传递给下一个命令。Bash 中的几个命令对于数据处理非常有用。以下是一些例子。

（1）cat：连接并显示文件的内容。

（2）cut：从文件的行中移除部分内容。

（3）sort：对文本文件中的行进行排序。

（4）uniq：从已排序的文件中移除重复的行。

（5）head filename 和 tail filename：这些命令分别输出文件的前 10 行和后 10 行。你可以通过添加-n 来指定行数，如 head -n 20 filename。

以下是一个使用 cat、sort 和 uniq 显示文件中唯一行的示例：

```
cat filename | sort | uniq
```

cat 命令显示文件的内容。管道符号（|）获取 cat 命令的输出，然后将其发送给 sort 命令，后者对文本中的行进行排序。接下来再次使用管道符号（|）将 sort 命令的输出发送给 uniq 命令。最后，uniq 命令移除任何重复的行。

对于更复杂的文本处理任务，可能会使用如 awk 和 sed 这样的命令。现在，awk 是一个完整的文本处理语言，非常适合数据操作，而 sed（流编辑器）则是一个解析和转换文本的工具。

以下是使用 awk 打印文件第一列的示例：

```
awk '{print $1}' filename
```

在这个命令中，{print $1}是一个 awk 命令，打印每一行的第一字段（$1）。

同时，sed 是另一个有用的工具，用于在文本文件或输入流上执行查找和替换操作、替换、删除等。以下是使用 sed 将文本文件中的 example 单词替换为 sample 的示例：

```
sed 's/example/sample/' example.txt
```

具体解释如下所示。

（1）sed 是使用 sed 的命令。

（2）s/example/sample/是替换模式，其中 s/表示替换，example 是查找模式，sample 是替换内容。

（3）example.txt 是执行替换的输入文件。

管道是 Bash 中的一个强大功能，允许创建复杂的数据处理管道。它允许像乐高积木一样将多个函数组合在一起，形成一个复杂的管道。

以下是一个处理 CSV 文件、删除标题、按第 2 列（假定为数字）排序行，并将输出写入新文件的管道示例：

```
tail -n +2 data.csv | sort -t, -k2,2n > sorted_data.csv
```

这个管道的详细信息如下。

（1）"tail -n +2 data.csv"从第二行开始输出 data.csv 的内容（从而删除标题）。

（2）"sort -t, -k2,2n"按第 2 列作为数字排序。

- "-t,"指定逗号为字段分隔符。
- "-k2,2n"指定第 2 字段作为排序键。
- "n"表示应按数字排序。

（3）">"将输出重定向到 sorted_data.csv。

Bash 的数据处理命令和管道为操作和分析数据提供了强大的工具。学习如何使用这些功能可以使数据科学家的工作更加高效，特别是在处理大型数据集或复杂的数据转换时。

面试练习

假设有一个带有标题行的 CSV 文件。该文件包含多列数据，且包括一个 Year 列。你想根据 Year 列对数据进行排序，这一列是文件中的第 3 列。如何在 Bash 中完成这项任务？

答案

可以使用 tail、sort 和>命令的组合完成这项任务，如下所示：

```
tail -n +2 filename.csv | sort -t, -k3,3n > sorted_filename.csv
```

"tail -n +2 filename.csv"命令通过从第 2 行开始打印 filename.csv 中的所有行删除标题行。"sort -t, -k3,3n"命令按第 3 列（Year 列）排序输出，同时将条目视为数字。"-t,"选项告诉 sort 使用逗号作为字段分隔符，而"-k3,3n"告诉它根据第 3 字段进行数字排序。">"操作符将排序后的输出重定向到 sorted_filename.csv。

6.8　使用 cron

cron 是类 Unix 操作系统中的一个强大功能，允许用户调度任务（称为 cron 作业）在特定时间或特定日子自动运行。作为数据科学家，你可能会使用 cron 自动定期执行检索数据、清洗数据或运行脚本等任务。

crontab（cron 表）命令允许创建、编辑、管理和删除 cron 作业。以下是如何使用 crontab 命令查看当前的 cron 作业的示例：

```
crontab -l
```

-l 选项告诉 crontab 列出当前用户的 cron 作业。
要编辑 cron 作业，可使用-e 选项：

```
crontab -e
```

此命令在默认文本编辑器中打开当前用户的 crontab 文件。如果用户没有 crontab 文件，此命令将创建一个文件。
一个 cron 作业由 crontab 文件中的一行定义，该行由 6 个字段组成，如下所示：

```
* * * * * command to be executed
- - - - -
| | | | |
| | | | +----- day of the week (0 - 6) (Sunday=0)
| | | +------- month (1 - 12)
| | +--------- day of the month (1 - 31)
| +----------- hour (0 - 23)
+------------- min (0 - 59)
```

　　其中，每个字段可以是星号（表示任何值）、单个值、一系列值，或者由逗号分隔的值或范围的列表。

　　以下是一个每天下午 2:30 运行脚本的 cron 作业示例：

```
30 14 * * * /home/user/data_script.sh
```

　　此行指定位于/home/user/的 data_script.sh 脚本应该在每天的 14 时 30 分（下午 2:30）运行。

　　默认情况下，cron 作业的输出会发送邮件给 crontab 文件的所有者。然而，你可以将输出重定向到文件：

```
30 14 * * * /home/user/data_script.sh > /home/user/data_log.txt
```

　　在这个示例中，data_script.sh 的输出被重定向到 data_log.txt。

　　记住，虽然 cron 功能强大且灵活，但它也有一些限制，并不是每个作业都适合使用。然而，有一些工具，如 Airflow 和 Luigi，可以弥补它的不足之处。

面试练习

　　假设有一个名为 data_update.py 的 Python 脚本，该脚本每周更新数据。该脚本位于/home/data_scientist/目录下。如何调度一个 cron 作业，使其每周一凌晨 1:30 运行此脚本？

答案

　　要调度这项 cron 作业，需要使用 crontab -e 命令打开 crontab 文件，然后添加以下一行代码。

```
30 1 * * 1 /usr/bin/python3 /home/data_scientist/data_update.py
```

　　该 cron 作业计划在每周一（星期字段中的 1）的凌晨 1 点 30 分（1:30 AM）运行。要运行的命令是/usr/bin/python3 /home/data_scientist/data_update.py，它使用 Python 3 执行 data_update.py 脚本。注意，Python 的路径可能会根据特定的系统配置而有所不同。

6.9　本　章　小　结

　　本章涵盖了与基本 shell 和 Bash 脚本编写和命令行操作相关的广泛主题。

　　本章首先从命令行中导航文件结构和目录开始，解释了用于目录导航的基本命令的使用。然后继续进行文件和目录操作。在后续部分中，我们深入探讨了 Bash 脚本主题，讨论了控制语句和使用 Bash 函数创建可重用代码片段。本章强调了数据处理和管道，展示了如何将命令链接在一起以处理文本数据。此外还涵盖了用于调度任务的 cron 作业，并提供了其语法的概述。

　　熟练掌握 Bash 脚本和基本 shell 命令将使你能够使用数据科学中常用的各种其他 CLI 技术，如与云服务提供商（即 AWS、Azure、GCP）、Hadoop、Docker、Flask 或 Kubernetes 等的接口。

　　第 7 章将研究使用 Git 进行版本控制。

第 7 章　使用 Git 进行版本控制

本章旨在为读者准备与 Git 相关的面试问题，Git 是一个版本控制系统，对于协作项目和数据管理至关重要。

其间，读者将深入了解创建和管理仓库的基础知识以及常见的 Git 操作，如 config、status、push、pull、ignore、commit 和 diff。此外还将强调数据科学家使用 Git 的常见工作流程模式，以及分支在这一工作流程中的关键作用。

我们的目标是提供实用的知识，使你在技术面试中不仅可以展示数据科学才能，还可以展示使用基本协作工具的熟练程度。理解这些概念在当今的数据科学领域至关重要，因为高效的版本控制和协作对项目的成功至关重要，就像所采用的科学方法一样。

本章主要涉及下列主题。

（1）介绍仓库。

（2）创建仓库。

（3）详解数据科学家的 Git 工作流程。

（4）在数据科学中使用 Git 标签。

（5）理解常见操作。

7.1　介　绍　仓　库

仓库是位于集中式存储位置的版本控制系统，包含项目的所有文件、目录和版本历史。仓库允许多个开发人员协作处理一个项目，并跟踪对项目文件随时间所做的更改，这对于有多个数据科学家和开发人员参与的项目非常有用。它存储了文件的所有不同版本，以及作者、时间戳和每次更改的描述等元数据。

许多组织可能会使用多种版本控制选项。一些流行的选择包括 GitHub、BitBucket、GitLab、Azure DevOps 仓库和 AWS CodeCommit。

值得注意的是，版本控制有多个阶段。主要的 3 个阶段是仓库、工作目录和暂存区。我们已经解释了仓库是什么，但另外两个阶段是什么？

工作目录是在本地机器上克隆或初始化 Git 仓库的目录。它包含可以修改、创建或删除的所有项目文件，并作为开发过程的一部分。当在工作目录中对文件进行更改时，Git 会将它们识别为对项目的修改。

　　暂存区（又称索引）是工作目录和仓库之间的中间阶段，是准备跟踪项目文件的地方。因此，它充当了更改的保存区，通过对修改后的文件进行快照，你打算将这些更改纳入项目的下一个可用版本。不过，你不用直接从工作目录提交这些更改，而是明确选择将哪些更改添加到暂存区。这样，暂存区就能控制哪些变更会被包含（提交），从而有选择性地将相关变更归为一组，或将它们拆分为单独的提交。

　　使用仓库进行版本控制，就是将项目文件从 Git 工作流程的一个阶段移动到下一个阶段，如图 7.1 所示。

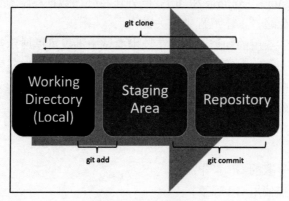

图 7.1　Git 工作流程

原文	译文
Working Directory(Local)	工作目录（本地）
Staging Area	暂存区
Repository	仓库

　　可以把这一概念想象成在视频游戏中保存进度。在玩游戏时，你正在浏览"工作目录"。但是，如果想保存进度，这就相当于把进度移动到"暂存区"。如果想与朋友分享进度，可以将保存的文件迁移到另一台游戏机上，这就相当于"仓库"。

7.2　创 建 仓 库

　　本节将介绍从现有的远程仓库创建 GitHub 仓库的基本步骤，以及在没有现有远程仓库的情况下创建本地仓库。然后将探讨如何将本地仓库和远程仓库关联起来。

7.2.1　克隆现有的远程仓库

作为项目团队的一部分工作，很可能已经创建了一个中央仓库。如果正在处理一个已经存在的项目，请使用克隆命令在本地制作仓库的副本。克隆允许在自己的计算机上拥有项目的本地副本，你可以在离线状态下工作，对其进行实验。如果愿意，还可以将更改贡献回项目。

以下是克隆仓库的步骤。

（1）获取远程仓库 URL 的副本。如果 GitHub 是您的远程仓库，则可以在项目的 Code 标签下的绿色 Code 按钮下找到它。

（2）打开本地机器上的终端。

（3）将当前工作目录更改为希望创建克隆目录的位置。

（4）输入 git clone，然后粘贴之前复制的 URL。如果 GitHub 是远程仓库，则对应命令可能如下所示：

```
git clone https://github.com/YOUR-USERNAME/YOUR-REPO-NAME.git
```

你正在将中央远程仓库 URL 作为输入传递给克隆命令。

之后，Git 将在当前目录中创建仓库的副本。

7.2.2　从头开始创建本地仓库

当从头开始一个新项目时，可以在本地项目文件夹中使用 init（意为"初始化"）初始化仓库。这将在机器上创建一个.git 文件。注意，默认情况下它在计算机文件系统中不可见（它将显示在终端中）：

```
git init <project-name>
```

此命令将在当前目录中创建一个新的仓库。因此，请先更改到想要创建仓库的目录。

一旦创建了仓库，它不会自动开始跟踪文件。你需要使用 add 命令告诉 Git 开始跟踪哪些文件。该命令将文件放置在暂存区。这里，可将暂存区视为工作目录和仓库之间的中间步骤。它在管理和组织更改（在它们被提交到仓库之前）中起着至关重要的作用。

以下是使用 add 命令的示例：

```
git add <file_name>
```

使用这种方法的命令仅将一个文件添加到暂存区。然而，您可以使用--all 选项同时将目录中的所有文件暂存：

```
git add --all
```

该示例将目录中的所有文件添加到暂存区。

✎ **注意**

如果出于任何原因需要撤销已暂存的添加，可以使用 git reset HEAD，后跟文件名。这允许从暂存区移除更改，而不会丢弃工作目录中的修改。

在将文件添加到暂存区后，可以使用 commit 命令将其移至仓库。执行此命令后，系统会提示为提交添加日志消息，这基本上是描述更改的注释。可以通过添加-m 标志，然后输入引号中的消息来实现这一点。

以下是向提交添加消息的示例：

```
git commit -m "This is a message."
```

你需要谨慎撰写信息，因为它将永远成为仓库的一部分。

综上所述，以下是创建一个新的本地仓库的相关步骤。

（1）导航到想要创建仓库的目录。

（2）在此目录内，使用 git init 命令初始化一个新的本地仓库。你将看到输出显示"Initialized empty Git repository in [your directory]"。

（3）如果想要复制现有的仓库，可使用 git clone。

（4）通过创建新文件或将现有文件移动到此目录向仓库添加文件。

（5）添加或修改文件后，使用 git add 命令暂存这些更改，该命令暂存目录和子目录中的所有更改。此外也可以使用 git reset HEAD <file-name>撤销暂存的文件。

（6）使用 git commit -m "Commit message"将这些更改提交到仓库，其中"Commit message"是描述所做更改的消息。

此时，你已经拥有了一个包含初始项目文件的本地仓库。

7.2.3　将本地仓库和远程仓库关联

在创建本地仓库后，可以将其与远程仓库关联，以轻松共享代码、与他人协作，并对工作进行在线备份。

以下是将本地仓库与 GitHub 关联的步骤。

（1）在 GitHub 上创建一个新的仓库（为了避免错误，不要在新仓库中初始化 README、.gitignore 或 License 文件，这些可以在您项目推送到 GitHub 后添加）。

（2）从 GitHub 页面获取远程仓库的 HTTPS URL（与克隆说明中描述的方式相同）。

（3）在终端中，将当前工作目录更改为本地项目。

（4）要添加本地仓库将被推送到的远程仓库的 URL，可运行以下命令，并将 https://github.com/YOUR-USERNAME/YOURREPO-NAME.git 替换为你的仓库的 URL：

```
git remote add origin https://github.com/YOUR-USERNAME/YOURREPO-NAME.git
```

（5）使用 git push 将本地仓库中的更改推送到 GitHub：

```
git push -u origin master
```

（6）现在，本地仓库已与 GitHub 仓库关联，所有本地更改都可以推送到 GitHub 仓库进行安全保存和共享。

（7）要查看任何项目的历史记录，可使用 git log 命令并结合标志以通过日志了解项目的详细信息。以下是一些示例：

- git log –3 myfile.py：显示 myfile.py 的最后 3 次提交。
- git log –since YYYY-MM-DD：显示自提供的日期以来的提交。
- git log –author=<name>：显示所提供作者的所有提交记录。

除此之外，还可以使用许多其他标志。要查找任何给定命令的其他标志，可使用 git <command> -help。

总之，无论是克隆现有仓库还是创建新仓库，你都在设置一个环境，在这个环境中，可以以受控和有效的方式为项目做出贡献。Git 和 GitHub 构成了许多现代数据科学工作流程的基础，理解这些步骤对于准备数据科学面试至关重要。

面试练习

在/home/project/code/目录中创建 git@github.com:py-why/dowhy.git 仓库的本地副本。

答案

```
cd /home/project/code/
git clone git@github.com:py-why/dowhy.git
```

首先使用 cd 命令切换到/home/project/code/目录。然后，在该目录中，使用克隆命令制作仓库的本地副本。

面试练习

你一直在本地进行一个新的数据分析项目，并希望通过 GitHub 与同事分享进度。尝试解释创建本地仓库并将其链接到 GitHub 上的远程仓库的过程。

答案

要创建本地仓库并将其链接到 GitHub 上的远程仓库，可按照以下步骤操作。

（1）在本地机器上为项目创建一个新目录，然后导航到该目录。

（2）使用 git init 命令在该目录内初始化一个新的本地仓库。

（3）通过创建新文件或将现有文件移动到此目录向仓库添加文件。

（4）使用 git add --all 命令暂存更改，该命令暂存目录和子目录中的所有更改。

（5）使用 git commit -m "Commit message"将这些更改提交到仓库。

（6）在 GitHub 上创建一个新的仓库。为了避免错误，不要在新仓库中初始化 README、.gitignore 或 License 文件。

（7）从 GitHub 页面复制远程仓库的 HTTPS URL。

（8）在终端中，将当前工作目录更改为本地项目。

（9）使用 git remote add origin https://github.com/YOUR-USERNAME/YOUR-REPONAME.git 命令添加远程仓库的 URL，将 URL 替换为你的仓库的 URL。

（10）使用 git push -u origin master 将本地仓库中的更改推送到 GitHub。

这一过程允许你在本地工作，并随后通过 GitHub 分享工作，以使其他人可以看到、克隆或贡献结果。

7.3　详解数据科学家的 Git 工作流程

理解 Git 工作流程是数据科学家的关键能力。如前所述，Git 允许跟踪更改、还原到以前的版本并与他人协作。本节将描述数据科学家的典型 Git 工作流程，并解释分支的概念，这是 Git 中的一个重要特性。

Git 中的分支基本上是一组具有唯一名称的代码更改。每个仓库有一个默认分支（通常称为 master 或 main），并且可以有多个其他分支。分支用于彼此隔离地开发功能。当想要创建一个新功能或在不干扰主要开发线的情况下进行实验时，你会创建一个新的分支。如果实验成功，可以将这些更改合并到主分支中。如果实验失败，则可以丢弃分支，它不会影响主分支或仓库。

以下是数据科学家的典型 Git 工作流程。

（1）为任务创建一个新分支：如果即将开始新功能或修复 bug，创建一个新分支是一个较好的实践方法。这使更改有组织地与主分支分开。创建新分支的命令是 git branch new-branch-name。要切换到这个分支，可使用 git checkout new-branch-name 命令。

（2）向新分支添加更改：一旦在新分支上，你可以对文件进行更改，并通过 git add filename.ext 或 git add --all 暂存它们。

（3）将更改提交到分支：在暂存更改之后，可以使用 git commit -m "Your commit message"将它们提交，并附带描述性消息。

（4）将更改推送到远程仓库：在提交更改后，可以使用 git push origin new-branch-name 将它们推送到远程仓库。

（5）提交 pull 请求：在 GitHub 上，可以打开一个 pull 请求，这允许其他人审查和讨论你的更改。如果与团队合作，这一步对于代码审查和协作调试至关重要。

（6）将分支合并到主分支：在更改被批准后，可以将它们合并到主分支。在 GitHub 上，这可以通过 pull 请求中的合并按钮完成。在本地，可首先使用 git checkout main 切换到主分支，然后使用 git merge new-branch-name 合并分支。

（7）从主分支拉取最新的更改：在你工作时，其他人可能已经对主分支进行了更改。为了确保本地主分支是最新的，可使用 git pull origin main。

（8）对新功能或 bug 修复重复此流程：在更改被合并到主分支后，可以从步骤（1）开始重复此流程，并进行下一项任务。

需要注意的是，这些步骤描述了一种可能的 Git 工作流程，称为特性分支工作流程。不同的团队和项目可能会使用不同的工作流程。在数据科学的背景下，你可能会使用分支尝试不同的模型或数据处理技术。例如，你可能会创建一个新的分支以尝试一个新的机器学习模型。如果该模型改善了结果，则可以将其合并回主分支。这里，假设你正在处理一个分类问题，并希望使用决策树算法探索结果。在示例的最后，我们删除了创建的分支的本地副本，因为它现在已经合并到主分支中：

```
git branch decision-tree
git checkout decision-tree
…(assumes that you're updating your code files and review results)
git add --all
git commit -m "Explored results using decision tree algorithm"
git push origin decision-tree
…(assumes that a submitted a pull request and it was approved)
…(assumes the branch was merged into main in GitHub)
git checkout main
git pull origin main
git branch -d decision-tree
```

在技术面试中，你可能会被要求描述如何在协作项目中使用 Git，或者描述使用 Git 管理数据科学项目不同版本的情况。理解分支的概念和基本的 Git 工作流程可以帮助你自信地回答这些问题。

面试练习

你正在为数据科学项目的一个新功能工作。描述将使用的 Git 命令系列，以创建一个新的分支，添加并提交更改，然后将这些更改推送到远程仓库。

答案

首先将使用 git branch new-branch-name 创建一个新的分支，然后使用 git checkout new-branch-name 切换至新分支。完成更改后，可使用 git add filename.ext 对特定文件进行暂存，或使用 git add --all 对所有更改进行暂存。暂存更改后，可使用 git commit -m "Your commit message"提交它们。最后，可使用 git push origin new-branch-name 将更改推送到远程仓库。

面试练习

解释在数据科学项目中使用不同分支的重要性以及它如何影响工作流程。

答案

在数据科学项目中使用不同的分支至关重要，因为它允许你进行实验，而不影响主要的开发线。例如，如果想要测试一个新的算法或数据集，则可以创建一个新的分支并在其中进行更改。如果这些更改改善了项目，那么可以将它们合并到主分支中。如果没有改善，则可以简单地丢弃该分支，而不影响主代码库。这确保了主分支只包含经过测试且正常工作的代码。此外，在协作环境中，分支为多个团队成员提供了同时在不同功能上工作而不发生冲突的方式。

7.4　在数据科学中使用 Git 标签

在 Git 中，标签是一种将仓库历史中的特定点标记为重要点的方法。通常，人们使用此功能标记发布点（v1.0、v2.0 等）。本节将介绍标签的概念以及它如何能够使数据科学家受益。

7.4.1　理解 Git 标签

Git 可识别两种类型的标签：轻量级标签和注释标签。轻量级标签类似于不会改变的分支。它只是一个指向特定提交的指针。而注释标签则作为完整对象存储在 Git 数据库中。一般建议使用注释标签，因为它有完整的跟踪，且比轻量级标签包含更多信息。

在 Git 中创建注释标签，可以使用 git tag -a 命令，后跟标签名称（通常是版本），然后是消息，例如：

```
git tag -a v1.0 -m "my version 1.0"
```

要查看仓库中的标签，可以使用 git tag 命令。

7.4.2　作为数据科学家使用标签

标签对于数据科学家在模型或实验的版本控制上特别有用。例如，如果你已经训练了一个机器学习模型并希望跟踪其版本，则可以使用标签标记产生模型的 commit。

此外还可以使用标签标记生成特定结果或图形的 commit。这在确保结果的可重复性方面非常有用，同时也是数据科学的关键方面。

另外，使用标签可以帮助数据科学家更有效地协作。团队成员可以使用标签共享他们正在开发的代码的特定版本，或者指示哪个版本产生了最佳结果。

在技术面试中，你可能会被问到关于管理代码版本或确保可重复性的策略。讨论使用 Git 标签的经验有助于证明你对数据科学良好实践的承诺。

记住，Git 标签并不能取代数据科学中正确的实验跟踪，实验跟踪还应记录参数、性能指标和每个实验的其他重要细节。不过，它可以成为管理代码库和与他人协作的有用工具。

7.5　理解常见操作

对于在数据科学领域工作的任何人来说，理解 Git 的基本命令是至关重要的。上一节深入探讨了如何设置 GitHub 仓库，无论是通过克隆现有仓库还是从头开始新建一个仓库。本节将探索常见的 Git 操作，这将帮助你更有效地管理仓库。

那么，让我们来看看一些操作。

（1）配置 Git（config）：Git 的配置设置通常可以在用户主目录中的.gitconfig 文件中找到。要修改这些设置，可使用 git config 命令。设置姓名和电子邮件地址，这些将附加到每次提交的内容上：

```
git config --global user.name "Your Name"
git config --global user.email "youremail@domain.com"
```

检查设置可使用下列命令：

```
git config --list
```

（2）检查状态（status）：git status 命令提供有关仓库当前状态的信息，包括未跟踪的文件、已暂存但尚未提交的更改，以及当前所在的分支：

```
git status
```

（3）推送更改（push）：git push 命令允许将本地仓库的提交推送到远程仓库。

```
git push origin master # Push changes to the master branch
```

如果想与他人共享标签，则需要使用 git push --tags 命令。

```
git push origin --tags
```

（4）拉取更改（pull）：git pull 命令用于从远程仓库获取并下载内容，并立即更新本地仓库以匹配该内容。

```
git pull origin master # Pull changes from the master branch
```

（5）检查差异（diff）：git diff 命令用于显示仓库中两点之间的差异。

```
git diff # Show differences not yet staged
git diff --staged # Show differences between staged changes and the last commit
```

（6）忽略不必要的文件（.gitignore）：在进行项目工作时，通常有些文件不希望 Git 跟踪，如日志文件或包含敏感信息的文件。这可以通过在仓库的根目录中使用.gitignore 文件进行管理。在此文件中定义的模式将适用于仓库中的所有文件。以下是.gitignore 文件的示例。

```
*.log
*.csv
```

```
secrets/*
```

在这个示例中，所有.log 和.csv 文件将被忽略，secrets/目录中的所有文件也将被忽略。

这些命令构成了与 Git 交互的核心，并且对于有效的版本控制至关重要。作为数据科学家，熟悉 Git 是必需的，因为它不仅允许你与其他团队成员协作，还可以让你跟踪更改，并在必要时允许还原到以前的版本。

在技术面试的背景下，对 Git 的良好理解表明你熟悉数据科学和软件开发中使用的基本版本控制工具，这可以给潜在雇主留下深刻印象。记住，学习 Git 不仅仅是记忆命令，还包括理解这些命令如何整合到工作流程中，以提高生产力和协作性。

面试练习

你正在从事一个数据科学项目，并对 Python 脚本进行了几处更改。然而，你意识到犯了一个错误，想查看自上次提交以来有哪些变化。对此，你会使用哪个 Git 命令，它的作用是什么？

答案

你将使用 git diff 命令。此命令显示在工作目录中所做的更改与最后一次提交之间的差异。它用于在暂存和提交更改之前审查所做的更改，这在想要确认更改或进行故障排除时非常有用。输出显示了已添加或删除的行。

以下代码显示了一个示例，其中 a/file.txt 和 b/file.txt 是同一文件的不同版本：

```
diff --git a/file.txt b/file.txt
index ce01362..5d34e82 100644
--- a/file.txt
+++ b/file.txt
@@ -1 +1 @@
-I love coding
+I love to learn
```

面试练习

在机器学习项目中，你累积了一些包含中间结果的大型.csv 文件。这些文件使 Git 状态变得混乱，而且你不想意外地提交它们。对此，如何告诉 Git 忽略这些文件？

答案

要告诉 Git 忽略特定文件，可以使用 .gitignore 文件。该文件位于仓库根目录中。在这种情况下，可在 .gitignore 文件中添加 *.csv，这告诉 Git 忽略仓库中的所有 .csv 文件。这对于排除不需要的文件（如临时文件、日志或包含敏感数据的文件）非常有用，以防止它们被 Git 跟踪。

你应该谨慎地忽略那些确实不需要出现在仓库中的文件，因为忽略了重要文件可能导致工作丢失或项目不同版本之间的不一致。

7.6　本　章　小　结

本章探讨了 Git 的核心基础知识，这是数据科学家希望有效管理和协作项目的基本工具。我们首先指导读者设置 GitHub 仓库。这包括从头开始创建新仓库和克隆现有的远程仓库。其间提供了一步步的指导，以及一种简单直接的方法建立和准备本地仓库。

随后，我们详细探讨了常见的 Git 操作，包括 config、status、push、pull、ignore、commit 和 diff 等基本命令，阐述了它们的功能，并用实际示例展示了它们的用法。此外还深入探讨了分支的概念，这是 Git 的一个关键特性，它允许隔离更改并有效管理不同的项目版本，并使用标签突出仓库中的特定点。最后，本章描述了数据科学家的典型 Git 工作流程，为在数据科学项目的背景下创建、修改和合并分支提供了路线图。

凭借这些知识，你现在已准备好有效地处理版本控制和协作任务，这是任何技术面试的重要技能。

第 8 章将研究用统计学分析数据。

第 3 篇　探索人工智能

本书的第 3 篇涵盖了各种数据挖掘技术，以及它们的工作原理、假设条件、评估标准和应用。我们从推断统计的基础开始，逐步介绍越来越高级的数据挖掘任务，包括最受欢迎的机器学习模型、神经网络和生成式人工智能。本篇以有关部署有效的 MLOps 策略的有用提示结束。

本篇包括以下章节。

（1）第 8 章，用概率和统计挖掘数据。

（2）第 9 章，理解特征工程和为建模准备数据。

（3）第 10 章，精通机器学习概念。

（4）第 11 章，用深度学习构建网络。

（5）第 12 章，用 MLOps 实现机器学习解决方案。

第 8 章 用概率和统计挖掘数据

本章将进入统计学的重要世界，它是应用数据科学的基础。理解这些概念对于从数据中得出有意义的结论、做出明智的决策和预测至关重要。这些知识不仅仅是智力练习，它为你提供了所需的基本工具，让你能够在数据集中发现隐藏的洞察，从而在高级数据科学面试中表现出色。

本章将引导读者了解经典统计学的基本内容，包括对总体和样本的分析、中心趋势和变异性的度量，以及引人入胜的概率和条件概率领域。此外还将探索概率分布、中心极限定理（CLT）、实验设计、假设检验和置信区间。本章以回归和相关性结束，为你提供了全面的工具，以理解数据内的关系并做出自信的预测。

本章主要涉及下列主题。

（1）用描述性统计描述数据。

（2）介绍总体和样本。

（3）理解中心极限定理（CLT）。

（4）用抽样分布塑造数据。

（5）假设检验。

（6）理解 I 型错误和 II 型错误。

8.1 用描述性统计描述数据

描述性统计是概括数据集特征的值。在开始一个项目之前，数据科学家使用描述性统计更好地理解他们正在处理的数据集。可以将项目视为探索信息宝库，而描述性统计则是寻找重要细节的指南。

在你的技术面试中，你需要了解并使用描述性统计。本节将探讨如何衡量数据集的中心趋势，然后探索变异性或者数据分布的离散程度和范围。

8.1.1 测量中心趋势

我们每天都接触到中心性度量。例如，如果生活在美国，你可能听说过美国加利福尼亚州的房价平均比俄亥俄州的要高。当然，这并不意味着加州的每间房子都比俄亥俄州的贵，但如果能从每个州收集很多房子，分别放在两个单独的篮子里并从中抽取，通常情况下，从加利福尼亚篮子里抽出的房子会比从俄亥俄篮子里抽出的贵。其原因在于，根据Redfin 的数据，加利福尼亚房屋的中位价平均为 798 600 美元[1]，而俄亥俄州的中位价平均为 249 400 美元[2]。

中心趋势度量提供了数据集典型值或中心值的快照，帮助我们理解数据倾向于聚集的位置。

当讨论测量中心性时，我们经常使用均值、中位数和众数等度量方法。

（1）均值代表数据的算术中心，计算方法是将数据集中的所有值相加，然后将总和除以观测次数。例如，[4, 6, 8, 10]的均值为(4 + 6 + 8 + 10) / 4 = 7。

（2）中位数是当观测值按升序或降序排列时数据集中的中间值（如果数据集具有奇数个观测值，则中位数就是中间的值本身；如果数据集具有偶数个观测值，则中位数是两个中间值的平均值）。例如，[4, 6, 8, 10]的中位数是 7。

（3）众数（mode）是数据集中出现频率最高的值。与均值和中位数不同，众数不依赖于数学计算。有时，一个数据集可能有多个众数（双峰、三峰等），或者如果所有值的出现频率相同，则可能没有众数。例如，如果给定值[4, 6, 8, 8, 10]，则众数是 8。

我们如何确定何时应该使用均值而不是中位数，反之亦然？考虑一个例子，我们试图估计人口的平均收入。假设我们持有特定人口的收入数据集，且收入分布高度倾斜，其中包含一些收入极高的个体。在这种情况下，使用均值作为中心趋势的度量可能无法准确代表人口中任何一个人典型的收入。这是因为高收入者是异常值。

在这些情况下，你将希望使用中位数，它提供了一种中心度量，不像均值那样受异常值的影响。例如，假设将我的邻居的年收入与杰夫·贝索斯的平均值结合起来。在这种情况下，最终的结果将与美国任何一个人的平均工资毫无相似之处——除非我将它与更多的人以及更小的工资平均值结合起来。即便如此，平均值也不能代表大多数人的工资。因此，中位数更有价值，因为它代表了按升序或降序排列时数据集的中间值。

回想第 4 章中的内容，可以通过直方图或箱形图快速将数值数据可视化，以查看数据是否高度倾斜或有显著的异常值，如图 8.1 所示。基于这种洞察，随后可以决定平均值或中位数哪个更能代表你的数据。

☑ 注意

如果收入分布遵循对称的钟形分布（正态分布），则均值和中位数可能非常接近。在这种情况下，使用均值或中位数作为中心趋势的度量将提供具有代表性的平均工资估计。

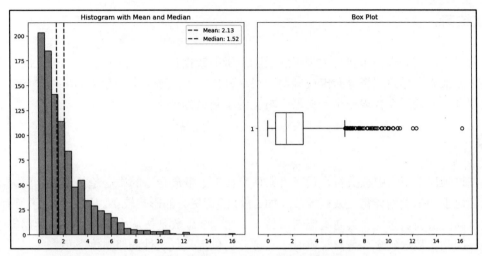

图 8.1　倾斜分布的直方图（左）和箱形图（右）

8.1.2　测量变异性

迄今为止，均值、中位数和众数还不足以解释数据集的形状。虽然中心度度量了数据的中心趋势（即数据的中心统计量），但变异性有助于理解数据点的分布或离散程度。

变异性是衡量数据集分布范围的指标。例如，一个国家的平均收入可能是 54 000 美元，但这个数字在人与人之间的变动有多大？这个平均数是低变异性的结果（也就是说，每个人的工资都接近 54 000 美元），还是高变异性的结果（也就是说，有一小部分人赚数十亿美元，但他们的工资被绝大多数收入低于 30 000 美元的人淹没）？

简而言之，变异性提供了数据点偏离中心趋势的洞察。其中，3 个常用的度量如下所示。

（1）范围：数据集的范围是通过从最大值中减去最小值得到的。例如，如果一个班级的学生在一次测验中得到的分数是{5, 12, 24, 9, 18}，那么这些值的范围是 19，或者 24-5=19。

（2）四分位距（IQR）：IQR 是数据集中中间 50%的范围。它通过从第 3 四分位数（第 75 个百分位）减去第 1 四分位数（第 25 个百分位）计算。IQR 对异常值的敏感性低于范围，通常用于总结倾斜的数据。

（3）标准差：标准差是数据相对于数据集均值的标准化距离（或偏差）。它有助于理解过程的变异性。标准差是比范围更稳健的变异性度量，因为它考虑了数据集中的每个值如何促成分布。它与原始数据具有相同的单位，这使得在上下文中更容易解释。此外，标准差通常由希腊字母 sigma（σ）表示，而标准差的平方（σ^2）是方差。

面试练习

假设你正在处理一个包含大型组织员工工资的数据集。首席执行官（CEO）的工资明显高于其他人，导致工资分布出现倾斜。在这种情况下，哪个中心趋势的度量（均值、中位数或众数）最适合代表一个"典型"员工的工资，为什么？

答案

在这种情况下，中位数将是代表"典型"员工工资最合适的中心趋势度量。原因是中位数相对于均值受到异常值或极端值（如 CEO 的工资）的影响较小。均值考虑了所有值，因此极高的值会显著地将其向上倾斜。另一方面，中位数是按从小到大排序的数据集中间的值，因此在数据包含显著异常值时，它可以提供更具代表性的"典型"值。

面试练习

假设正在检查两个班级的学生考试分数数据集，这两个班级由两位不同的老师教授相同的课程。A 班的考试分数标准差比 B 班小得多。你能从每个班级的分数分布中推断出什么，这可能对两种教学方法有何启示？

答案

A 班考试分数的标准差较小意味着 A 班的分数更接近平均分，因此更加一致，变异性较小。B 班的分数标准差较大，意味着分数从平均分开始分散得更开，表明变异性更大。

就教学方法而言，虽然不能仅凭这些数据就下定论，但这可能表明 A 班的教学方法使学生的理解更加一致，而 B 班的教学方法导致学生的理解范围更广。这也可能表明，与 B 班的老师相比，A 班的老师有一种教学风格，对更大比例的学生有效。然而，这些都只是假设，需要进一步的调查和更多信息来支持，因为许多其他因素可能会影响每个班级的分数分布。

8.2 介绍总体和样本

统计学是提取数据有意义洞察力的艺术，一切都始于对总体和样本的深入理解。本节将通过区分总体和样本探索统计分析的基础概念。

　　理解这些概念很重要，因为它们构成了将数据子集的观察结果推广到更大群体的基础。通过研究总体和样本的复杂性，你将获得必要的工具，以便从数据中做出合理的推断并得出可靠的结论。那么，让我们开始这个启迪之旅，揭开统计分析的基础。

8.2.1　定义总体和样本

　　在统计学领域，总体指的是我们感兴趣的所有个体、对象或事件的整个群体。例如，如果我们想要研究一个国家所有成年人的平均身高，总体将包括该国的每一个成年人，但不会包括其他国家的人或儿童。

　　然而，由于时间、成本或可访问性等因素，研究整个总体通常是不切实际或不可能的。这就是样本发挥作用的地方。样本是我们选择的代表更大群体的总体的一个子集，如图 8.2 所示。通过随机选择并分析样本，可以得出对整个总体有意义的结论。在数据科学中，我们几乎总是在处理代表更大总体的样本的数据集。

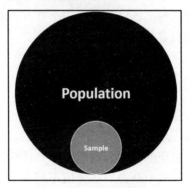

图 8.2　总体样本的示意图

原文	译文
Population	总体
Sample	样本

8.2.2　代表性样本

　　可靠的统计分析的关键在于样本的代表性。一个有代表性的样本准确反映了所抽取样本的总体的特征和多样性。实现代表性需要仔细考虑诸如抽样方法、样本大小和潜在偏差等因素。简单随机抽样是最直接的抽样方法之一，总体中的每个个体都有相等的被选中的机会。这种方法确保样本无偏差，因此，假定样本大小足够大，样本就能代表总体。

抽样偏差发生在没有获得代表性样本时。它是一个系统性偏差的样本，不能准确代表总体。例如，想象你正在高中竞选班长，你想进行一项民意调查以了解获胜的机会。民意调查的总体是你学校的高中学生，收集的样本来自所有四年级学生。然而，仅收集四年级学生的样本就创建了一个有偏差的、不代表整个高中的样本。也许你在四年级班级中有更多的朋友，因为你也是四年级学生。

如果在选举日，一年级、二年级和三年级学生绝大多数都投票反对你，你会非常失望的。

在数据科学中，意识到各种偏差的来源，如选择偏差、无回应偏差和测量偏差，对于尽量减少它们对统计分析和预测的影响至关重要。

现在，假设从学校 4 个年级中随机抽取了 100 名学生进行调查。在统计民意调查后，看起来有 80% 的人愿意在选举日为你投票——恭喜！但别急，假设第二天你进行了另一次民意调查，结果发现只有 75% 的样本承诺会为你投票。在不同的天里，你收集了更多的样本，结果都不相同。这是怎么回事？对此，你可能正在经历不同天的抽样偏差。例如，如果在第一天的民意调查后，你可怜的统计课成绩被公布了，那么你在第二天的民意调查数字可能会下降。或者，这可能只是抽样误差的一个案例。

8.2.3　减少抽样误差

抽样误差，也称为样本的标准误差，是在同一总体的不同样本之间发生的自然变异。即使在整个学生群体中支持你的学生的真实比例是一致的，每个样本也会由于随机机会而捕捉到略有不同比例。这是有道理的，因为我们很少抽样任何东西并且每次都得到相同的结果。抽样误差提醒我们，从样本中获得的估计值不是真实总体比例的精确复制品，不确定性和变异性始终在统计学中起作用。

为了减轻抽样误差的影响，可以增加样本大小和样本数量。标准误差计算为总体统计量的标准差除以样本大小的平方根。在数学上，它可以如下表示：

$$SE = \frac{\sigma}{\sqrt{n}}$$

这里，我们有以下概念：
- SE 代表标准误差。
- σ 是总体统计量的标准差。
- $\sqrt{n}$ 是样本大小的平方根。

随着样本大小的增加，标准误差会减小。同样，增加样本数量也会减少抽样误差。你收集的样本越多，通过考虑样本中估计值的范围和分布，就能更好地估计真实的总体参数。要计算将多个样本结果合并时的总体标准误差，你可以计算所有样本统计量的标准差，并将其除以样本总数的平方根。这考虑了样本估计之间的变异性。

理解抽样误差使我们能够量化估计中的不确定性，并做出可靠的推断。

面试练习

假设正在研究一个大城市中工作者的平均通勤时间。尝试解释如何定义总体和潜在样本，并说明在选择样本时需要考虑哪些因素以确保其代表性？

答案

在这种情况下，总体由居住在一个大城市的通勤工作者组成。样本可能是为研究选定的这些工作者的子集，可能依据某些标准进行选择，如可达性或愿意参与研究的程度。重要的是要确保样本是随机的，并代表整个总体，这意味着它应该反映城市不同地区的不同职业和年龄的通勤时间的多样性，以及其他可能影响通勤时间的因素。应仔细避免潜在的偏差，如选择更多居住在城市某些地区的人员，或更多来自某些职业的人员，以确保样本不会偏斜，能够准确地代表总体。

面试练习

描述抽样误差的概念及其对从样本中得出的估计的可靠性的影响。可以采用哪些方法减少抽样误差的影响？

答案

抽样误差是同一总体的不同样本之间自然发生的变异。它意味着从个别样本中获得的估计值不是真实总体参数的精确复制品，在统计学中总是存在某种程度的不确定性和变异性。这影响了估计的可靠性，因为高抽样误差可能导致估计值与实际总体参数显著偏离。

通过增加样本大小或样本数量可以减少抽样误差的影响。从数学上讲，标准误差是样本统计量的标准差除以样本大小的平方根。因此，随着样本大小的增加，标准误差会减小。同样，通过增加收集的样本数量，可以降低总体标准误差，因为它允许通过考虑样本中估计值的范围和分布更好地估计真实的总体参数。

8.3　理解中心极限定理

现在我们已经学习了抽样，下面介绍经典统计学中最重要的概念之一，中心极限定理（CLT）。

8.3.1　中心极限定理

测量数据的中心并不像仅仅计算平均值、中位数或众数那样简单。CLT 指出，无论原始总体分布的形状如何，当反复从该总体中抽取样本，且每个样本足够大时，样本均值的分布将近似于正态分布。随着每个样本大小的增加，这种近似变得更加准确。该定理在测量中心性方面发挥着关键作用，它允许我们使用这些度量进行可靠的估计。反过来，CLT 能够更准确地估计总体均值，使均值成为概括数据的强大工具。除此之外，它还间接影响中位数和众数的估计。随着样本大小的增加，个别观测值的分布变得不那么偏斜，从而提高了中位数和众数作为中心性度量的可靠性。

CLT 还允许接受正态性的假设，这使我们能够依赖样本均值的正态分布，即使总体分布不是正态的。许多统计技术和测试依赖于正态性的假设以确保推断的有效性。当总体遵循正态分布时，CLT 能够使用样本均值对总体参数进行准确的推断。这种假设允许我们使用参数检验。

☑ 注意

许多参数假设检验（如 t 检验和 z 检验）依赖于正态性的假设进行有效的推断。这些检验假定所抽取样本的总体遵循正态分布。中心极限定理在此发挥作用，它允许我们即使在总体分布不严格为正态分布的情况下，也能够将检验统计量的分布近似为正态分布。这种近似使我们能够进行这些检验，并得出可靠的结论。

8.3.2　证明正态性假设

前一节讨论了 CLT 以及它如何支持正态性假设。让我们通过一个简单的例子展示它们是如何共同起作用的。

让我们进行一个实验，其中将反复掷骰子，并使用一个公平的 6 面骰子，这意味着骰子没有被改动，掷出时落在其 6 个值中的任何一个的可能性是相等的。由于掷出骰子上的任何一个值的可能性是相等的，这被认为是一个均匀分布。当前实验将反复掷 5 次，随后取 5 个骰子掷出值的平均值。这被认为是一个样本。我们重复这个过程 10 次，并计算出 10

个平均值，如图 8.3 所示。

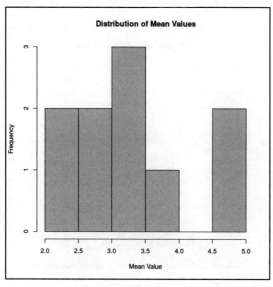

图 8.3　骰子掷出样本的分布（10 次）

现在，让我们执行相同的练习，但这次将实验重复 100 次（得到 100 个样本），而不是 10 次，如图 8.4 所示。

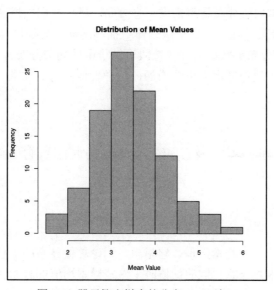

图 8.4　骰子掷出样本的分布（100 次）

最后，让我们再次重复这个实验，只是这次将使用 10 000 个样本，而不是 100 个，如图 8.5 所示。

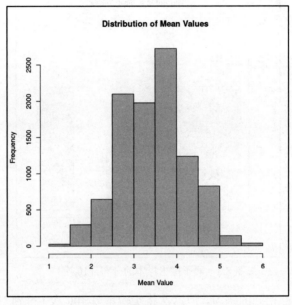

图 8.5　骰子掷出样本的分布（10 000 次）

注意，现在的样本均值分布看起来像正态分布，尽管我们知道理论上掷骰子符合均匀分布。这说明了中心极限定理——如果从总体中抽取足够大的随机样本（通常为 30 个或更多），无论这些项目的分布形状如何（就像骰子例子中的均匀分布），这些样本的平均值将倾向于近似正态分布。随着样本大小的增加，这种近似变得更加准确。

面试练习

尝试解释 CLT 阐述的内容以及它在统计分析中的重要性。它如何有助于测量数据集中的中心性？

答案

CLT 是统计学中的一个基本定理，它指出，无论总体分布的形状如何，当反复从该总体中抽取足够大的样本并计算它们的均值时，这些样本均值的分布将近似于正态分布。随着每个样本大小的增加，这种近似变得更加准确。CLT 至关重要，因为它允许基于样本数据对总体进行推断，特别是关于总体均值。

在中心性方面，CLT 主要关注均值。它断言随着样本大小的增加，样本均值趋向于形成正态分布，即使原始总体分布不是正态的。这一特性增强了样本均值作为中心趋势度量的可靠性和重要性，尤其是在对总体均值进行推断时。然而，CLT 并不直接影响其他中心性度量（如中位数和众数，这些度量依赖于数据分布的不同方面）的可靠性。

面试练习

描述正态性假设与 CLT 的联系以及它如何影响各种统计检验的应用。

答案

统计分析中的正态性假设与 CLT 密切相关。根据 CLT，即使总体分布不是正态的，随着每个样本中的数据点数量增加，样本均值的分布将近似于正态分布。样本均值趋向于正态分布的这种趋势对于许多统计检验（如 t 检验和 z 检验）的有效性至关重要，它们被归类为参数检验。

参数检验通常依赖于总体呈正态分布的假设，特别是在处理小样本尺寸时。然而，随着样本大小的增加（即样本包含更多的数据点），CLT 变得越来越重要。在这些情况下，即使总体分布不是正态的，CLT 确保样本均值的分布接近正态性。在较大样本中正态性的这种近似对于参数检验的适用性至关重要，使得检验统计量的分布被视为正态分布。因此，这允许基于样本数据对总体参数得出可靠的结论。

8.4　用抽样分布塑造数据

如果你曾学习过初级统计课程，理论分布（如本节将讨论的内容）是描述给定数值变量的中心趋势和变异性的一种方式。根据具体情况，通常使用一种分布比使用另一种分布更合适。尽管这是概率分布的准确总结，但重要的是要理解为什么使用它们，以及在数据科学背景下（而不是通常传统初级统计课程所教授的社会科学背景下）应该如何思考它们。

8.4.1　概率分布

概率分布在统计学和概率论中是基本概念，它们描述了随机实验或过程中各种结果的可能性。在数据科学的世界里，这些分布在建模和理解不确定性方面发挥着关键作用。通过研究不同概率分布的属性和特征，我们可以洞察现实世界现象，进行预测，并进行统计推断。本节将探讨统计学和数据分析中常用的主要概率分布。其中每种分布都将被介绍，随后详细解释其特征、公式以及适用的示例场景。

要从数据科学家的角度开始理解概率分布，我希望你将它们视为"数据的形状"。作为一名数据科学家，你将利用各种内容和大小的无数数据集。数据集中的离散和连续数值变量可以使用概率分布来表示。离散变量是指其取值是实数且不存在小数值的变量（例如，物品、比例、比率或分数的数量）。连续变量是可以持有负无穷大到正无穷大之间的任何值的数值。给定变量的分布，你可以对其做出一些有用的假设，如如何计算与数据集相关的概率，以及在确认其假设的情况下可以应用哪些模型到数据集。

8.4.2　均匀分布

均匀分布代表在给定范围内每个值的可能性都相等的结果。前一节简要讨论了这种分布，当时正在进行掷骰子的实验。在这种情况下，骰子落在 1～6 之间任何一个数字的概率是相等的，或者是六分之一（1/6）的概率。均匀分布的另一个例子是从一副牌中随机抽取一张牌。当从一副 52 张牌的牌组中随机抽取一张牌时，任何一张牌的概率是五十二分之一（1/52）。

在数据科学的背景下，均匀分布在模拟法和自助法中经常使用。它也是在算法和模型中生成随机数的基础构建块。这种分布通常非常容易理解和解释。然而，对于复杂的现实世界现象来说，它可能过于简化。虽然均匀分布适用于等概率情况，但可能无法捕捉到结构更复杂的数据集的细微差别。

8.4.3　正态分布和学生 t 分布

正态分布，也称为高斯分布或 Z 分布，可能是最广泛使用和最重要的概率分布。它的特点是钟形曲线，并且完全由其均值（μ）和标准差（σ）决定。Z 分数是一个标准化值，用于衡量给定数据点距离均值的标准差数。它允许将正态分布中的任何值转换为标准正态分布上的对应值，使其成为概率计算的有用工具。以下是 Z 分数的公式：

$$Z_{score} = \frac{(x - \mu)}{\sigma}$$

该公式的解释如下所示。

● 　x 是数据值。

- μ 是正态分布的均值。
- σ 是标准差。

让我们考虑一个成年男性身高的例子。在给定的人群中，成年男性的身高通常遵循正态分布。假设平均身高为 175 cm，标准差为 6 cm。使用正态分布，可以计算出身高在 170 cm～180 cm 的男性的概率。

t 分布是正态分布的"表亲"。最大的区别是它通常更短，并且尾部更宽。当样本大小较小时，t 分布被用来代替正态分布。在 t 分布中，数据值更有可能远离均值。需要注意的一点是，随着样本大小的增加，t 分布会趋近于正态分布。

8.4.4　二项分布

二项分布模拟了在固定数量的独立伯努利试验中成功的次数。伯努利试验是一种随机实验，并包含两种可能的结果。简而言之，二项分布描述了重复实验的结果，其中只有两种可能的结果，通常被称为"成功"和"失败"。

科学家可能会使用二项分布计算抛一枚硬币 10 次，且恰好得到 4 次正面和 6 次反面的概率。在这个场景中，我们重复了抛硬币的实验 10 次，在每次抛掷中，得到正面或反面的概率在每次实验中都是相同的。

作为数据科学家，重要的是要记住，在使用二项分布时，每次成功的概率也必须对每次试验都相同。此外，每次试验只能有两种可能的结果（因此称为"二项"）。最后，如果试验不是独立的，就不能使用二项分布。例如，如果一个人反复从一副牌中抽取一张牌，但每次抽取后不将牌放回牌堆，那么不能使用二项分布模拟他在 10 次尝试中选择 3 张黑桃的概率。因为每次抽牌时选择黑桃牌的机会都会因为牌没有放回而改变。

以下是数据科学家可能使用二项分布的一些例子。

（1）模拟二元结果：在处理有确切两种可能结果的实验或过程时（例如，通过/失败、开/关、是/否），二项分布可以是一个完美的模型。

（2）质量控制和制造业：在产品质量至关重要的行业中，数据科学家可以使用二项分布模拟一批产品中的缺陷数量。这有助于流程优化和质量保证。

（3）营销活动分析：数据科学家可以应用二项分布，通过分析目标客户中的转化次数（成功）与非转化次数（失败）来评估营销活动的成功。

（4）医疗研究：在医学试验中，二项分布可以用来模拟对治疗反应良好的患者数量与没有反应的患者数量。

（5）体育分析：在体育比赛中，可以使用二项分布建模分析一系列比赛中的获胜和失败次数。

（6）选举预测：基于抽样的选民意图预测选举结果，其中选民可以在两位候选人之间选择，也可以使用二项分布来表示。

8.4.5　泊松分布

泊松分布是一定时间间隔内发生一定数量（离散）独立事件的概率，通常用于排队理论，回答诸如"在宣布音乐会后的第一个小时内，有多少顾客可能会购买门票？"这样的问题。这些事件必须以已知的恒定平均速率（λ）发生，并且与上一次事件的时间无关。

在使用这种分布时，数据科学家必须记住以下内容。

（1）每个事件必须独立于其他事件。

（2）这些必须是离散事件，意味着事件是逐一发生的。

（3）假设在时间间隔内平均发生率 λ 是恒定的。在前面给出的购票例子中，假设在第一个小时的购票速率将保持不变，并不会在其间的最后 10 分钟内突然增加。数据科学家在考虑使用泊松分布时应验证这些模型假设。

如果感兴趣的变量是离散且独立的，并且如果它回答了在规律的时间间隔内发生多少事件这一问题，那么你就知道数据符合泊松分布。以下是一些应该考虑使用泊松分布的场景。

（1）呼叫中心建模：数据科学家可以根据历史数据（假设恒定的平均速率）模拟呼叫中心在一小时内接到的电话数量。

（2）网站流量分析：分析特定时间间隔内网页的点击量或访问量可以使用泊松分布建模。

（3）自然事件：研究某地区一年内地震的次数，或一定大小的陨石在一个世纪内撞击地球的次数，这些都是泊松过程的例子。

（4）服务系统：在固定时间内到银行或加油站的客户数量可以使用泊松分布建模。

（5）医疗保健：在医学领域，泊松分布可以被用来模拟特定事件的发生次数，如医院一天内的出生人数。

（6）质量控制：在制造业中，泊松分布可以描述在特定样本中发现的缺陷数量。

8.4.6　指数分布

与泊松分布类似，指数分布是一种连续分布，简单地模拟两个事件之间的时间间隔。你也可以将其视为泊松事件之间的时间概率。指数分布模拟泊松过程中连续事件之间的时间，其中事件以恒定的平均速率（λ）发生。它通常用来模拟等待时间和某些过程的寿命。

例如，对网站的连续访问之间的时间遵循平均每分钟 0.1 次访问的指数分布。我们可以计算在接下来的 10 分钟内访问者到达的概率。

这种分布假设事件以恒定的速率发生，并且每个事件彼此独立。数据科学家在使用这种分布对过程进行建模之前，需要检查这些假设是否合理。

以下是数据科学家可能使用指数分布的其他例子。

（1）寿命建模：指数分布可用于模拟产品、机械和电子元件的寿命，代表直到第一次故障的时间。

（2）服务系统：指数分布可以描述系统（如银行或呼叫中心）中连续客户到达之间的时间。

（3）自然现象：某些类型自然事件（如地震或流星雨）发生的间隔时间可以用指数分布建模。

（4）医学研究：指数分布可以用来模拟事件连续发生之间的时间，如心跳间隔或特定疾病发作的时间。

8.4.7 几何分布

几何分布模拟在观察到第一次成功之前需要进行的独立伯努利试验的次数。例如，在篮球比赛中，如果一个球员有 70% 的机会投中罚球（$p=0.7$），我们可以使用几何分布计算球员在第二次尝试时首次投中罚球的概率。与二项分布类似，假设每次试验有两种可能的结果（成功或失败），彼此独立，并且每次试验的成功概率相同。记住，二项分布旨在模拟在固定次数的试验中成功的次数，而几何分布模拟实现第一次成功试验所需的试验次数。

以下是数据科学家可能使用几何分布的一些例子。

（1）可靠性分析：几何分布可以模拟产品使用次数，直到首次故障。这可能应用于工业环境，以了解产品寿命。

（2）营销活动：在营销中，这种分布可能用于模拟与新客户进行第一次销售所需的联系次数。

（3）医学试验：在医疗保健中，几何分布可能代表在一系列独立治疗中实现第一次成功治疗所需的试验次数。

（4）生态学：在环境研究中，几何分布可能描述发现第一个濒危物种所需的采样物种数量。

（5）制造业的质量控制：几何分布可以模拟直到发现第一个有缺陷的项目的检查项目次数。

8.4.8　威布尔分布

威布尔分布是一种多功能的分布，用于可靠性工程和生存分析中。它可以模拟各种形状，包括指数分布（特殊情况）和浴缸曲线。在不过多地深入数学的情况下，威布尔分布之所以有用，是因为其灵活性，这种灵活性是由两个参数提供的：尺度（λ）和形状（k）。更具体地说，威布尔分布通常用于模拟技术设备故障前的时间，但它还有其他应用。

以下是数据科学家可能使用威布尔分布的一些例子。

（1）生存分析：在医学研究中，它经常用来模拟直到特定事件发生的时间，例如，在患有特定疾病的患者群体中，直到死亡的时间。

（2）天气预测：它可以用来模拟风速，以帮助设计风力涡轮机或预测风暴损害。

（3）经济和金融：一些不遵循正态分布的经济和金融现象可能使用威布尔分布来建模。

（4）制造业的质量控制：它可以模拟制造过程的各个方面，如产品首次故障前的时间。

图 8.6 显示了威布尔分布的 3 种不同形式。

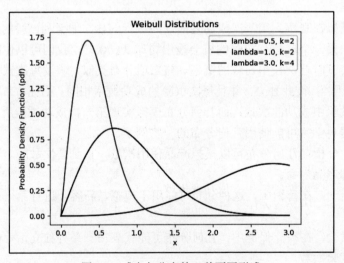

图 8.6　威布尔分布的 3 种不同形式

面试练习

什么是概率分布，以及它们在数据科学背景下如何使用？

答案

概率分布在统计学和概率论中是基本概念，它们描述了随机实验或过程中各种结果的可能性。在数据科学背景下，这些分布在建模和理解不确定性方面发挥着关键作用。通过研究不同概率分布的属性和特征，数据科学家能够洞察现实世界现象，进行预测，并进行统计推断。给定数据集中变量的某种分布，可以做出有用的假设，如如何计算与数据集相关的概率，以及在确认分布假设的情况下可以应用哪些模型。

面试练习

尝试描述在统计学和数据科学中使用的某些主要概率分布，如均匀分布、正态分布、t 分布、二项分布、泊松分布、指数分布、几何分布和威布尔分布。

答案

以下是不同分布的定义。

（1）均匀分布：这代表在给定范围内每个值的可能性都是相等的。它较为简单但对描述均匀随机事件至关重要。

（2）正态分布：也称为高斯分布或 Z 分布，可能是最广泛使用的分布。它以钟形曲线为特征，由其均值和标准差决定。与之相关的一个概念是 z 分数，它衡量给定数据点距离均值的标准差数。

（3）t 分布：它与正态分布类似，但尾部更短、更宽。它用于样本大小较小时。随着样本大小的增加，t 分布趋于正态分布。

（4）二项分布：它模拟了固定数量的独立伯努利试验中成功的次数。伯努利试验是一种随机实验，有两种可能的结果：成功或失败。

（5）泊松分布：它代表在固定时间间隔内发生一定数量的独立事件的概率。它通常用于排队理论和相关应用。

（6）指数分布：这种分布在泊松过程中对连续事件之间的时间进行建模，其中事件以恒定的平均速率发生。它通常用来模拟等待时间和某些过程的寿命。

（7）几何分布：这模拟了在观察到第一次成功之前需要的独立伯努利试验的次数。它可以回答诸如"直到第一次成功需要多少次试验？"之类的问题。

（8）威布尔分布：这是一种多功能的分布，并用于可靠性工程和生存分析中。它可以模拟各种形状，包括指数分布，并且经常用来模拟技术设备失败前的时间，以及其他应用。

它的灵活性由两个参数提供：尺度和形状。

8.5 假设检验

本节将回顾假设检验，这是一种基于样本数据对总体参数进行推断的统计方法。它涉及制定两个相互竞争的假设——零假设（H_0）和备择假设（H_a），然后使用样本数据确定哪个假设更有可能是真实的。

零假设（我喜欢称之为"一切如常"）是任何给定场景的默认假设或现状。它也经常被认为是"最不有趣"的场景。例如，如果想测试更换运动鞋是否会让我成为更好的跑步者，运动鞋不影响我的跑步能力就是零假设，因为在变量之间没有显著差异、影响或关系。通常，研究人员对拒绝零假设感兴趣。

备择假设与零假设相反（互斥），它代表被测试的主张（即假设）。它表明在样本内容给定的情况下，总体中存在显著差异、影响或关系。

虽然根据给定实验参数识别临界值的计算超出了本书的范围，但我们将概述每个统计检验的基本原理，以及可能使用它们的情况。许多程序（包括 Python、R 和其他统计程序）可以运行这些测试。假设检验程序包括以下步骤。

（1）制定零假设和备择假设。

（2）随机抽样总体，并计算样本的适当检验统计量（例如，t 统计量、z 分数或卡方统计量）。

（3）确定在假设零假设为真的条件下检验统计量的适当概率分布。

（4）找到 p 值，即在假设零假设为真的情况下观察到与所获得的检验统计量一样极端的概率（p 值衡量反对零假设的证据强度）。

（5）将 p 值与预先确定的显著性水平（α）进行比较以做出决定。在数据科学行业中，通常使用 5%的显著性水平。因此，如果 p 值低于 5%，我们拒绝零假设。如果它高于 5%的阈值，则未能拒绝零假设。

☑ **注意**

我们将主要关注最常见的参数假设检验形式，因为非参数检验超出了本章的范围。

8.5.1 理解单样本 t 检验

单样本 t 检验是一种统计程序，它将样本的均值与一个预定值进行比较，以确定观察到的差异是否具有统计学意义，或者它是否可能仅由偶然性引起。

例如，假设想要验证美国西北太平洋地区雄性海獭的平均体重是否保持健康（假设为 75 磅）。由于测量整个种群是不切实际的，因此我们收集了 50 只雄性海獭的样本。随后计算样本均值和标准差。这些值被用来计算 t 统计量，它将帮助我们确定总体均值是否在统计学上显著不同于 75 磅。

8.5.2　理解双样本 t 检验

双样本 t 检验（即假设两个样本具有相等方差的双样本检验）确定两个不相关组的均值之间是否存在统计学上显著的差异。例如，考虑比较已婚受访者（总体 1）和单身受访者（总体 2）每周平均花费在电子邮件上的小时数。"每周电子邮件小时数"是测试变量。独立样本 t 检验检查已婚受访者花费在电子邮件上的小时数均值与单身受访者花费在电子邮件上的小时数均值之间的差异是否显著不同。为此，我们从每个总体中抽取样本并比较它们的分布。它们有显著差异吗？有疑问时，最好使用独立样本 t 检验。这适用于"被试间（between-subjects）"设计，即两组受试者在关键操作中预期会有所不同。

现在，假设想调查两个学习组（A 组和 B 组）在考试成绩上是否存在显著差异。每个组由不同的学生组成，两个组使用不同的教学方法进行教学。

（1）A 组考试成绩：[78, 86, 88, 92, 75, 82, 80, 85, 89, 94]。

（2）B 组考试成绩：[72, 79, 84, 90, 81, 76, 88, 80, 83, 91, 85, 87]。

我们想确定平均考试成绩是否存在统计学上的显著差异。假设陈述如下。

（1）零假设：A 组和 B 组的平均考试成绩之间没有显著差异（$\mu A - \mu B = 0$）。

（2）备择假设：A 组和 B 组的平均考试成绩之间存在显著差异（$\mu A - \mu B \neq 0$）。

8.5.3　理解配对样本 t 检验

作为一名数据科学家，统计检验将成为工作的基石，经常用于验证假设并从收集或分析的数据中得出结论。配对样本 t 检验可能是经常遇到的一种统计技术，特别是当处理相关样本时，也称为依赖样本 t 检验。

配对样本 t 检验是一种统计程序，用于确定两组观测值之间的平均差异是否为零。这两组观测值通常是相互依赖的。例如，在两个不同的时间点或在两种不同条件下测量的同一组个体。

当有两个定量测量并且这些测量是配对的或以某种方式相关的，就适用配对样本 t 检验。"配对"指的是一个数据集中的每个数据点与另一个数据集中的数据点是唯一关联的。

换而言之，两组值之间存在一对一的对应关系。这些场景通常可以在以下领域看到。

（1）前后观察：这里，相同的个体、项目或事件在治疗或干预前后被测量。例如，在教育计划前后测量学生的考试成绩。

（2）匹配对：观测对来自两个不同的群体，但每一对都是匹配的或以某种方式相关的，如双胞胎、配对地理位置或匹配单位。

一旦确定拥有配对数据，就可以使用配对样本 t 检验比较两组样本的平均值。该检验假设零假设表示为配对样本之间的真实平均差异为零，备择假设则不是。根据检验结果，将拒绝或未能拒绝零假设。记住，配对 t 检验假设对之间的差异大致遵循正态分布。

8.5.4　理解方差分析和多元方差分析

方差分析（ANOVA）和多元方差分析（MANOVA）是数据科学家经常用来分析组均值及其相关程序之间差异的强大统计检验。它们提供了将双样本 t 检验扩展到涉及两组以上或多个变量的场景。

1. 方差分析

方差分析比较 3 个或更多独立组的均值，以检验它们是否彼此显著不同。"一切如常"的零假设（H_0）假设所有组的均值都相等。备择假设（H_a）则认为至少有一个组的均值是不同的。我们可以象征性地表示为：

- H_0：$\mu 1 = \mu 2 = \mu 3 = ... = \mu n$（其中 μi 代表每组的均值）。
- H_a：至少有一个 μi 是不同的。

当满足以下条件时，方差分析最为合适：

- 因变量：因变量是连续的（区间/比率）。
- 自变量：自变量是分类的，至少有 3 个水平（不同的组或类别）。
- 假设：数据应满足独立性、正态性和方差齐性的假设。

2. 多元方差分析

多元方差分析是方差分析的扩展，当有两个或更多因变量时使用。零假设（H_0）声称不同组的多个总体均值向量是相等的。备择假设（H_a）则断言它们是不同的。

当满足以下条件时，多元方差分析最为合适：

- 因变量：有两个或更多连续的因变量。
- 自变量：自变量是分类的，至少有 3 个水平。
- 假设：数据应满足多元正态性和协方差矩阵齐性的假设。

8.5.5　卡方检验

卡方检验是一种非参数统计方法，在数据科学中经常使用，特别是处理分类数据时。它有助于评估样本中两个分类变量之间的关系。

相应地，有两种类型的卡方检验：

- 卡方独立性检验：评估两个分类变量之间是否存在显著的关联。
- 卡方拟合优度检验：确定分类变量的观察频次是否与预期的一组频次相匹配。

让我们更深入地了解这些检验。

1.　卡方独立性检验

卡方独立性检验检查零假设（H_0），以查看这两个分类变量是否独立，即它们之间没有关联或关系。备择假设（H_a）则断言这两个变量之间存在关联或关系。

我们可以象征性地表示为：

- H_0：变量是独立的。
- H_a：变量不独立。

卡方独立性检验在以下条件下适用：

- 变量：两个变量都是分类的（名义上的）。
- 观测：观测是独立的，意味着每个参与者只对卡方表中的一个单元格有贡献。
- 假设：假设样本大小足够大。通常，所有预期频次应至少为 5。

2.　卡方拟合优度检验

卡方拟合优度检验评估零假设（H_0），以查看分类变量的观察频次分布是否与预期频次分布相匹配。备择假设（H_a）则表明观察到的分布不符合预期分布。

我们可以象征性地表示为：

- H_0：观察频次 ＝ 预期频次。
- H_a：观察频次 ≠ 预期频次。

此检验在满足以下条件时适用：

- 变量：正在考虑的变量是分类的。
- 观测：观测是独立的。
- 假设：所有预期频次至少为 5。

8.5.6　A/B 测试

在数据科学领域，特别是在市场营销、产品开发和用户体验设计等领域，A/B 测试（也称为拆分测试或桶测试）是对比单一变量的两个版本以确定哪个表现更好的基本方法。

A/B 测试随机将受试者分配到两个组之一：对照组（A，接受"一切如常"的版本）和实验组（B，获得修改后的版本），然后比较两组的表现，以查看修改是否导致了任何统计学上显著的改进。

A/B 测试中的假设与两个版本之间是否存在差异有关：

- 零假设（H_0）：零假设假定版本 A 和版本 B 的结果没有差异。
- 备择假设（H_a）：备择假设断言版本 A 和版本 B 的结果存在差异。

例如，如果 pA 和 pB 分别代表网站 A 版本和 B 版本的客户购买概率，那么零假设和备择假设如下所示：

- H_0：pA ＝ pB。
- H_a：pA ≠ pB。

1. A/B 测试的适用性

A/B 测试最适用于测试两个版本之间的单一修改。一些常见的情况如下所示：

- 控制实验：可以控制并随机将受试者分配到 A 组或 B 组。
- 单变量测试：正在测试单一变化（例如，不同的标题、页面布局和配色方案）。
- 明确的指标：有明确的指标来衡量成功（例如，点击率、在页面上花费的时间、购买等）。

2. 实施 A/B 测试

进行 A/B 测试的过程如下。

（1）确定变量：确定想要测试的元素（例如，按钮的颜色、销售的电子邮件的长度等）。

（2）制定假设：建立零假设和备择假设。

（3）分割样本：随机将受试者分配到两个组，A（对照组）和 B（实验组）。

（4）收集和分析数据：记录每组的性能指标，然后比较结果，考察是否存在统计学上的显著差异。

（5）统计检验：执行统计检验（如双样本 t 检验）以检查差异的显著性。

（6）做出决策：如果统计检验中的 p 值小于设定的显著性水平（通常为 0.05），则拒绝零假设，且结论是修改产生了显著差异。

面试练习

假设你在一家科技公司担任数据科学家，该公司正在为其应用程序开发一个新功能。

公司想要确定这个功能是否会增加用户参与时间。描述如何使用假设检验回答这个问题，以及可能会使用哪些具体检验。

答案

假设检验是回答此类问题的好方法。首先定义零假设表示为新功能不影响用户参与时间，这意味着无论是否有新功能，平均参与时间都保持不变。然后，备择假设将表明新功能确实改变了用户参与时间。

为了检验这些假设，建议执行 A/B 测试，将用户随机分配到两个组：对照组（A，使用没有新功能的应用程序）和实验组（B，使用有新功能的应用程序），然后收集并比较两组的参与时间。

具体来说，可以使用双样本 t 检验确定两组用户参与时间的平均值是否存在显著差异。如果检验的 p 值小于预设的显著性水平（通常为 0.05），我们将拒绝零假设，支持备择假设，表明新功能对用户参与时间有统计学上的显著影响。

面试练习

假设正在进行一项调查，以了解客户是更喜欢产品 A 还是产品 B，并假设两者之间存在偏好差异。解释将使用哪种统计检验分析收集到的数据，并说明这一场景的零假设和备择假设。

答案

在这种情况下，适当的检验是卡方独立性检验。此检验用于确定两个分类变量之间是否存在显著关联。这里，两个变量是产品（A 或 B）和偏好（是或否）。

此检验的零假设是产品和偏好之间没有关联，这意味着产品不会影响偏好。备择假设是产品和偏好之间存在关联，这意味着偏好取决于产品。

我们将收集客户对两种产品的偏好的数据，并执行卡方独立性检验。如果得出的 p 值小于选择的显著性水平（通常为 0.05），则拒绝零假设，并得出结论认为产品和偏好之间存在显著关联，这支持了我们最初的假设，即对产品的偏好存在差异。

8.6　理解 I 型错误和 II 型错误

在假设检验中，总是存在犯错的机会：

- Ⅰ型错误发生在零假设为真时却拒绝了它（也称为假阳性）。
- Ⅱ型错误发生在零假设为假时没有拒绝它（也称为假阴性）。

图 8.7 显示了Ⅰ型错误和Ⅱ型错误。

	Null Hyp. True	Null Hyp. False
Reject Null Hyp.	Type I Error	Correct Rejection
Fail to Reject Null Hyp.	Correct Decision	Type II Error

图 8.7　Ⅰ型错误和Ⅱ型错误

原文	译文
Null Hyp.True	零假设 True
Null Hyp.False	零假设 False
Reject Null Hyp.	拒绝零假设
Type I Error	Ⅰ型错误
Correct Rejecton	正确拒绝
Fail to Reject Null Hyp.	未能拒绝零假设
Correct Decision	正确决策
Type II Error	Ⅱ型错误

理解Ⅰ型错误和Ⅱ型错误的细微差别和含义是假设检验的基础。在图 8.7 中，我们看到Ⅰ型错误发生在零假设为真，却采取行动拒绝零假设的情况。这类似于女性并未怀孕，但妊娠测试却呈阳性（也称为假阳性结果）。

同样，Ⅱ型错误发生在零假设为假，但错误地没有拒绝零假设的情况下。这就像妊娠测试告诉一位怀孕的女性她没有怀孕（也称为假阴性）。

8.6.1　Ⅰ型错误（假阳性）

Ⅰ型错误，或假阳性，发生在错误地拒绝一个真实的零假设时。简单来说，这是一种过度反应的错误。我们错误地相信存在显著的效应或差异，而实际上并不存在。Ⅰ型错误的概率用希腊字母 α 表示，它对应于测试设定的显著性水平。如果 α 设定为 0.05，例如，我们愿意接受 5% Ⅰ型错误的可能性。

8.6.2　Ⅱ型错误（假阴性）

相反，Ⅱ型错误，或假阴性，发生在未能拒绝一个错误的零假设时。这是一种反应不足的错误。我们错误地相信不存在显著的效应或差异，而实际上存在。Ⅱ型错误的概率由希腊字母 β 表示。

1−β 给出了测试的功效，即正确拒绝一个错误零假设的概率。因此，增加测试的功效会减少Ⅱ型错误的机会。

8.6.3　寻求平衡

Ⅰ型错误和Ⅱ型错误的概率是负相关的。降低Ⅰ型错误的风险（通过选择更小的 α）会增加Ⅱ型错误的风险，反之亦然。关键是在这两种风险之间找到正确的平衡，而这种平衡取决于测试的背景和每种类型错误的潜在影响。

例如，在医疗环境中，Ⅰ型错误可能导致不必要的治疗（假阳性），而Ⅱ型错误可能导致在需要治疗时缺乏治疗（假阴性）。这些错误的相对成本和影响将指导 α 的选择，并间接地指导Ⅱ型错误的风险。

总之，虽然永远不能完全消除Ⅰ型和Ⅱ型错误的风险，但理解这些概念，仔细选择显著性水平，并在可能的情况下增加样本大小，可以帮助管理和最小化这些风险。

面试练习

在法律审判的背景下，零假设是被告无罪（没有犯罪），尝试解释Ⅰ型错误和Ⅱ型错误分别对应什么，以及在这种背景下哪一种错误被认为是更严重的？

答案

在法律审判的背景下，Ⅰ型错误（假阳性）对应于错误地定罪一个无辜的人。也就是说，在零假设（被告无罪）为真时拒绝它。Ⅱ型错误（假阴性）对应于释放一个有罪的人，即在零假设为假时未能拒绝它。

通常，在法律环境中，Ⅰ型错误被认为是更严重的，因为它基于这样的原则：宁可让 10 个有罪的人逃脱，也不让 1 个无辜的人受苦，这反映在"无罪推定"的理念和"排除合理怀疑"的证据要求中。然而，这两种错误都是不受欢迎的，法律体系努力最小化这两种错误。

面试练习

描述选择的显著性水平（α）如何在假设检验中影响Ⅰ型错误和Ⅱ型错误。在选择显著性水平时，可能需要考虑哪些权衡方案？

答案

显著性水平（用α表示）是在零假设为真时拒绝它的概率。也就是说，它直接对应于Ⅰ型错误的概率。如果设定一个较低的显著性水平，如0.01而不是0.05，那么你就在减少Ⅰ型错误的机会，并使检验更加保守，同时要求更有力的证据拒绝零假设。

然而，为了避免Ⅰ型错误而使检验更加严格会增加Ⅱ型错误的机会。在这种情况下，我们未能拒绝一个错误的零假设。这是因为你为拒绝零假设所需的证据设定了更高的标准，这可能会导致在零假设为假时未能拒绝它。

选择显著性水平涉及这两种错误之间的权衡，并将取决于在给定背景下哪种错误具有更严重后果。例如，在医学检测中，Ⅰ型错误可能导致不必要的治疗（可能带有副作用），而Ⅱ型错误可能导致错过病人的治疗。这些错误的相对成本和后果指导了适当显著性水平的选择。

8.7　本章小结

本章深入探讨了数据挖掘中统计学的核心基础，这些内容在数据科学面试中经常被评估。我们回顾了概率的基础知识，如何使用不同的中心性和变异性度量描述数据，如何通过对总体抽样估计变量，中心极限定理和正态性假设的相关性，以及概率分布和假设检验。通过学习这些原则，你将能够识别和描述相关的数据统计，并提出可测试的假设。此外还将避免被滥用的统计数据愚弄，这些统计数据操纵了我们对数据的理解。

注意，一些面试官会提出理论问题，而另一些面试官则会希望你解决实际问题。在任何情况下，统计学都是许多机器学习算法和实验设计的基础，这在所有行业的数据科学中表现得都很突出。

第9章将深入探讨建模前的概念，以加深我们对经典统计学的理解。

8.8　参　考　文　献

[1] *California Housing Market*, from *Redfin* (June 2023): https://www.redfin.com/state/California/housing-market.

[2] *Ohio Housing Market*, from *Redfin* (June 2023): https://www.redfin.com/state/Ohio/housing-market.

第9章 理解特征工程和为建模准备数据

本章将深入探讨建模前的关键时刻，并结合 Python、数据整理和统计学等知识。

虽然许多数据科学文献强调最新的机器学习模型，但数据准备才是成功预测的真正基础。这一章是收集数据与应用高级机器学习技术之间的重要桥梁，并强调了数据科学原则。无论模型多么先进，糟糕的输入数据都会产生不可靠的结果。

建模前的数据准备可确保数据准确、一致和相关。熟悉建模前的数据准备意味着理解诸如异常值、特征工程和不平衡等问题。通过解决这些问题，我们将提高分析质量，从而为强大而准确的预测模型铺平道路。

这一章涵盖了数据科学家为建模准备数据的广泛主题和技术。本章主要涉及下列主题。

（1）理解特征工程。

（2）应用数据转换。

（3）处理分类数据和其他特征。

（4）执行特征选择。

（5）处理不平衡数据。

（6）降低维度。

9.1 理解特征工程

特征工程是数据科学中的一个变革性过程，它为释放机器学习算法的全部潜力提供了关键内容。作为数据科学家，任务是分析原始数据，并构建数据的新颖且富有信息的表示。特征工程涉及选择、转换和创建最能捕捉数据中潜在模式和关系的特征。通过深入挖掘领域知识并利用创造力，我们可以设计一些功能，以增强模型的预测能力，提高准确性，并更好地概括新数据。

本节将探讨特征工程的艺术和科学，探索从数据中提取有意义洞察的众多技术和方法，进而赋予机器学习算法制定明智和智能决策的能力。

☑ **注意**

本节将在特征工程流程中使用 Pandas。我们在第 3 章中介绍了 Pandas 的一些功能。

9.1.1　避免数据泄漏

在讨论常见的数据转换和预处理技术之前，首先需要认识到构建可复现且有良好文档支持的机器学习（ML）管道的重要性，以维护数据处理和建模的完整性。强大的 ML 管道的一个主要好处是它们确保建模过程避免数据泄漏。

数据泄漏是一种现象，它在模型创建过程中"泄漏"了超出训练数据集的信息，导致模型性能不可靠。这些额外的信息可以让模型学习到它本不该知道的内容（即"偷窥"），进而使构建中的模型的估计性能失效。许多新手数据科学家在将训练集和测试集分开之前，就对整个数据集应用数据转换和预处理，这可能会导致高偏差和过于乐观的模型性能，这是一种常见的错误。

为了避免数据泄漏，可执行下列操作。

● 　将数据集分割成训练集和测试集。

● 　仅在训练数据上训练转换，然后将结果应用于测试集。

以下是一个使用归一化任务正确避免数据泄漏的示例。

（1）分割数据集：

```
X_train, X_test, y_train, y_test = train_test_split(X, y, test_size=0.2,
random_state=42)
```

（2）创建数据转换任务管道：

```
pipeline = Pipeline([('scaler', StandardScaler()),])
```

（3）对训练集进行拟合和转换：

```
X_train_transformed = pipeline.fit_transform(X_train, y_train)
```

（4）使用训练集任务管道转换测试集：

```
X_test_transformed = pipeline.transform(X_test)
```

使用这种技术，可以避免数据泄漏和不可靠的建模结果。

9.1.2　处理缺失数据

在应用机器学习算法之前处理缺失数据是数据预处理中的常见任务。缺失数据可能会引入偏差、错误和分析中的不稳定性，导致结果不完整或具有误导性。此外，一些算法不能直接处理缺失数据，因此进行适当的数据填充对于有效的数据处理至关重要。通过替换缺失数据，我们最大限度地利用可用信息并保留潜在的数据模式和关系。这确保了算法可以无限制地运行，并能够进行准确的预测和得到可靠的结果。

处理不同的缺失数据机制同样重要，以避免潜在的偏差。最终，替换缺失数据提高了数据集的准确性、完整性和可用性，使其成为稳健和可信的机器学习应用的数据准备中不可或缺的一部分。

缺失数据可能会干扰分析和模型的准确性。在进行数据填充之前，识别数据集中的缺失值至关重要。考虑以下示例：

```
import pandas as pd
# Sample dataset with missing values
data = {
    'A': [1, 2, None, 4, 5],
    'B': [6, None, 8, 9, 10],
    'C': [11, 12, 13, 14, None]
}
df = pd.DataFrame(data)
# Check for missing values in the dataset
print(df.isnull().sum()) #Output: A: 0, B: 1, C: 1
```

这段代码使用了 isnull()方法检查 DataFrame 中的缺失值。然后使用 sum()函数计算每列中缺失值的数量。可以看到，B 和 C 列各有一个数据点缺失。

现在我们知道数据集中存在缺失数据，接下来将讨论如何处理这个问题。如前所述，根据缺失数据的模式，有多种处理缺失数据的方法。数据准备中的缺失数据模式指的是数据缺失的系统性倾向或结构，这表明了缺失值背后的原因或机制。如承诺的那样，我们将回顾一些如何处理不同情景的例子。

（1）完全随机缺失（MCAR）：在这种情况下，缺失是随机发生的，与数据集中的任何其他变量无关。处理 MCAR 的一个常见方法是简单地移除包含缺失值的行。

```
import pandas as pd
# Sample dataset with missing values (MCAR)
data = {
    'A': [1, 2, None, 4, 5],
    'B': [6, None, 8, 9, 10],
    'C': [11, 12, 13, 14, None]
}
df = pd.DataFrame(data)
# Removing rows with missing values (MCAR)
cleaned_df = df.dropna()
```

这段脚本使用 dropna()函数移除数据集中任何包含缺失值的行。

（2）非随机缺失（MNAR）：在 MNAR 中，缺失与未观测到或未记录到的非随机值有关，并且可能与值本身有关。处理 MNAR 的一个常用技术是使用插补方法填充缺失值，这基于其他可用的信息。

```
# Sample dataset with missing values (MNAR)
data = {
    'Age': [25, 30, None, 40, 45],
    'Income': [50000, None, 75000, 90000, None]
}
df = pd.DataFrame(data)
# Impute missing values with the mean of the 'Age' column
df['Age'].fillna(df['Age'].mean(), inplace=True)

# Impute missing values with the mean of the 'Income' column
df['Income'].fillna(df['Income'].mean(), inplace=True)
```

在这个例子中，我们结合使用了 fillna()函数和 mean()函数来选择 Income 列的均值，并填充该列中的任何缺失值。

（3）随机缺失（MAR）：在 MAR 中，缺失是系统性的，但仅依赖于已观测到的变量。处理 MAR 的一个流行方法是使用条件插补，其中插补值依赖于其他变量的值。

```
# Sample dataset with missing values (MAR)
data = {
    'Gender': ['Male', None, None, 'Male', 'Female'],
    'Income': ['80-100k', '100-120k', '80-100k', '80-100k', '100-120k']
}
df = pd.DataFrame(data)
# Impute 'Gender' based on the mode of 'Gender' for the corresponding
'Income' value
mode_by_income = df.groupby('Income')['Gender'].apply(lambda x:
x.mode().iloc[0])
df['Gender'].fillna(df['Income'].map(mode_by_income), inplace=True)
```

这段脚本使用 groupby()、mode()和 apply()函数寻找不同收入类别中最常见的性别（即众数）。自此，它用最常见的性别填充性别列中的任何缺失行。

记住，处理缺失数据的选择取决于缺失的性质、数据集以及分析的目标。在进行插补时，始终要考虑插补对整体分析和建模结果的潜在影响。

9.1.3　数据缩放

归一化/缩放是一种预处理技术，将数据的特征转换为一致且可比的范围，使算法能够更有效地工作，并产生准确可靠的结果。两种最常用的归一化/缩放技术是最小-最大归一化和 z 分数归一化。

最小-最大归一化是一种将数据（通常是输入）缩放到固定范围的技术，通常是 $[0, 1]$。它以这样的方式转换数据，使得特征的最小值变为 0，最大值变为 1。

最小-最大归一化的计算公式对于每个数据点 X 在特征中的表达如下：

$$X_{new} = \frac{X - X_{min}}{X_{max} - X_{min}}$$

以下是如何在 Python 中实现这个公式。

```
X_min_max = (X - X_min) / (X_max - X_min)
```

这里，X_min 是特征中的最小值，X_max 是特征中的最大值。结果是最小-最大归一化的特征，其值域在 $[0, 1]$ 范围内。

最小-最大归一化特别适用于以下情况。

（1）处理基于距离的算法：在基于距离的机器学习算法（在第 10 章中介绍）中，如 K-means 聚类或层次聚类，结果对特征的尺度敏感。最小-最大归一化确保每个特征对距离计算的贡献均等。

（2）基于距离的算法（特征影响）：当使用基于距离的机器学习算法（如 k-最近邻、层次聚类）或者应用主成分分析时，使用的算法对特征的大小/距离敏感。对数据进行最小-最大归一化有助于确保每个特征对距离计算的贡献均等。当数据点之间的距离在算法中是一个重要因素时，这一点很重要。

现在，让我们看看将数据集特征转换为一致且可比范围的另一种常用技术。

z 分数归一化是一种将数据（同样是典型的输入）转换为均值为 0 和标准差为 1 的技术。它将数据以均值为中心进行居中，并根据数据的分布（标准差）进行缩放。

特征中每个数据点 X 的缩放公式为：

$$X_{new} = \frac{X - \mu}{\sigma}$$

以下是如何在 Python 中实现该公式。

```
X_standardized = (X - mean) / standard_deviation
```

这里，mean 是特征的均值，standard_deviation 是特征的标准差。结果是标准化特征，均值为 0，标准差为 1。缩放后，数据通常范围在-3～3。然而，根据缩放前数据的分布，它可能会更多或更少。

z 分数归一化特别适用于以下情况：

（1）特征影响：一些机器学习算法可能会显著受到输入特征的尺度和范围的影响，而 z 分数归一化有助于解决这一问题。例如，你可能持有一个数据集，想通过测量相关特征预测某人的 BMI，如他们的热量摄入（例如 1700 卡路里）、年龄（例如 50 岁）、每天走的步数（例如 5000 步）或他们的血糖水平（例如 140 毫克/分升）。这些变量位于完全不同的尺度上。为确保一个特征不会过度影响模型的性能，我们使用 z 分数归一化，通过将它们放置在相似的尺度上，确保所有特征具有相同的相对影响。现在，任何相对较大或较小的值都将真正代表合法的变化。

（2）处理异常值：像 z 分数归一化这样的缩放技术受异常值的影响较小。相反，最小-最大归一化可能会受到极端值的影响，可能无法同样有效地处理异常值。

那么，什么时候使用最小-最大归一化而不是 z 分数归一化，或者反过来呢？选择取决于数据集的特定特征和正在使用的机器学习算法的要求。这两种技术都旨在将数据转换为可比的范围，但它们对数据的影响可能不同，因此考虑上下文和数据的性质是很重要的。如果不确定，可同时尝试使用最小-最大归一化和 z 分数归一化，并评估模型的性能，这可以帮助确定最有效的预处理方法。

9.2　应用数据转换

数据转换是数据准备过程中至关重要的步骤。它确保数据为具有独特假设的数据模型做好准备。这是通过将数据从当前形状（或分布）转换为另一种形状实现的。换言之，就是将数据从经验分布转换为理论分布。

在某些情况下，我们需要转换输入变量以确保它们可以被机器学习算法解释。输入变量（也称为特征）是数据的列，通常解释数据的某些属性。在其他情况下，机器学习模型要求输出变量（也称为响应）具有特定的分布。输出变量是我们试图预测的列。

如果现实世界能满足我们的需求，那当然再好不过，但现实世界的数据以各种形式存在。为了解决这种情况，可能需要执行数据转换。本节将探讨常用的数据转换技术。

9.2.1　引入数据转换

上一节讨论了一些流行的技术，主要是转换输入数据以调整尺度或范围。本节将讨论用于调整数据（包括响应变量）的偏斜或关系的其他方法。

　　还记得高中代数课程中第一次学习基本函数的情景吗？如果你还记得，它们看起来如图 9.1 所示。

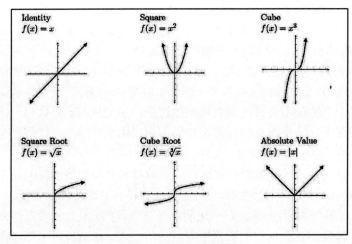

图 9.1　基本代数函数

原文	译文
Identity	恒等变换
Square	平方
Cube	立方
Square Root	平方根
Cube Root	立方根
Absolute Value	绝对值

　　执行这些转换就是将函数（$f(x)$）应用于 x 的过程。现在想象这些图表实际上是数据向量。想象一个图表的 x 和 y 坐标由数据集的 x（输入变量/特征）和 y（输出变量/响应）值表示。在这种情况下，每条记录都是一个向量。

　　当谈论数据转换时，我们谈论的是如何将数据向量从一种形式转换为另一种形式，就像通过平方每个值，将线性函数转换为平方函数（也称为抛物线）一样。这一过程在建模前有两个主要好处。

- 在将模型应用于数据之前，获得模型假设所需的形状。
- 将模型的预测结果还原为原始形态（转换之前）。

现在你了解了数据转换的好处，重要的是要知道有多种不同类型的数据转换。这里，我们将总结以下数据转换技术。

- 对数转换。
- 幂次转换。
- Box-Cox 转换。
- 指数转换。

9.2.2　对数转换

对数（log）转换在处理（通常是右/正）偏斜数据时很有用，极端值会在分布中造成长尾。通过对数据取对数，可以压缩高值的范围并展开低值，使分布更加对称。例如，考虑以下例子（销售数据）：

```python
import numpy as np
import pandas as pd
import matplotlib.pyplot as plt

# Create a left-skewed dataset
np.random.seed(42)
sales_data = np.random.exponential(scale=100, size=1000)

# Apply logarithmic transformation
log_transformed_data = np.log(sales_data)

# Plot the original and transformed data distributions
plt.figure(figsize=(10, 5))

plt.subplot(1, 2, 1)
plt.title('Original Data (Left-Skewed)')
plt.hist(sales_data, bins=30, edgecolor='black')
plt.xlabel('Values')
plt.ylabel('Frequency')

plt.subplot(1, 2, 2)
plt.title('Logarithmic Transformation')
plt.hist(log_transformed_data, bins=30, edgecolor='black')
plt.xlabel('Log-Transformed Values')
plt.ylabel('Frequency')

plt.tight_layout()
plt.show()
```

图 9.2 显示了 sales_data 变量在转换前后的样子。

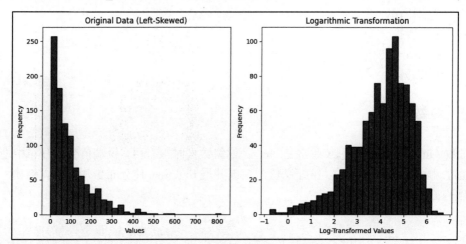

图 9.2 　对数转换前后的销售数据

　　左侧的数据分布没有遵循呈现明显钟形模式的正态分布。因此，如果尝试将这些数据用于统计检验，你将在使用的检验类型上受到限制。这是因为许多统计检验（如单样本 T 检验）假设数据来自正态分布，而在非正态数据上使用检验可能会使结果无效。然而，对数转换可以将数据转换得更接近正态分布。这就是在右侧图表中看到的情况。它比左侧的数据图表更接近正态曲线。我们仍然可以测试右侧图表中的数据是否符合正态曲线，但假设它符合，因此现在有更多的检验可供我们使用。

> ☑ **注意**
> 对数转换不适用于负值。

9.2.3　幂次转换

　　幂次转换是一组数据转换技术，涉及将每个数据点提升到某个幂（指数）。不同的幂值会产生不同的转换，从而在塑造分布时具有一定的灵活性。常见的幂次转换包括平方根转换（幂 = 0.5）、立方根转换（幂 = 1/3）和倒数转换（幂 = −1）。

　　幂次转换对于处理各种形状的数据非常有价值。它们是用于调整具有非线性关系或不一致模式的数据的技术。幂次转换的一个关键用途是解决异方差性，即数据的可变性在其范围内不均匀。这些转换稳定了数据的方差，使其更加均匀和对称。这对于线性建模尤其有益。图 9.3 显示了这种转换过程。

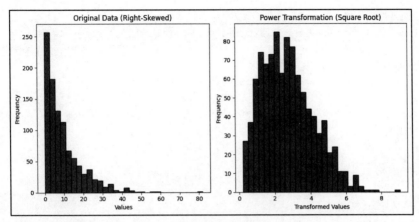

图 9.3　幂次转换前后的分布

图 9.3 左侧的分布图开始时是一个偏斜的数据集，缺少熟悉的正态分布钟形曲线。我们应用了 NumPy 包中的平方根函数 np.sqrt()对变量执行幂次转换。图 9.3 右侧的直方图显示了应用平方根转换后的数据，数据变得不那么偏斜，分布更接近正态分布。

9.2.4　Box–Cox 转换

Box-Cox 转换是一系列旨在稳定数据集方差的幂次转换，使其更接近正态分布。Box-Cox 方程如下所示：

$$y(\lambda) = \begin{cases} y^{\lambda}, \lambda \neq 0 \\ \mathrm{Ln}(y), x = 0 \end{cases}$$

这种转换由一个指数 λ 驱动，其值范围是$-5 \sim 5$。作为特殊情况，Box-Cox 转换家族也包括对数（$\lambda=0$）和平方根（$\lambda=0.5$）转换。它可以自动确定最佳幂参数以稳定方差并归一化数据。它通常用于转换模型特征来适应正态分布，以避免异方差性。这里，异方差性是指当数据的方差在自变量的不同水平上发生变化时发生的情况。

在 Python 中实现这种转换，可使用来自 scipy.stats 包的 boxcox()函数，如下所示。

```
import numpy as np
import pandas as pd
import matplotlib.pyplot as plt
from scipy.stats import boxcox

# Create a right-skewed dataset
```

```
np.random.seed(42)
original_data = np.random.exponential(scale=100, size=1000)

# Apply Box-Cox transformation
transformed_data, lambda_value = boxcox(original_data)

# Plot the original and transformed data distributions
plt.figure(figsize=(10, 5))

plt.subplot(1, 2, 1)
plt.title('Original Data (Right-Skewed)')
plt.hist(original_data, bins=30, edgecolor='black')
plt.xlabel('Values')
plt.ylabel('Frequency')

plt.subplot(1, 2, 2)
plt.title('Box-Cox Transformation')
plt.hist(transformed_data, bins=30, edgecolor='black')
plt.xlabel('Transformed Values')
plt.ylabel('Frequency')

plt.tight_layout()
plt.show()
```

这里，我们创建了一个右偏斜的数据集，并应用了 Box-Cox 转换，如图 9.4 所示。

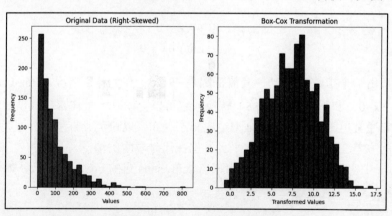

图 9.4　Box-Cox 转换前后的分布

图 9.4 左侧的直方图代表原始的右偏斜数据，而图 9.4 右侧的直方图展示了应用 Box-Cox 转换后的转换数据。Box-Cox 转换有助于稳定方差，并在转换后的数据中实现更对称

的分布。图 9.4 展示了 Box-Cox 转换在解决偏斜问题和使数据更适合某些类型的分析和建模任务方面的有效性。

9.2.5　指数转换

指数转换是一种数据转换技术，它对数据集中的每个数据点取指数函数。与对数转换不同，这种转换通常用于减轻左偏斜或负偏斜数据的影响，其中极端值更常见，分布的尾部更长。通过应用指数转换，我们向更高幅度拉伸值，从而得到更对称的分布。

在数据或特定变量表现出与事件发生时间或等待时间相关的某些特征时，将指数分布应用于变量作为建模前的练习是有益的。在处理指数增长或衰减模式的数据时，以及在基本过程中具有恒定危险率（即事件在下一瞬间发生的概率与上一事件发生后的时间无关）时，指数分布也特别有用。

数据科学家在尝试使用这种技术时必须注意。首先，输入数据应该是正数。当执行指数转换时，许多人使用自然指数函数 e 作为底数，而负值在指数化时可能导致复数，这在许多实际应用中可能不是所期望的。此外还需要注意输入值的大小。将一个数字提升到 1000 可能导致极大结果，这可能在某些计算环境中导致溢出。

要观察指数变量的形状，图 9.5 中的直方图代表了购买时间的数据分布。x 轴表示时间（以天为单位），即客户进行首次购买所需的时间，y 轴表示每个时间间隔内客户出现的频率。可以观察到，在大多数情况下，客户需要相当长的时间完成购买。这是意料之中的，因为大多数人在访问网站或订阅时事通讯后不会立即购买。

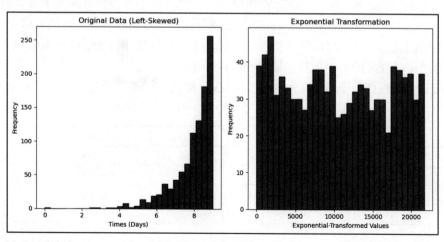

图 9.5　购买时间的指数分布

☑ **注意**

虽然数据转换具有有价值的应用，但在应用之前，必须谨慎并确保数据真正符合疑似分布的特征。在实践中，现实世界的数据可能不会完全遵循理论分布，因此需要进行模型拟合评估和假设检验，以验证分布选择的合理性。

除此之外，还有更多没有讨论的数据转换方法，它们有自己独特的应用，包括平方转换、根转换、威布尔转换和希尔函数转换，但在通用的数据科学角色中这些内容较为罕见。如果你有兴趣，我们鼓励你利用自己的时间探索这些内容。

9.3　处理分类数据和其他特征

本节将探讨在数据科学和机器学习项目中特征工程处理分类变量的方法。分类变量包含代表不同组或类别的离散值。有效地预处理和工程化这些变量对于提取有价值的洞察和增强机器学习模型的预测能力至关重要。我们将深入了解各种技术和最佳实践，以将分类变量转换为有意义的数值表示。

9.3.1　独热编码

独热编码是一种将分类变量转换为二进制向量的流行技术。每个类别都表示为一个二进制特征，如果数据点属于该类别，则值为 1，否则为 0。例如，考虑一个分类特征 Color，其类别有 Red、Blue 和 Green。经过独热编码后，这个特征将被拆分为 3 个二进制特征，即 Color_Red、Color_Blue 和 Color_Green。这使得机器学习算法能够有效地处理分类数据。

独热编码是必要的，因为许多机器学习算法无法直接处理分类数据的原始形式。这些值缺少算法可以理解的数值关系。让我们再举一个例子，这一次，一个数据集有一个分类特征 Gender，且包含三个类别，即 Male、Female 和 Non-Binary。我们有如图 9.6 所示的数据样本。

ID	Gender
1	Male
2	Female
3	Non-Binary
4	Female
5	Male

图 9.6　一个分类的性别数据集

在应用独热编码后，Gender 特征被转换成代表每个类别的二进制特征。对于每个数据样本，我们创建新的二进制特征——Gender_Male、Gender_Female 和 Gender_Non-Binary。如果数据样本属于该类别，则二进制特征被赋值为 1，否则为 0，如图 9.7 所示。

ID	Gender_Male	Gender_Female	Gender_Non-Binary
1	1	0	0
2	0	1	0
3	0	0	1
4	0	1	0
5	1	0	0

图 9.7 经过独热编码的性别数据集

在独热编码之前，Gender 特征处于原始的分类形式，用字符串代表各个类别。然而，机器学习算法需要数值数据进行处理。独热编码后，每个类别被转换成自己的二进制特征，并为每个数据样本创建了新的二进制列，以捕捉每个类别的存在或缺失。

在 Python 中，可以使用以下代码实现这一点：

```
# Create DataFrame
df = pd.DataFrame(data)

# Perform One-Hot Encoding
df_encoded = pd.get_dummies(df, columns=['Gender'])

print("Original DataFrame:")
print(df)
print("\nOne-Hot Encoded DataFrame:")
print(df_encoded)
```

在代码中，首先创建一个包含示例数据的 DataFrame（df），其中有一个 Gender 列，包含分类值。然后，使用 Pandas 的 pd.get_dummies()函数对 Gender 列进行独热编码。该函数自动识别 Gender 列中的唯一类别，并为每个类别创建新的二进制列。

9.3.2 标签编码

标签编码是另一种将分类数据转换为数值格式的技术。与为每个类别创建二进制特征的独热编码不同，标签编码为原始分类变量中的每个类别分配一个唯一的数值标签。数值标签是顺序整数，从第一个类别的 0 开始，第二个类别表示为 1，以此类推。例如，考虑一个分类特征 Size，类别包含 Small、Medium 和 Large。标签编码后，这些类别可以分别表示为 0、1 和 2。当类别之间存在固有的顺序或排名时，标签编码可能会很有用。

这里有一个例子：

```
import pandas as pd

# Example Data
data = {'ID': [1, 2, 3, 4, 5],
'Color': ['Red', 'Blue', 'Green', 'Red', 'Green']}

# Create DataFrame
df = pd.DataFrame(data)

# Perform Label Encoding
color_mapping = {'Red': 0, 'Blue': 1, 'Green': 2}
df['Color_LabelEncoded'] = df['Color'].map(color_mapping)

print("Original DataFrame:")
print(df)
```

对应结果如图 9.8 所示。

ID	Color	Color_LabelEncoded
1	Red	0
2	Blue	1
3	Green	2
4	Red	0
5	Green	2

图 9.8　经过标签编码的颜色数据集

在这个例子中，我们使用了标签编码将 Color 这一分类变量转换成了 Color_LabelEncoded 数值特征。Red、Blue 和 Green 这些类别分别被替换为数值标签 0、1 和 2。

那么，独热编码和标签编码之间有什么区别呢？

（1）特征数量：独热编码创建的二进制特征数量与唯一类别的数量相等，而标签编码只创建一个数值特征。

（2）数值表示：独热编码用单独的二进制特征表示每个类别，其中值 1 表示该类别的存在。标签编码用唯一的整数标签表示每个类别。

（3）处理高基数：独热编码适用于基数低（唯一类别数不多）的分类变量，因为它为每个类别创建一个二进制特征。对于基数高的分类变量，独热编码可能会导致特征数量激增，从而使计算成本高昂。相比之下，标签编码高效地处理高基数，因为它对每个类别使用单一整数。

9.3.3　目标编码

目标编码，也称为均值编码，是一种利用目标变量的信息将分类特征转换为数值表示的技术。目标编码不是用数值标签替换类别，而是用该类别目标变量的平均值替换每个类别。

例如，考虑一个分类特征 City，类别包含 New York、Los Angeles 和 Chicago。目标编码后，每个类别将被替换为该城市目标变量的平均值，如 0.23、0.18 和 0.32。目标编码在处理高基数分类变量时特别有用。

以下是目标编码的工作方式：

```python
import pandas as pd

# Example Data
data = {'ID': [1, 2, 3, 4, 5],
    'City': ['Indianapolis', 'Detroit', 'Chicago', 'Detroit',
    'Indianapolis'],
    'Target': [0.8, 0.6, 0.9, 0.7, 0.75]}

# Create DataFrame
df = pd.DataFrame(data)

# Perform Target Encoding
city_target_mean = df.groupby('City')['Target'].mean()
df['City_TargetEncoded'] = df['City'].map(city_target_mean)

print("Original DataFrame:")
print(df)
```

对应结果如图 9.9 所示。

ID	City	Target	City_TargetEncoded
1	Indianapolis	0.80	0.775
2	Detroit	0.60	0.650
3	Chicago	0.90	0.900
4	Detroit	0.70	0.650
5	Indianapolis	0.75	0.775

图 9.9　经过目标编码的城市数据集

在前面的示例中，我们使用目标编码将 City 分类变量转换为 City_TargetEncoded 数值特征。目标编码过程计算了每个类别（Indianapolis、Detroit 和 Chicago）的目标值平均值，并用相应的平均目标值替换了每个类别。

此时，你可能想知道，应该在什么时候使用独热编码、标签编码和目标编码？对此，并没有一个明确的答案，但这里有一些考虑因素。

（1）独热编码：在处理基数低且没有固有序数性的分类变量时，可使用独热编码。当想避免在类别之间引入任何序数关系或暗示的数值顺序时，独热编码是必不可少的。当机器学习算法不直接处理分类数据时，独热编码也很有用。

（2）标签编码：在处理具有固有序数性的分类变量时，可使用标签编码。在类别具有自然顺序或等级的情况下，标签编码可以有效地捕捉这些信息。在处理基数高的分类变量时，标签编码也十分高效，因为它相比独热编码减少了特征数量。

（3）目标编码：在处理与目标变量有很强关系的分类变量时，可考虑使用目标编码。目标编码可以捕捉每个类别的目标值平均值，因此对于生成分类数据的信息性数值表示很有用。然而，在使用目标编码时必须谨慎，以避免过拟合和数据泄漏。对于基数高的分类变量，目标编码特别有用，因为它可以在不引入大量新特征的情况下提供有意义的数值表示。

9.3.4　计算字段

本节将探讨计算字段的概念，计算字段可视为数据科学和机器学习项目中特征工程的强大技术。计算字段涉及通过应用数学运算、组合现有特征或从原始数据中提取有意义的信息来生成新特征。精心设计计算字段的过程使数据科学家能够捕捉到原始数据集中可能不明显的复杂的模式和关系以及特定领域的洞察。

精心设计的计算字段通常优于现有的原始特征。当仔细设计时，新特征可以捕捉复杂的模式和关系，使机器学习模型更加稳健和准确。本节将讨论过拟合和数据泄漏的风险，并提供特征选择和评估的指南。例如，计算字段如 Days since Last Purchase 可能比 Purchase Date 在预测客户行为方面更有洞察力。

计算字段能够提取复杂的关系和隐藏的模式，使机器学习模型在捕捉数据的潜在结构方面更有效。

相应地，有各种类型的计算字段。

（1）数学运算：包括加法、减法、乘法、除法和指数运算，以创建新的特征。这些运算有助于得出比率、百分比或其他可能揭示数据中重要趋势的有意义的指标。

例如，通过将电子商务数据集中的 Price 特征除以 Quantity 特征，计算每个单位的价格。

（2）聚合和分组：聚合涉及基于某些分类特征对数据进行分组，并为每个组计算统计数据，如均值、总和和中位数。它可以通过捕获特定组内数据的集体行为，从而产生富有洞察力的新特征。

例如，通过基于客户 ID 对客户进行分组，并聚合 Revenue 特征，计算每个客户的平均收入。

（3）基于时间的计算：这些通常用于时间序列数据或包含时间模式、时间滞后、滚动平均值和其他与时间相关的转换的场景，这些转换可以捕获数据中的趋势和季节性。

例如，为销售数据集创建一个 7 天滚动的平均特征，以识别趋势并平滑短期波动。

（4）交互项和多项式特征：交互项和多项式特征对于捕获特征之间的非线性关系很重要。组合特征可以揭示对目标变量有显著影响的交互作用。

例如，通过将 Age 特征与 Income 特征相乘，添加交互项，以捕捉对目标变量（如购买力）的联合效应。

（5）基于文本和自然语言处理（NLP）的计算：对于包含文本数据的数据集，使用自然语言处理的特征工程技术非常方便。这包括文本向量化、文本提取、连接、字数统计和其他 NLP 转换，以从文本信息中派生有意义的特征。

例如，从客户评论中提取情感分数，并将其用作情感分析模型中的特征。

（6）特定领域的计算：特定领域的特征工程非常普遍，并且能使数据科学家脱颖而出。专家知识在生成相关的计算字段中起着至关重要的作用。

例如，在医疗领域，根据个人的体重和身高计算 BMI（Body Mass Index，身体质量指数）特征。

面试练习

为什么对于没有固有顺序的分类变量，更倾向于使用独热编码而不是标签编码？

答案

在处理没有任何固有顺序的分类变量时，更倾向于使用独热编码而不是标签编码，因为标签编码可能会引入类别之间的意外序数关系。例如，如果使用标签编码将颜色 Red、Blue 和 Green 分别编码为 0、1、2，这可能暗示 Green 在某种程度上比 Red 更大或更重要，而实际上并非如此。相反，独热编码通过为每个类别创建单独的二进制特征避免这个问题，确保它们之间没有暗示的关系。

面试练习

对没有序数性的分类变量使用标签编码可能会遇到哪些潜在挑战？

答案

对没有固有顺序的分类变量使用标签编码时，一些机器学习算法可能会将数值标签解释为连续值，并假设类别之间存在自然顺序。这可能导致错误的结果，因为数值标签纯粹是名义上的，不携带任何有意义的数值关系。此外，如果标签值的范围很大，算法可能会赋予具有更高标签值的类别更高的重要性，即使现实中不存在这样的关系。

面试练习

目标编码如何帮助提高机器学习模型的预测准确性？

答案

目标编码可以通过为每个类别编码目标变量的平均值来帮助提高预测准确性。这可以捕获特定于类别的信息，特别是在目标变量在不同类别中表现出不同行为的场景下。通过考虑将这些信息作为数值表示，机器学习模型可以更有效地区分类别并做出更明智的预测。然而，使用目标编码时必须谨慎，以避免过拟合和数据泄漏，因为如果处理不当，目标编码可能会导致性能的过高估计。

9.4　执行特征选择

特征选择是机器学习流程中的关键步骤，旨在从原始数据集中识别最相关和最有信息量的特征。通过仔细选择特征，数据科学家可以提高模型性能，减少过拟合，增强模型的可解释性，并降低计算复杂性。

特征选择有助于将模型集中在最有影响力的特征上，使其更易于解释，并降低过拟合的风险。本节将探讨使用所有可用特征可能导致"维度的诅咒"的情景，以及为什么选择相关特征对于缓解这个问题至关重要。

9.4.1　特征选择的类型

特征选择技术主要分为 3 类。

（1）过滤方法：过滤方法基于统计指标（如相关性、互信息或方差）对特征进行排序。它们在计算上是高效的，并且独立于所选择的机器学习模型。

（2）包装方法：包装方法使用特定机器学习模型的性能作为评估指标以评估特征子集。它们在计算上很昂贵，但可以为特定模型找到最优的特征子集。

（3）嵌入式方法：嵌入式方法将特征选择纳入模型训练过程。这些方法在模型训练期间评估特征的重要性，并自动淘汰不太相关的特性。

在使用过滤方法和包装方法进行特征选择时，数据科学家面临的一个挑战是需要设定他们想要的最终特征数量的阈值或能接受的性能变化的限制。如何设定阈值并没有普遍的答案，通常是基于具体情况的。然而，考虑收集和存储数据的成本可能是一个有用的指导。总而言之，你希望使用最少的特征数量获得机器学习模型相同的性能。因此，让我们来看看第一个特征选择方法，它使用包装技术来选择特征。

9.4.2　递归特征消除

递归特征消除（RFE）是一种包装方法，用于特征选择，它通过迭代工作识别数据集中最重要的特征。它首先在完整的特征集上训练机器学习模型，并根据它们的重要性分数对特征进行排名。然后移除最不重要的特征，并在减少的特征集上重新训练模型。这个过程一直重复，直到达到所需的特征数量为止。

RFE 在机器学习模型提供特征重要性排名时特别有用，例如决策树或线性回归。通过在每次迭代中消除不太重要的特征，RFE 旨在找到最大化模型性能的最佳特征子集。

以下是如何使用 Python 中的 RFE 包实现 RFE 的方法。

```
from sklearn.datasets import load_iris
from sklearn.feature_selection import RFE
from sklearn.linear_model import LogisticRegression

# Load the Iris dataset
data = load_iris()
X = data.data
y = data.target

# Create a logistic regression model
```

```
model = LogisticRegression()

# Initialize RFE and specify the number of features to select
rfe = RFE(model, n_features_to_select=2)

# Fit RFE on the data
rfe.fit(X, y)

# Get the selected features
selected_features = rfe.support_
print('Selected Features:', selected_features)

# Get the feature ranking
feature_ranking = rfe.ranking_
print('Feature Ranking:', feature_ranking)
```

在代码块中，声明导入后，我们首先加载了鸢尾花数据集，该数据集专注于基于不同的物理特征对花朵进行分类。加载数据集后，我们创建了一个逻辑回归分类器的实例，它将接收输入数据并尝试学习如何对不同花朵进行分类。

这段代码的关键之处在于使用 RFE 函数的实例封装逻辑模型，并表明希望在数据集中选择前两个最重要的特征。这将为我们处理 RFE 特征选择过程。最后只剩下两个最重要的特征。

在介绍了使用包装器技术的特征选择过程后，接下来考察一个使用嵌入技术的过程。

9.4.3　L1 正则化

L1 正则化，也称为最小绝对收敛和选择算子（LASSO），是一种在模型训练过程中结合特征选择和正则化的嵌入方法。在 LASSO 中，线性回归系数根据系数的绝对值进行惩罚。这种惩罚鼓励一些系数精确地变为 0，有效地通过排除不相关特征执行特征选择。

LASSO 特别适用于处理高维数据集，其中特征的数量远大于样本的数量。通过将一些特征系数驱动为 0，LASSO 自动选择最相关的特征并执行一种降维形式。它有助于增强模型的可解释性和泛化能力，同时避免过拟合的风险。

9.4.4　基于树的特征选择

基于树的模型，如随机森林和梯度提升，可以提供有价值的特征重要性得分。这些得分表明每个特征在预测目标变量中的相对重要性。基于树的特征选择涉及使用这些重要性得分对特征进行排名，并选择表现最好的特征。我们将在机器学习章节中更详细地讨论这些模型。

基于树的特征选择在计算上是高效的，适用于分类和回归任务。它特别适用于识别具有分类和数值变量混合的数据集中的相关特征。此外，基于树的模型还可以处理非线性关系，使其适合于特征之间存在复杂交互的数据集。我们将在第 10 章讨论基于树的模型。

9.4.5　方差膨胀因子

共线性特征（或多变量的多重共线性特征）指的是彼此高度相关的变量。这些特征可能会在数据集中引入冗余，并影响模型的可解释性。此外，共线性可能导致模型系数不稳定，使得识别个体特征对目标变量的真实影响变得具有挑战性。

可以使用方差膨胀因子（VIF）等技术检测特征之间的共线性。特征的高 VIF 得分表明强烈的多重共线性，而接近 1 的 VIF 表明没有共线性。为了解决共线性问题，数据科学家可能会选择移除其中一个高度相关的特征或执行降维，并使用 PCA 等技术创建不相关的主成分。

处理共线性特征对于保持模型稳定性和确保特征选择和特征重要性排名基于独立且有信息量的特征至关重要，从而得到更准确和可解释的模型。

以下是在 Python 中实现 VIF 的方法：

```python
import pandas as pd
import numpy as np
from sklearn.datasets import fetch_california_housing
from statsmodels.stats.outliers_influence import variance_inflation_
factor

# Load the California Housing dataset
data = fetch_california_housing()
X = pd.DataFrame(data.data, columns=data.feature_names)
y = data.target

# Function to calculate VIF for each feature
def calculate_vif(X):
    vif = pd.DataFrame()
    vif['Feature'] = X.columns
    vif['VIF'] = [variance_inflation_factor(X.values, i) for i in
    range(X.shape[1])]
    return vif
```

```
# Calculate VIF for the entire feature set
vif = calculate_vif(X)
print(vif)
```

在代码块中，首先加载了加利福尼亚房屋数据集。在这个数据集中，我们尝试根据每户平均房间数和房屋中位数年龄等信息预测加利福尼亚各区的中位房价。加载数据集后，我们创建了一个函数计算每个特征的 VIF。运行该函数后，我们打印出结果。从这一点出发，可以创建一个过滤器移除那些 VIF 大于根据项目设定的某个阈值的特征。

9.5　处理不平衡数据

本节将探讨机器学习中不平衡数据集带来的挑战，以及有效解决这一问题的各种方法。不平衡数据指的是一个类别（少数类）与另一个类别（多数类）相比明显代表性不足的数据集。类别不平衡可能导致模型性能偏差和次优，因为模型倾向于偏爱多数类，使得对少数类的准确预测变得具有挑战性。我们将深入探讨不平衡数据的后果，以及几种处理不平衡数据集的技术，以提高模型性能。

9.5.1　理解不平衡数据

由于模型优先考虑多数类，不平衡数据对模型训练和评估有严重影响。

在机器学习中不平衡数据集的背景下，多数类指的是与数据集中其他类相比具有显著更多实例或观测值的类别。它是在数据集的代表性方面占主导地位的类别，因此，在不平衡数据集上训练的机器学习模型可能会偏向于更频繁地预测这一多数类。

相反，少数类指的是与数据集中其他类相比具有相对较少实例或观测值的类别。这个类别代表性不足，可能没有足够的数据点供模型学习。因此，机器学习模型可能难以正确预测这一少数类，并且对这个类别的准确率、召回率和精确度可能较低。

例如，考虑一个二元分类问题，我们试图预测一封电子邮件是否为垃圾邮件。如果数据集包含 900 封非垃圾邮件和仅 100 封垃圾邮件，那么非垃圾邮件类别是多数类，垃圾邮件类别是少数类。在这种情况下，由于两个类别之间的实例数量差异显著，数据集是不平衡的。

正如你可能已经猜到的，我们不能完全避免这些情况，因为许多商业问题都是基于不平衡的数据集的。考虑电子商务问题，当对网站点击量进行建模时，该网站每天接收数千次访问。在大多数情况下，一次点击是非常罕见的。如果不对不平衡的类别进行调整，模型可能会优先考虑多数类，导致对少数类的准确率很高，但召回率和精确度很差。

9.5.2　处理不平衡数据

不平衡数据可能会对机器学习模型产生多种影响。这个话题可能需要一整本书来解释，但这里有一些方法可供进一步研究。这里应该理解的是不平衡数据集补救措施的深度和一般逻辑。在这个领域展示你的知识将展现你在建模前实践和考虑方面的深度。

处理不平衡数据的一些补救措施如下。

（1）使用不同的评估指标：使用比简单准确率更适合不平衡数据集的性能指标。精确度、召回率、F1 分数和接收者操作特征曲线下面积（AUC-ROC）等指标更适合评估模型在不平衡数据上的性能。

（2）过采样：这涉及为少数类生成合成样本以增加其代表性。

（3）下采样：这涉及随机移除多数类中的样本以降低其主导地位。

（4）随机下采样和过采样：Python 提供了如 imbalancedlearn 这样的库来现这种技术。

（5）合成少数类过采样技术（SMOTE）：SMOTE 是一种流行的过采样技术，通过在少数类相邻样本之间插值来生成合成样本。你可以在 Python 的 imblearn.over_sampling 包中使用 SMOTE。

（6）集成方法：如随机森林和梯度提升这样的集成方法，由于其固有的稳健性，可以有效处理不平衡数据。

（7）成本敏感学习：成本敏感学习是一种方法，它为不同类别分配不同的误分类成本，引导模型优先考虑少数类。

（8）使用异常检测：异常检测技术在处理不平衡数据时很有用，该技术识别稀有实例并将其分类为异常。这些算法包括孤立森林和单类 SVM。

9.6　降　低　维　度

本节将探讨降维的概念，降维技术是机器学习和数据分析中的关键技术，旨在减少数据集中的特征或变量数量，同时保留重要信息。高维数据集常常遭受“维度的诅咒”，导致计算复杂性增加和潜在的过拟合。降维方法有助于将数据转换到低维空间，使可视化更容易，提高模型性能，并增强可解释性。

这里将深入探讨各种降维技术及其应用，并提供 Python 代码示例以有效实现它们。

9.6.1　主成分分析

主成分分析（PCA）是一种广泛使用的线性降维技术，它将数据投影到正交轴上，以捕捉第一主成分中的最大方差。PCA 是一种流行的线性降维技术，用于将高维数据转换到低维空间。它通过识别主成分实现这一点，主成分是正交方向，能够捕捉数据中的最大方差。第一主成分代表最高方差的方向，第二主成分代表第二高方差的方向，以此类推。通过选择较少数量的主成分，我们可以将数据投影到低维子空间，同时保留最相关的信息。

PCA 广泛应用于数据可视化、特征提取和降噪。它有助于识别数据中的主要模式和趋势，简化数据表示，并通过降低计算复杂性加速机器学习算法。然而，PCA 假设数据具有线性特征，可能无法很好地处理复杂的非线性关系。

要在 Python 中实现 PCA，可以使用 NumPy 和 scikit-learn 等库：

```python
import numpy as np
from sklearn.decomposition import PCA

# Sample data
X = np.random.rand(100, 5)

# Create a PCA instance and fit the data
pca = PCA(n_components=2)
X_pca = pca.fit_transform(X)

# Print the explained variance ratio of the two principal components
print("Explained Variance Ratio: ", pca.explained_variance_ratio_)
```

代码首先生成一个包含 5 个特征或维度的数据集。然后使用 PCA 模型选择前两个主要成分。最后查看前两个 PCA 成分解释了多少方差。因此，我们将维度的数量从 5 个减少到了 2 个。数据科学家致力于寻找需要多少个成分以解释数据集中的大部分方差。

9.6.2　奇异值分解

奇异值分解（SVD）是一种基本的矩阵分解技术，在 PCA 中起着关键作用。SVD 用于将一个矩阵分解成三个矩阵 U、Σ 和 Vᵀ。U 和 Vᵀ是正交矩阵，而 Σ 是一个对角矩阵，包含奇异值。

在 PCA 中，SVD 应用于中心化的数据以获得主成分和解释的方差。在 Python 中，可以这样运行 SVD：

```
import numpy as np

# Sample data
X = np.random.rand(100, 5)

# Center the data
X_centered = X - X.mean(axis=0)

# Perform SVD
U, S, Vt = np.linalg.svd(X_centered, full_matrices=False)

# Reduce dimensionality to two dimensions using the first two
X_svd = np.matmul(U[:, :2], np.diag(S[:2]))
```

这里，我们将初始数据从 5 列减少到 2 列。

9.6.3　t–SNE

t 分布随机近邻嵌入（t-SNE）是一种非线性降维技术，用于处理具有复杂非线性关系的数据。t-SNE 旨在保留数据中的局部和全局结构。

可以使用 scikit-learn 库在 Python 中应用 t-SNE：

```
import numpy as np
from sklearn.manifold import TSNE

# Sample data
X = np.random.rand(100, 5)

# Create a t-SNE instance and fit_transform the data
tsne = TSNE(n_components=2)
X_tsne = tsne.fit_transform(X)
```

这段代码将随机生成的数据降至两个维度。作为数据科学家，重要的是要知道该算法需要计算数据集中每个数据点的成对距离。因此，运行所需的时间随着数据集的大小的增加而增加。所以，当持有大量数据时，这可能不是一个很好的选择。

9.6.4　自编码器

自编码器是用于无监督表示学习和非线性降维的神经网络。它们包括一个编码器，将数据压缩成低维表示，以及一个解码器，从压缩表示中重建数据。

以下是在 Python 中使用自编码器进行降维的示例：

```python
import numpy as np
from keras.layers import Input, Dense
from keras.models import Model

# Sample data
X = np.random.rand(100, 5)

# Define the autoencoder architecture
input_layer = Input(shape=(5,))
encoded = Dense(2, activation='relu')(input_layer)
decoded = Dense(5, activation='sigmoid')(encoded)

autoencoder = Model(input_layer, decoded)

# Compile the autoencoder
autoencoder.compile(optimizer='adam', loss='mean_squared_error')

# Train the autoencoder
autoencoder.fit(X, X, epochs=50, batch_size=32)

# Obtain the lower-dimensional representation (encoder part of the
autoencoder)
encoder = Model(input_layer, encoded)
X_autoencoder = encoder.predict(X)
```

上述代码块使用 Keras 创建了一个模型，其中设计了两个层。第一层将输入数据编码到两个维度。最后一层将该信息解码回来。模型试图学习一种表示，首先对数据进行编码，然后完美地解码。一旦训练完成，我们可以丢弃最后一层，仅使用编码器部分进行降维。这仅仅是数据科学家在需要进行降维时工具箱中的另一种工具。

9.7　本　章　小　结

本章涵盖了分析和特征工程中的数据预处理的重要技术。掌握这些技术对于数据科学家有效处理现实世界数据集和构建准确的机器学习模型至关重要。

理解诸如数据最小-最大缩放、z 得分缩放和特征工程等技术可以提高模型性能。诸如对数、Box-Cox 和指数等转换则有助于重塑数据，以更好地适应算法。降维方法，如 PCA

和 t-SNE 可简化和可视化数据，并有助于有效的模型构建。通过重采样和集成技术处理不平衡数据，可确保数据集实现平衡和无偏差的预测。

此外，本章还涵盖了特征工程技术，包括独热编码、标签编码和目标编码。这些技术使我们能够制作出新颖且有信息量的数据表示。特征工程涉及选择、转换和创建最能捕捉数据中潜在模式和关系的特征，以确保构建出稳健且准确的模型。

第 10 将专注于机器学习算法。

第 10 章　精通机器学习概念

许多学习者在不了解机器学习的基本原理（如统计学）和初步任务（如数据整理或预建模）的情况下就直接进入机器学习，这对自己是一种伤害。

本章将涵盖广泛的机器学习主题，为读者提供理解各种算法和技巧的复杂性所需的基础。我们的旅程将从详细检查机器学习工作流程（即数据科学家在解决现实世界问题时遵循的一步一步的过程）开始。在奠定了基础之后，我们将探索机器学习的一个基本分支：监督学习。之后将转向无监督学习，其间将探索聚类算法的世界。此外本章还将讨论各种评估指标以衡量模型的有效性，并探讨偏差-方差权衡，这是一个突出模型复杂性和泛化之间微妙平衡的基本概念。最后本章将探索交叉验证和超参数调整方法，以确保模型表现最佳。

完成对本章的学习后，读者将能够批判性地分析不同机器学习模型的优缺点，从而能够在为特定任务选择最合适的算法时做出明智的决策。通过本章中的编码示例和现实世界用例，读者将获得相应的实践经验，并在应用机器学习概念解决数据驱动的挑战时获得信心。

本章主要涉及下列主题。

（1）介绍机器学习工作流程。

（2）监督机器学习。

（3）无监督机器学习。

（4）总结其他值得注意的机器学习模型。

（5）理解偏差-方差权衡。

（6）超参数调整。

10.1　介绍机器学习工作流程

如果你是正在准备技术面试的数据科学家，理解机器学习工作流程是不可或缺的。机器学习涉及设计和应用算法和技术，使计算机能够学习相关模式，这些模式通常用于解决商业问题。

工作流程的核心包括几个关键阶段，首先是明确定义的问题陈述，最后是在未见过的数据上应用经过训练的模型。每个阶段，无论是选择适当的模型、调整超参数还是进行预测，都是数据科学过程中必不可少的一步。掌握这些阶段不仅提高了你的技术悟性，还为你提供了解决广泛数据相关问题所需的系统思维，如图 10.1 所示。

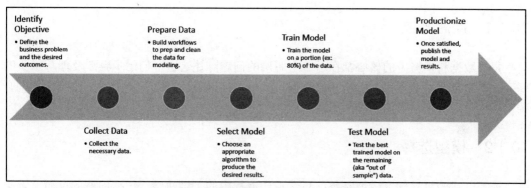

图 10.1 机器学习项目的工作流程

原文	译文
Identity Objective ● Define the business problem and the desired outcomes	恒等目标 ● 明确业务问题和期望结果
Prepare Data ● Build workflows to prep and clean the data for modeling	数据准备 ● 构建工作流程以准备和清洗建模所需的数据
Train Model ● Train the model on a portion(ex:80%)of the data	模型训练 ● 在数据的一部分（例如：80%）上训练模型
Productionize Model ● Once Satisfied,publish the model and results	模型部署 ● 一旦满意，发布模型和结果
Collect Data ● Collect the necessary data	收集数据 ● 收集必要的数据
Select Model ● Choose an appropriate algorithm to produce the desired results	选择模型 ● 选择一个适当的算法来产生期望的结果
Test Model ● Test the best trained model on the remaining(aka "out of sample")data	模型测试 ● 在剩余的（也称为"样本外"）数据上测试训练效果最佳的模型

　　机器学习工作流程的重要性不仅限于对算法的理论理解。在面试和实际应用中，人们经常根据你表达每个选择背后理由的能力来评估你——为什么选择特定的模型，如何调整它，以及如何评估其性能。

　　我们将深入探讨这些领域，涵盖常见模型、它们的优缺点以及微调技术。此外还将学习模型评估指标及其解释方式，确保你不仅仅是遵循步骤，还理解所做的每一个决策的含义。通过本节的学习，你将更好地准备好表达和执行一个健全的机器学习工作流程，使你在任何数据科学面试中脱颖而出。

10.1.1　问题陈述

每个数据科学努力的核心都在于一个明确的问题陈述。这个初始步骤涉及理解手头的问题，确定目标，并概述分析所需的数据。清晰的问题表述有助于为后续阶段设定方向，确保采用重点突出、目的明确的方法。

10.1.2　模型选择

选择合适的机器学习模型是数据科学工作流程中的关键决策。根据问题的性质（无论是涉及分类、回归、聚类还是其他任务）对各种模型的优缺点进行仔细考虑。模型选择阶段需要对算法及其在问题背景下的适用性有深入的理解。

10.1.3　模型调整

选择了模型之后，就进入了模型调整过程。这个阶段涉及优化超参数以实现最佳可能的模型性能。相应地，可采用网格搜索、随机搜索和贝叶斯优化等技术微调模型。本章稍后将更详细地讨论这些技术，但目前只需注意它们是尝试不同组合的模型超参数的不同方法，以找到提供最佳整体模型性能的集合。模型调整平衡了过拟合和欠拟合，确保模型能够很好地泛化到未见过的数据上。

10.1.4　模型预测

数据科学工作流程的高潮是将训练好的模型应用于新的、未见过的数据。这个预测阶段涉及利用模型学到的模式和关系进行准确的预测或分类。这是整个数据科学过程的成果得以实现的时刻，因为模型的有效性将在真实世界的数据上得到检验。

当然，还有比这里提到的更多的阶段，包括与利益相关者沟通、跟踪实验和监控数据漂移，但为了本章的目的，这些是我们将要集中讨论的主要领域。特别是，我们将回顾数据科学中的常见模型，包括它们的工作原理、假设、常见陷阱、实施示例、模型评估和调整。

10.2 监督机器学习

监督机器学习是一种机器学习类型，其中算法从标记的数据集中学习，包括输入特征及其相应的目标变量或标签。这些标签是"响应变量""目标变量"或"输出变量"。换言之，就是你试图预测的内容。

我们将关注两种类型的监督建模：
- 回归。
- 分类。

10.2.1 回归与分类

回归是一种特定的监督学习，其目标是预测连续数值。在回归任务中，算法学习输入特征与连续目标变量之间的映射。回归模型的输出是一个连续值，可以代表价格、温度、销售额或任何其他实数值的数量。线性回归和多项式回归是回归算法的常见例子，用于模拟连续环境中变量之间的关系。

例如，想象一下你正在对一个人的退休准备情况进行分析。在这种情况下，你希望根据人口统计数据预测一个人为退休存了多少钱。图 10.2 显示了一个输入特征映射到连续输出变量（即退休基金余额）的示例记录。

Age	Gender	Wage	Years in Field	Debt	Retirement Balance
40	1	54,000	20	10,000	64,000

图 10.2 回归数据示例

这里，每一行代表一个受试者的描述以及他们当前的退休基金余额。这是一个回归问题数据的例子，因为输出变量（试图预测的内容）是一个连续的目标变量。由于知道回归问题中的目标变量是连续的，我们也将知道如何评估模型的性能。

以下是一些常见的回归模型评估指标。

（1）均方误差（MSE）：这一指标计算预测值与实际值之间差异的平方的平均值，并对大的误差给予严重的惩罚。如果数据集包含离群值，它们将产生不成比例的影响。

（2）均方根误差（RMSE）：这一指标计算均方误差的平方根。它也对离群值敏感。

（3）平均绝对误差（MAE）：这一指标是预测值与实际值之间绝对差异的平均值。

现在，让我们将只输出连续变量的回归与分类进行比较。分类是监督学习的另一种形式，专注于预测给定一组输入特征的类别标签或类别。在分类任务中，算法学习训练数据中的模式以区分不同类别。分类模型的输出是一个离散标签，代表输入数据所属的预测类别。分类问题的常见例子包括电子邮件垃圾邮件检测（二元分类）、手写数字识别（多类分类）和情感分析（多类分类）。

参考图10.3，它回顾了退休分析问题。然而，这一次，它显示了一个输入特征映射到一个类别输出变量的示例记录——这个人是否准备好退休了。在这个场景中，假设 1 等于是，0 等于否。

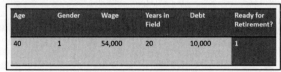

Age	Gender	Wage	Years in Field	Debt	Ready for Retirement?
40	1	54,000	20	10,000	1

图 10.3 分类数据示例

与回归类似，如果你知道问题涉及预测一个分类变量，那么可以使用以下模型性能评估指标。

（1）准确率：这一指标衡量预测正确的百分比。

（2）精确度：精确度是预测为阳性类的样本中实际为阳性类的比例。如果数据集不平衡，这可能是一个重要的指标。

（3）召回率（即灵敏度或真阳性率）：这一指标是正确预测为阳性类的实际阳性类样本的百分比，与精确度互补。

（4）特异性（即真阴性率）：特异性是正确预测为阴性的实际阴性样本的百分比。在假阳性成本高昂的情况下，如医学诊断中，这一点很重要。

（5）F1 分数：这一指标将精确度和召回率合并为一个指标，是两者之间的良好折中。

（6）接收者操作特征曲线下面积（AUC）：这一指标衡量模型区分阳性类和阴性类的能力。AUC 不受类别不平衡的影响。

现在我们已经回顾了回归和分类中的两种监督学习方法。在技术面试中，面试官会期望你知道使用的是分类模型还是回归模型。目标变量是这个决策点的关键。因此，如果能识别目标变量的格式，即可确定最适合你的数据科学问题的模型类型，以及最佳的评估指标。

本节的剩余部分将提供回归和分类模型的示例，包括它们的假设及其优缺点。

10.2.2 线性回归——回归

线性回归是数据分析和机器学习领域中一种基础的且广泛使用的统计方法，为模拟一个或多个自变量与因变量之间的关系提供了一个简单而强大的框架。线性回归的目标是找到最佳拟合的线性关系来描述数据，使我们能够进行预测并洞察潜在的模式。

1. 工作原理

线性回归通过拟合观测数据的线性方程进行工作。线性方程具有以下形式：

$$Y_i = \beta_0 + \beta_1 X_i$$

其中，Y 是想要预测的因变量，β_0 是截距或常数，β_1 是斜率。

线性回归的目标是估计系数，这涉及找到最佳拟合数据点的直线（或在更高维度中的超平面）。通常使用优化技术（如普通最小二乘法）估计系数，该方法旨在找到最小化残差平方和的系数。

2. 假设

在深入探讨线性回归的细节之前，了解其使用的基本假设非常重要。这些假设确保从线性回归模型中获得的结果的有效性和可靠性。主要假设如下所示。

（1）线性：假设自变量与因变量之间的关系是线性的。这意味着自变量的变化导致因变量成比例变化。

（2）独立性：假设观测值或数据点彼此独立。换句话说，一个观测值的因变量值不依赖于其他观测值的因变量值。

（3）同方差性：误差（观测值和预测值之间的差异）的方差在所有自变量水平上是恒定的。这一假设确保模型在整个数据范围内的预测同样准确。当数据集呈现同方差性时，意味着误差的方差对于所有预测变量值都是相同的。与同方差性相反的是异方差性，它发生在误差或数据点的变异性随着自变量范围的变化而系统地变化时。

（4）残差的正态性：残差（观测值和预测值之间的差异）应遵循正态分布。偏离正态性可能会影响统计检验和置信区间的准确性。

3. 常见陷阱

虽然线性回归是一个有价值的工具，但有如下几个陷阱需要注意。

（1）违反假设：未能满足线性回归的假设可能导致结果不准确和解释误导。

（2）离群值：离群值可能会对模型的系数产生不成比例的影响，从而导致错误的拟合。

（3）多重共线性：多重共线性是指自变量高度相关。当这种情况发生时，可能很难辨别它们各自对因变量的影响。

（4）过拟合：添加太多变量或多项式项可能导致过拟合，模型捕获的是数据中的噪声而不是潜在的模式。

4. 正则化回归

正则化回归，特别是 L1（Lasso）回归和 L2（Ridge）回归，是线性回归的扩展，它解决了一些局限性。虽然线性回归旨在找到最佳拟合线或超平面，但正则化回归引入了惩罚项以防止过拟合并提高模型性能。L1 和 L2 正则化方法通过在回归方程的系数上施加约束来增加复杂度控制。

正则化在线性回归目标函数中添加了一个惩罚项，这会阻止模型为特征分配过大的系数。L1 正则化将系数的绝对值作为惩罚项，导致一些系数完全为 0，而 L2 正则化添加了系数的平方值，这会执行更小但非零的系数。

（1）L1 正则化（Lasso）：$\text{minimize}\left(\sum_{i=1}^{N}\left(y_i - \beta_0 - \sum_{j=1}^{p}\beta_j x_{ij} \right)^2 + \lambda \sum_{j=1}^{p}|\beta_j| \right)$。

（2）L2 正则化（Ridge）：$\text{minimize}\left(\sum_{i=1}^{N}\left(y_i - \beta_0 - \sum_{j=1}^{p}\beta_j x_{ij} \right)^2 + \lambda \sum_{j=1}^{p}\beta_j^2 \right)$。

L1 和 L2 正则化在以下方面特别有用。

（1）特征选择：L1 正则化可以将一些系数压缩至完全为 0，有效地执行特征选择并识别最重要的变量。

（2）多重共线性管理：L2 正则化有助于通过将系数向 0 压缩来减轻多重共线性的影响。

（3）高维数据：在处理具有大量特征的数据集时，正则化回归非常有价值，它可以防止过拟合并改善泛化能力。

5. 实现示例

下面是一个使用 Python 和 scikit-learn 实现线性回归的简单示例：

```python
# Import necessary libraries and prepare data
from sklearn.model_selection import train_test_split
from sklearn.datasets import fetch_california_housing
from sklearn.linear_model import LinearRegression
from sklearn.metrics import mean_squared_error
housing = fetch_california_housing()
X = housing.data
y = housing.target
X_train, X_test, y_train, y_test = train_test_split(X, y, test_ size=0.2,
random_state=42)

# Train the model and compute error
linear_reg = LinearRegression()
linear_reg.fit(X_train, y_train)
```

```
y_pred = linear_reg.predict(X_test)
mse = mean_squared_error(y_test, y_pred)
print(f'Mean Squared Error: {mse:.2f}')
```

让我们更仔细地看看这个例子。

（1）为任何机器学习项目运行常见步骤，首先从 sklearn 导入所需的库。

（2）将数据集分割成训练集和测试集。

（3）初始化一个 LinearRegression 模型，并使用训练数据集通过 fit 方法对其进行训练。

（4）通过训练好的模型，使用测试数据集进行预测。

（5）通过测量均方误差检查预测的准确性。

面试练习

线性回归的关键假设是什么？

答案

关键假设包括线性、观测值的独立性、同方差性和残差的正态性。

面试练习

线性回归中的一些常见挑战是什么？

答案

常见挑战包括违反假设、处理离群值、管理多重共线性以及避免过拟合。

面试练习

如何处理线性回归中的多重共线性？

答案

多重共线性可以通过移除相关变量、使用降维技术或应用正则化方法解决。

面试练习

L1 正则化和 L2 正则化有何不同？正则化的好处是什么？

答案

L1 正则化通过将一些系数压缩至完全为 0 来鼓励稀疏性。L2 正则化将系数向 0 压缩，但很少完全消除它们。正则化有助于管理过拟合、执行特征选择和改善模型泛化，特别是在高维数据集中。

10.2.3　逻辑回归

逻辑回归是一种广泛使用的分类统计方法，用于模拟一个或多个自变量与二元结果变量之间的关系。尽管它的名字中有"回归"，但逻辑回归用于分类任务而非回归。它估计一个实例属于特定类别的概率，使其成为二元和多类分类问题中的重要工具。

1. 工作原理

逻辑回归使用逻辑函数（也称为 sigmoid 函数）将自变量的线性组合转换为概率：

$$y = \frac{1}{1 = e^{-(a+bx_1+cx_2)}}$$

该函数返回一个 0～1 的值，这是在给定输入值的情况下一个事件或类别发生的概率。一个可能使用逻辑回归的示例包括预测客户是否会流失并离开公司服务。

2. 假设

逻辑回归依赖于以下假设。

（1）对数概率的线性：结果变量处于某个类别的概率的对数概率是独立变量的线性组合。

（2）错误的独立性：假设误差或残差彼此独立。

（3）非多重共线性：独立变量之间不应高度相关。

（4）足够大的样本大小：逻辑回归在足够大的样本大小下效果最佳，以确保估计稳定。

3. 常见陷阱

在使用逻辑回归时，了解潜在的陷阱非常重要。

（1）类别不平衡：逻辑回归在处理类别分布不平衡时可能表现不佳。解决类别分布不平衡的一些方法包括重新采样、调整类别的权重（例如，训练模型时一个样本的重要性）以及查看不同的评估指标，如召回率。

（2）非线性关系：逻辑回归假设独立变量与结果的对数概率之间存在线性关系。复杂的非线性关系可能无法有效捕获。

（3）过拟合：包含太多变量或多项式项可能导致过拟合，特别是在数据有限的情况下。

（4）多重共线性：高度相关的独立变量可能影响系数估计的稳定性和可解释性。

4．实现示例

下面是一个使用 Python 和 scikit-learn 实现逻辑回归的简单示例：

```python
# Import necessary libraries and prep dataset
from sklearn.model_selection import train_test_split
from sklearn.datasets import load_iris
from sklearn.linear_model import LogisticRegression
from sklearn.metrics import accuracy_score
iris = load_iris()
X = iris.data
# Binary classification: Setosa vs. Others
y = (iris.target == 2).astype(int)
X_train, X_test, y_train, y_test = train_test_split(X, y, test_
size=0.2, random_state=42)

# Train the Logistic Regression model and compute accuracy
logreg = LogisticRegression()
logreg.fit(X_train, y_train)
y_pred = logreg.predict(X_test)
accuracy = accuracy_score(y_test, y_pred)
print(f'Accuracy: {accuracy:.2f}')
```

让我们更仔细地看看这个例子。

（1）在加载了鸢尾花数据集所需的库和数据之后，我们将数据分割成训练集和测试集（鸢尾花数据集通常用于分类机器学习问题）。

（2）初始化一个 LogisticRegression 模型，并使用训练集通过 fit 方法对其进行训练。

（3）通过训练好的模型，使用测试集进行预测。

（4）通过测量分类准确率检查预测的准确性。

面试练习

什么是逻辑函数，为什么在逻辑回归中使用它？

答案

逻辑函数（sigmoid 函数）将特征的线性组合映射到一个 0～1 的概率，从而实现分类。

面试练习

如何处理逻辑回归中的类别不平衡？

答案

处理类别不平衡的技术包括重新采样方法、调整类别权重和使用不同的评估指标。

10.2.4　k–最近邻（k–NN）

k-NN 是一个多功能的且直观的机器学习算法，它基于数据点的接近程度进行操作，并可以用于分类和回归问题。

1. 工作原理

k-NN 是一种懒惰学习算法，意味着它在训练期间不会构建一个明确的模型。相反，它记住了训练数据，当面对一个新的数据点进行预测时，它根据所选择的距离度量（例如，欧几里得距离）在训练集中识别 k 个最近邻。在分类任务中，k 个邻居中的多数类别决定了新点的预测类别。对于回归任务，算法返回 k 个邻居中目标变量的平均值。

2. 假设

k-NN 基于以下假设进行操作：同一类别或分类中的点在特征空间中倾向于彼此靠近。这使得它非常适合那些底层决策边界复杂且不易通过线性方法分离的情况。

3. 常见陷阱

使用 k-NN 时的一些常见陷阱如下。

（1）k 的选择：选择合适的 k 值至关重要。k 值过小可能会导致嘈杂的决策，而 k 值过大可能会导致决策边界过于平滑。

（2）特征缩放：k-NN 对特征的尺度敏感。通常需要进行特征缩放，如归一化或标准化，以确保所有特征在距离计算中平等贡献。

（3）维度的诅咒：在高维空间中，"最近"邻居可能并不具有真正的代表性，导致准确性降低和计算时间增加。

4. 实现示例

以下是使用 Python 和 sklearn 中的 KNeighborsClassifier 模块实现 k-NN 的示例：

```python
# Import necessary libraries and prep dataset
from sklearn.datasets import load_iris
from sklearn.model_selection import train_test_split
from sklearn.neighbors import KNeighborsClassifier
from sklearn.metrics import accuracy_score
iris = load_iris()
X, y = iris.data, iris.target
X_train, X_test, y_train, y_test = train_test_split(X, y, test_size=0.2,
random_state=42)

# Create a KNN classifier with k=3 and compute accuracy
knn = KNeighborsClassifier(n_neighbors=3)
knn.fit(X_train, y_train)
y_pred = knn.predict(X_test)
accuracy = accuracy_score(y_test, y_pred)
print(f'Accuracy: {accuracy:.2f}')
```

让我们更仔细地看看这个例子。

（1）加载鸢尾花数据集，这是用于分类问题的流行数据集。

（2）数据集被分割成训练集（80%的数据）和测试集（20%的数据），以评估模型在未见过的数据上的性能。

（3）创建了一个具有 3 个邻居的 k-NN 分类器，并使用训练数据对其进行训练。

（4）将模型在测试集上的预测与真实标签进行比较，以计算并打印分类器的准确率。

面试练习

k-NN 算法背后的基本思想是什么？

答案

k-NN 根据特征空间中 k 个最近邻的类别预测一个实例的类别。它假设相似的实例具有相似的标签。

面试练习

如何在 k-NN 中选择最优的 k 值？

答案

k 值的选择是一个超参数。可以使用诸如交叉验证之类的技术找到最优的 k 值，以平衡预测中的偏差和方差。

面试练习

k-NN 的优点和缺点是什么？

答案

k-NN 的优点包括简单性和在捕捉复杂决策边界方面的有效性。k-NN 的缺点包括对噪声的敏感性以及需要有效的数据结构以快速搜索。

10.2.5　随机森林

随机森林是一种多功能的且强大的集成学习技术，用于分类和回归任务。它是决策树算法的扩展，通过组合多个树来创建一个更稳健且准确的预测模型。随机森林以其处理复杂关系、减少过拟合并提供特征重要性洞察的能力而闻名。

1.　工作原理

随机森林构建了一个决策树集成，每棵树都在数据的不同子集上训练，并考虑特征的子集。集成方法是机器学习中的一种技术，它结合了多个单独模型的预测，以创建一个更稳健的整体预测。集成方法的理念是利用不同模型的多样性提高预测模型的整体准确性、稳定性和泛化能力。

当单个模型具有不同的优缺点，或者它们能够捕捉底层数据模式的不同方面时，集成方法尤其有效。通过组合这些模型，集成方法旨在减轻单个模型的弱点，并产生更可靠和准确的预测。

与单个决策树相比，随机森林包含了几个优点。

（1）减少过拟合：通过对多棵树的预测进行平均，随机森林减轻了过拟合的风险，并提供了更好的泛化。

（2）稳健性：与单一决策树相比，随机森林对噪声数据和异常值的敏感性较低。

（3）处理非线性：它能够捕捉特征与目标变量之间的复杂非线性关系。

（4）特征重要性：随机森林量化了每个特征的重要性，有助于特征选择和解释。

随机森林根据特定特征对集成的整体预测性能的贡献计算特征重要性。在保持其他特征不变的情况下随机改变某一特征的值时，通过测量特定指标的下降幅度评估该特征的重要性。除了了解模型中哪些特征最重要之外，数据科学家可能还会寻求优化模型的性能。

随机森林包含几个超参数，允许定制和微调集成算法的行为。调整这些超参数可以影响随机森林模型的性能、稳健性和计算效率。以下是一些重要的随机森林超参数的列表及其解释。

（1）n_estimators：集成（森林）中的决策树数量。增加树的数量通常会提高性能，直到达到收益递减或过拟合的点。

（2）max_depth：森林中每棵决策树的最大深度。它限制了分裂的次数，有助于控制模型复杂度并减少过拟合。

（3）min_samples_split：进一步分裂节点所需的最小样本数。它防止样本数量很少的节点被分裂，从而减少噪声。

数据科学家可能想要探索优化的超参数还有很多。要找到其他超参数的列表，可以参考 sklearn 文档：https://scikit-learn.org/stable/modules/generated/sklearn.neighbors.KNeighbors Classifier.html。

2. 假设

随机森林是一种强大的集成学习算法，它结合了多棵决策树进行预测。与其他一些机器学习算法不同，随机森林的假设较少。然而，需要注意的是，尽管单个决策树包含一定的假设，但集成方法有助于减轻这些假设的影响。

（1）观测值的独立性：单个决策树假设观测值彼此独立。虽然这是许多统计和机器学习方法中的常见假设，但随机森林的集成方法有助于减少违反这一假设的影响。随机抽样和多棵树的预测平均化有助于减轻相关或依赖观测的影响。

（2）线性：决策树假设特征与目标变量之间的关系可以用分段常数表示。随机森林作为决策树的集成，由于它包含的树的多样性，因而能够捕捉数据中的线性和非线性关系。

（3）同方差性：决策树不明确假设误差的同方差性（恒定方差）。同样，随机森林作为决策树的组合，不受这一假设的直接影响。

（4）残差的正态性：决策树不依赖于残差正态性的假设，随机森林算法继承了这种灵活性。然而，如果你将随机森林作为假设正态性的更广泛分析的一部分（例如，假设检验），则应在整体方法中考虑这方面的问题。

（5）特征缩放：随机森林对特征的尺度相对不敏感。它不需要像其他一些算法（如梯度提升或 K-均值聚类）那样对特征进行标准化或归一化。

（6）多重共线性：随机森林可以有效地处理多重共线性（特征之间的高度相关性），因为它在每棵树的每个节点中只考虑特征的一个子集，从而减少了相关特征的潜在影响。

值得注意的是，虽然随机森林比单个决策树更具稳健性和宽容性，但它并非完全不受数据质量和特征的影响。预处理、数据清洗和理解数据的特定领域属性仍然是构建准确可靠随机森林模型的重要步骤。

3. 常见陷阱

虽然随机森林是一种强大的算法，但了解潜在的陷阱非常重要。

（1）过拟合过多的树：尽管随机森林减少了过拟合，但使用过多的树仍可能导致不必要的计算复杂性。

（2）偏向主导类别：在不平衡的数据集中，随机森林可能由于其内在的平均机制而偏向多数类。

（3）计算和内存：训练大型随机森林可能在计算上昂贵且占用大量内存。

（4）特征选择：虽然随机森林提供了特征重要性，但它可能并不总是为特定问题识别出最优的特征子集。

4. 实现示例

下面是一个使用 Python 和 scikit-learn 库实现随机森林分类器的基本示例：

```
# Import necessary libraries and prep dataset
import numpy as np
from sklearn.model_selection import train_test_split
from sklearn.datasets import load_iris
from sklearn.ensemble import RandomForestClassifier
from sklearn.metrics import accuracy_score
iris = load_iris()
X = iris.data
y = iris.target
X_train, X_test, y_train, y_test = train_test_split(X, y, test_size=0.2, random_state=42)
```

```
# Initialize the Random Forest classifier and compute accuracy
random_forest = RandomForestClassifier(n_estimators=100, random_
state=42)
random_forest.fit(X_train, y_train)
y_pred = random_forest.predict(X_test)
accuracy = accuracy_score(y_test, y_pred)
print(f'Accuracy: {accuracy:.2f}')
```

在这个示例中，我们出于简单起见使用了流行的鸢尾花数据集。以下是代码执行的操作。

（1）使用了流行的鸢尾花分类数据集。

（2）数据集被分割成训练集（80%的数据）和测试集（20%的数据），以评估模型在未见过的数据上的性能。

（3）初始化了一个随机森林分类器 RandomForestClassifier，这是集成学习方法的一个例子，它初始化为 100 棵树，然后使用训练数据进行训练。此外，模型设置了一个随机种子（random_state=42），以确保可复现性。

（4）训练完成后，通过预测测试集的类别标签以及随后计算和打印这些预测与真实测试集标签相比的准确性，评估模型的性能。

面试练习

随机森林是如何工作的？

答案

随机森林是决策树的集成。它在数据的不同子集上训练多棵树，并通过多数票或平均值组合它们的预测。

面试练习

随机森林中随机性的作用是什么？

答案

随机性是通过数据的自助采样和树构建过程中的特征子采样引入的。这有助于减少过拟合并促进树之间的多样性。

面试练习

使用随机森林的优点是什么？

答案

随机森林对过拟合具有稳健性，能够很好地处理高维数据，提供特征重要性得分，并且可以处理分类和回归任务。

10.2.6　极端梯度提升（XGBoost）

XGBoost 是一种功能强大且高效的梯度提升算法，旨在解决广泛的机器学习问题。像随机森林一样，它也可以用于回归和分类。由于其在预测建模竞赛和现实世界应用中的卓越性能，它已经获得了巨大的流行度。XGBoost 在处理结构化/表格数据方面尤其有效，以其稳健性、可扩展性和捕获复杂模式的能力而闻名。

1. 工作原理

XGBoost 顺序地构建弱预测模型（通常是决策树）的集成，每个后续模型尝试纠正前一个模型所犯的错误。XGBoost 的核心原则如下所示。

（1）梯度提升：XGBoost 采用梯度提升，通过迭代地向集成中添加新模型以最小化损失函数。

（2）正则化：XGBoost 在损失函数中加入 L1（Lasso）和 L2（Ridge）正则化项来控制过拟合。

（3）特征重要性：XGBoost 提供特征重要性的洞察，允许了解每个特征对模型预测的贡献。

（4）交叉验证：XGBoost 支持 k 折交叉验证以评估和优化模型性能。

2. 假设

与随机森林类似，XGBoost 是基于决策树的集成学习算法，与传统线性模型相比，它的假设更少。因此，这里应考虑与随机森林相同的实际情况。

3. 提升与装袋法

XGBoost 正如其名称所暗示的，依赖于梯度提升，或简单地提升。提升是一种迭代技术，通过组合多个弱模型来顺序构建一个强大的模型。这样做的目的是将重点放在当前模型难以处理的示例上，并赋予它们更高的权重，从而有效地"提升"它们的重要性。弱模型是顺序训练的，每个新模型对前一个模型的错误分类的样本给予更多的权重。

然而，在装袋法（bootstrap aggregating）中，同一算法的多个实例在不同的训练数据子集上进行训练，这些数据子集是通过随机抽样替换获得的。最终预测通常是个别模型预测的平均值或多数票。随机森林是一种知名的集成方法，它使用决策树的装袋法。

因此，装袋法和提升之间的差异如下所示。

（1）模型组合：装袋法涉及独立训练多个基模型，然后聚合它们的预测。提升则通过迭代训练一系列模型，其中每个新模型专注于纠正前一个模型的错误。

（2）训练方法：装袋法通过平均不同模型的预测减少方差。提升通过迭代优化模型性能减少偏差和方差。

（3）权重分配：装袋法为所有训练样本分配相等的权重。提升为错误分类的样本分配更高的权重，更专注于困难的实例。

（4）顺序与并行：装袋法并行训练基模型，因为它们彼此独立。提升顺序训练模型，其中每个新模型取决于前一个模型的性能。

（5）性能：提升通常能获得更高的准确性，但如果不适当控制，可能更容易过拟合。装袋法的方差较低，可能不太容易过拟合。

总之，尽管装袋法和提升都旨在提高集成模型的性能，但它们在组合模型的方法和处理训练实例的方式上有所不同。选择装袋法还是提升取决于问题的性质、可用数据以及偏差和方差之间的期望权衡。

4. 常见陷阱

尽管 XGBoost 是一个强大的算法，但仍有一些需要注意的事项。

（1）超参数调整：XGBoost 的性能对超参数很敏感。仔细调整是获得最佳结果的关键。

（2）过拟合：尽管有正则化，但过拟合仍然可能发生，特别是当使用大量的提升轮次时。

（3）计算复杂性：复杂模型或大型数据集可能导致计算需求增加和训练时间变长。

（4）可解释性：虽然 XGBoost 提供了特征重要性，但其复杂的性质可能使模型解释具有挑战性。

面试练习

XGBoost 是如何工作的？使用 XGBoost 有什么优势？

答案

XGBoost 通过梯度提升顺序地向集成中添加新模型，目的是通过梯度提升纠正先前模型所犯的错误。XGBoost 提供了高性能、灵活性、特征重要性洞察、正则化以及处理不平衡类别的能力。

面试练习

装袋法和提升之间有什么区别？

答案

装袋法和提升都是机器学习中的集成方法，它们通过结合多个模型提高性能。装袋法独立训练多个基模型并聚合它们的预测，通常通过平均不同模型的预测减少方差。另一方面，提升顺序训练模型，每个后续模型纠正其前驱的错误，旨在减少偏差和方差。

装袋法为所有训练样本分配相等的权重，而提升通过给予它们更高的权重优先考虑错误分类的实例。这意味着提升更专注于具有挑战性的案例。由于装袋法的模型独立操作，因此以并行方式训练，而提升则需要顺序方法，因为每个模型都建立在前一个模型的性能之上。在性能方面，提升通常实现更高的准确性，但如果不小心管理，可能更容易过拟合，而装袋法通常更稳定，并且不太容易过拟合。

10.3　无监督机器学习

无监督机器学习是人工智能中一个迷人的分支，它专注于在没有来自标记结果的明确指导下发现数据中的模式、关系和结构。监督学习使用标记数据训练模型并进行预测，与监督学习不同，无监督学习旨在探索数据本身固有的信息。这种类型的学习对于揭示隐藏的洞察、寻找聚类、降低维度和揭示潜在的表示尤其有价值。聚类是无监督学习的常见用例。

聚类是指根据数据点特征的相似性将它们分组成不同的子集或"聚类"，而不是使用预先标记的数据作为指导。想象一下，你有一个数据点的散点图，并希望对似乎聚集在一起的点组进行颜色编码；这基本上就是聚类算法所做的工作，但可能是在多维空间中。目标是确保同一聚类中的数据点比不同聚类中的数据点更相似。

对于企业而言，聚类有众多应用：针对目标市场营销进行客户细分，将大量文件或新闻文章归纳为连贯的主题，检测数据中的异常模式或异常值，甚至帮助零售商根据购买行为优化商店中的产品摆放。发现这些自然分组使企业能够获得洞察力，增强决策能力，并针对特定受众细分市场制定策略。

本节将深入探讨无监督学习的基础概念，包括其关键算法、应用、挑战和面试问题，阐明它如何赋予我们从未经注释的数据中提取有意义知识的能力。首先，我们将考察一些常见的聚类算法，并以如何评估算法产生的聚类结束。

10.3.1　K-means

K-means 聚类是一种基础的无监督学习算法，旨在基于数据点之间的相似性将数据划分为不同的组或聚类。它被广泛用于模式识别、分割和理解数据集内的潜在结构。K-means 直观、计算效率高，并能提供对数据固有分组的有价值洞察。

1. 工作原理

K-means 通过迭代地将数据点分配给聚类并更新聚类中心点，最小化点与各自中心点之间平方距离之和。其中涉及的关键步骤如下所示。

（1）初始化：随机选择初始聚类中心点。

（2）分配：将每个数据点分配给最近的中心点。

（3）更新：根据每个聚类中数据点的平均值重新计算中心点。

（4）重复：在分配和更新之间迭代，直到收敛或达到指定的迭代次数。

2. 假设

虽然 K-means 相对简单有效，但它确实对数据和聚类结构有一定的假设。这些假设可能影响算法的性能和结果聚类的质量。以下是 K-means 的关键假设。

（1）聚类的形状和大小：K-means 假设聚类是球形的，并且大小大致相等。换而言之，它假设聚类具有相似的直径，并包含大致相同数量的数据点。

（2）等方差：K-means 假设每个聚类内数据点的方差（分散程度）大致相同。这个假设很重要，因为 K-means 使用均值作为聚类的中心，等方差有助于确定数据点与中心的"平均"距离。

（3）特征影响：K-means 平等对待所有特征，并假设它们对聚类过程有类似的影响。如果某些特征比其他特征更相关或更重要，这可能会成为问题。

（4）聚类独立性：K-means 假设聚类是独立且不重叠的。实际上，数据点可能属于多个聚类或表现出 K-means 无法捕捉的复杂模式。

（5）球形聚类：K-means 适用于大致呈球形的聚类。如果聚类具有不规则形状、拉长的结构或密度，K-means 可能难以准确捕捉这些模式。

（6）预定义聚类数量：K-means 要求提前指定聚类的数量（k）。如果不知道真实的聚类数量，或者数据不自然地划分为不同的聚类，这可能是一项挑战。

（7）相似密度聚类：K-means 假设聚类具有相似的密度。如果某些聚类比其他聚类更密集，K-means 可能难以正确分配数据点。

（8）特征缩放：像大多数其他聚类算法一样，需要对特征进行缩放，以确保其中一个特征不会对模型产生比其他特征更大的影响。

3. 常见陷阱

K-means 有一些需要考虑的问题和挑战。

（1）聚类数量：选择最优的聚类数量（k）可能是主观的，并影响结果。

（2）对初始化敏感：K-means 的性能可能会因初始中心点的选择而变化。

（3）聚类形状和密度：K-means 假设聚类是球形且大小相等，这可能不总是与数据一致。

（4）离群值：离群值可以显著影响聚类中心点，并影响结果。

4. 实现示例

下面是一个使用 Python 和 scikit-learn 库实现 K-means 聚类的简单示例：

```python
# Import necessary libraries and prep data with 4 clusters
import matplotlib.pyplot as plt
from sklearn.datasets import make_blobs
from sklearn.cluster import KMeans

X, _ = make_blobs(n_samples=300, centers=4, cluster_std=0.60, random_
state=0)

# Initialize K-Means with 4 clusters and plot cluster centers
kmeans = KMeans(n_clusters=4)
labels = kmeans.fit_predict(X)
cluster_centers = kmeans.cluster_centers_
plt.scatter(X[:, 0], X[:, 1], c=labels, cmap='viridis')
plt.scatter(cluster_centers[:, 0], cluster_centers[:, 1], s=300,
c='red')
plt.xlabel('Feature 1')
plt.ylabel('Feature 2')
plt.title('K-Means Clustering')
plt.show()
```

让我们更仔细地看看这个例子。

（1）导入必要的库（如 Matplotlib）和 scikit-learn 中的相关函数，并创建了自己的数据集（即合成数据集），使用 make_blobs 函数生成了 4 个不同的聚类，并产生了 300 个样本。在这个例子中，我们正在演示如何使用 K-means 模型。

（2）初始化 K-means 聚类算法以将数据划分为 4 个聚类。

（3）K-means 算法拟合到合成数据上，将每个数据点分配给 4 个聚类之一。然后确定这些聚类的中心。

（4）使用 Matplotlib，数据点在散点图上可视化，根据其分配的聚类进行颜色编码。这些聚类的中心也以红色绘制，最终的图表展示了 K-means 算法如何对数据进行分组。

面试练习

K-means 聚类算法的目标是什么？

答案

K-means 旨在通过最小化每个数据点与其分配的聚类的中心之间的平方距离之和，将数据点划分为聚类。

面试练习

K-means 如何初始化聚类中心？

答案

K-means 可以使用随机初始化、K-means++或自定义初始化等策略确定聚类中心的初始位置。

10.3.2　具有噪声的基于密度的聚类应用（DBSCAN）

DBSCAN 是一种强大的无监督学习算法，擅长于识别数据中任意形状的聚类。与假设球形且大小相等的 K-means 不同，DBSCAN 基于特征空间中数据点的密度发现聚类，特别适用于处理嘈杂数据以及大小和形状不同的聚类。

本章将深入探讨 DBSCAN 的复杂性、原理、优点、局限性、在 Python 中的实现以及现实世界的应用。

1. 工作原理

DBSCAN 通过考虑两个主要参数来识别聚类：定义数据点邻域的半径（epsilon）和形成密集区域所需的最小数据点数（min_samples）。算法的操作如下所示。

（1）核心点：如果一个数据点的 epsilon 邻域内至少有 min_samples 个数据点，则该数据点被视为核心点。

（2）边界点：如果一个数据点在核心点的 epsilon 邻域内，但本身没有足够的邻居被视为核心点，则该数据点是边界点。

（3）噪声点：既不是核心点也不是边界点的数据点被归类为噪声点。

DBSCAN 首先选择任意一个数据点，扩展其邻域，并递归地增长聚类。这个过程继续进行，直到不能再向聚类中添加更多的数据点，此时形成一个新的聚类。然后重复这个过程，直到所有数据点被分类到聚类中或被标记为噪声。

DBSCAN 包含以下几个优点。

（1）聚类形状：DBSCAN 能够识别任意形状的聚类，使其适合复杂的数据集。

（2）噪声处理：DBSCAN 可以有效地处理嘈杂数据，并将异常值分类为噪声点。

（3）聚类大小：DBSCAN 能够在同一数据集中发现大小和密度不同的聚类。

（4）参数稳健性：与需要提前指定聚类数量的方法相比，DBSCAN 需要的参数调整最小。

2. 假设

DBSCAN 不像其他一些聚类算法（如 K-means）那样对聚类的形状有特定的假设，但它确实有一定的假设和特点。

（1）基于密度的聚类：DBSCAN 的主要假设是，聚类是通过低密度区域分隔开的高密度区域。聚类内的数据点紧密堆积，有低数据点密度的区域分隔不同聚类。

（2）密度可达性：DBSCAN 使用"密度可达性"这一概念。如果一个数据点在指定距离（epsilon，ε）内，并且在该距离内的点数超过预定义的阈值（MinPts），则认为该数据点可以从另一个点处密度可达。

（3）核心点：核心点是指在其距离 ε 内至少有 MinPts 个数据点的数据点。这些点位于聚类的中心。

（4）边界点：边界点本身不是核心点，但位于核心点的 ε 距离内。它们可能属于一个聚类，但不被认定为聚类的中心点。

（5）噪声（离群值）：不符合成为核心点或边界点标准的数据点被视为噪声或离群值。它们不属于任何聚类。

（6）聚类连通性：DBSCAN 通过连接彼此密度可达的核心点形成聚类。这意味着可以使用一系列核心点连接同一个聚类的不同部分，即使它们不是直接密度可达的。

（7）任意形状的聚类：与 K-means 等算法不同，DBSCAN 可以识别具有任意形状的聚类，并不假设聚类是球形或椭圆形的。

（8）参数敏感性：DBSCAN 需要两个主要参数：ε 和 MinPts。这些参数的选择可能会影响结果，找到合适的值有时可能需要实验和领域知识。

3. 常见陷阱

数据科学家在使用 DBSCAN 时可能会遇到几个常见陷阱。

（1）选择错误的参数：DBSCAN 需要两个关键参数：ε 和 MinPts。ε 决定了两个点被认为是邻居的最大距离，MinPts 指定了在 ε 内形成一个核心点的最小点数。为这些参数选择不适当的值可能导致不理想的结果，如过拟合、欠拟合或将噪声识别为聚类。

（2）对数据缩放敏感：DBSCAN 的基于密度的特性使其对特征的缩放敏感。当特征具有显著不同的尺度时，ε 的选择可能无法同样适用于所有维度。标准化或归一化数据可以帮助缓解这一问题。

（3）噪声解释：DBSCAN 可以将噪声识别为单独的聚类或将噪声归类为离群值类别。这些噪声点的解释取决于数据的上下文和问题。错误地将噪声解释为实际聚类可能导致误导性的洞察。

（4）不均匀密度聚类：DBSCAN 可能难以处理密度不同的聚类。如果聚类内的密度不一致，设置全局 ε 可能不适用于数据集的所有部分。在这种情况下，使用其他聚类算法或考虑不同区域的不同密度参数可能更合适。

（5）高维数据：由于"维度的诅咒"，DBSCAN 在高维空间中的有效性可能会降低。随着维度数量的增加，点之间的距离变得不那么有意义，可能导致聚类更稀疏或将大多数点识别为噪声。对于高维数据，可能需要降维技术或考虑使用其他聚类方法。

（6）离群值识别：DBSCAN 对离群值敏感，并将其归类为噪声或围绕它们形成小聚类。处理离群值需要清楚地理解问题并能够区分真正的聚类和噪声。

（7）聚类形状假设：尽管 DBSCAN 在识别不同形状的聚类方面非常有效，但它可能难以处理密度不同的聚类或嵌套在其他聚类中的聚类。在这种情况下，可能更适合使用层次聚类等替代聚类算法。

4. 实现示例

下面是一个使用 Python 和 DBSCAN 模块实现 DBSCAN 的基本示例：

```
# Import the needed libraries and prep the dataset
from sklearn.cluster import DBSCAN
from sklearn.datasets import make_blobs
import matplotlib.pyplot as plt
X, _ = make_blobs(n_samples=300, centers=3, cluster_std=0.6, random_
state=0)

# Create DBSCAN model, fit it, and plot clusters
dbscan = DBSCAN(eps=0.5, min_samples=5)
labels = dbscan.fit_predict(X)
plt.scatter(X[:, 0], X[:, 1], c=labels, cmap='viridis', s=50)
plt.xlabel('Feature 1')
plt.ylabel('Feature 2')
plt.title('DBSCAN Clustering')
plt.show()
```

在这个例子中，代码执行了以下操作。

（1）使用 sklearn.datasets 中的 make_blobs 函数生成合成数据。

（2）通过指定 eps（epsilon）参数创建 DBSCAN 实例，eps 参数用于控制两个数据点之间的最大距离，以便将它们视为同一聚类的一部分。

（3）指定 min_samples 参数，定义形成核心点所需的最小邻居点数。

（4）使用 fit_predict 方法将模型拟合到数据上，该方法返回每个数据点的聚类标签。最后，我们使用散点图可视化聚类。

10.3.3　其他聚类算法

在数据科学界，你可能会遇到大量的聚类算法。选择正确的模型完全取决于理解与问题相关的独特场景和业务假设。虽然本章无法回顾每一个无监督模型，但以下是一些可能会考虑的其他模型。

（1）分层聚类是一种聚类技术，它通过基于相似性度量递归地划分或合并数据点以建立聚类的层次结构。与其他产生数据的单一划分的聚类方法不同，层次聚类创建了一个类树状结构的聚类，称为树状图。这个树状图为数据点和聚类之间的层次关系提供了洞察。

（2）谱聚类使用拉普拉斯图将数据转换到低维空间，然后在这个转换后的空间中执行聚类。它对聚类具有复杂结构的数据特别有用，并且不受聚类形状的限制。

（3）用于识别聚类结构的排序点（OPTICS）是一种类似于 DBSCAN 的基于密度的聚类算法。它根据数据点的密度连通性创建数据点的排序。与 DBSCAN 不同，它生成了一个可达性图，这有助于可视化不同密度和不同大小的聚类。

（4）模糊 c-means（FCM）是一种聚类算法，它扩展了传统的 K-means 算法，允许数据点归属于多个具有不同成员资格的聚类。与每个数据点完全属于一个单一聚类的 K-means 不同，FCM 为每个聚类分配了每个数据点的成员值，代表属于该聚类的程度。这使得 FCM 成为一种模糊聚类算法，其中点可以在多个聚类中拥有部分成员资格。

10.3.4　评估聚类

现在我们已经介绍了一些聚类算法，以下是一些常见的评估聚类算法的方法。

（1）轮廓系数：这量化了对象与其聚类（凝聚力）与其他聚类（分离度）的相似程度。它的范围是 $-1 \sim 1$，较高的值表示定义更明确的聚类。

（2）肘部法则：这是一种图形表示，展示了数据集中每个主成分或因子的特征值（方差）。在聚类的背景下，它用于理解随着聚类数量的增加，每个聚类解释的方差有多少。在所谓的碎石图中，X 轴代表聚类的数量，Y 轴代表平方距离之和（惯性）。该图通常呈现为一条起初急剧下降，然后开始趋于平稳的曲线。"肘部"点，即下降速率变化的地方，指示了最优的聚类数量。肘部法则有助于识别一个点，在这一点上添加更多聚类不会显著改善模型对数据的拟合，实现了最小化内部聚类距离和避免过度模型复杂性之间的平衡。

（3）调整后的 Rand 指数（ARI）：这衡量真实类别分配与预测聚类之间的相似度，同时调整了偶然性。

（4）归一化互信息（NMI）：这量化了真实类别分配与预测聚类之间共享的信息量，并根据聚类大小进行了归一化处理。

面试练习

DBSCAN 是如何工作的？

答案

DBSCAN 基于数据点的密度对它们进行聚类。它将密集区域定义为聚类，并将离群值识别为噪声点。在指定距离（epsilon）内，达到最小邻居数量（min_samples）的点被认为是同一聚类的一部分。

面试练习

DBSCAN 能够识别哪些类型的聚类？

答案

DBSCAN 能够识别形状各异的聚类,包括密集聚类、稀疏聚类以及通过低密度区域分隔的聚类。

面试练习

DBSCAN 如何处理噪声和离群值?

答案

DBSCAN 可以将不属于任何聚类的点识别为噪声点。远离密集区域的离群值被视为噪声,而靠近密集聚类的内点则被包含在这些聚类中。

10.4　总结其他值得注意的机器学习模型

在机器学习的动态领域中,众多模型迎合了多样化的数据和问题领域。本节将重点介绍其他值得注意的模型,每个模型都提供了独特的功能,并解决了特定的挑战。从文本处理到生存分析,我们将探索一系列扩展机器学习应用范围的模型。

(1)广义相加模型(GAM):GAM 通过适应变量之间的非线性关系扩展线性回归。通过使用平滑函数,GAM 提供了一个灵活的框架以捕获数据中的复杂交互和模式,使它们成为包括环境科学、经济学和医疗保健在内的各个领域中有价值的工具。

(2)朴素贝叶斯:这是一种基于贝叶斯定理的概率分类器。尽管简单,朴素贝叶斯在文本分类、垃圾邮件过滤和情感分析方面表现出色。它在处理高维数据集和快速训练方面的效率使其成为许多基于文本的任务的首选。

(3)支持向量机(SVM):这些算法以其能够学习类别之间线性和非线性边界的能力而闻名。在分类领域,SVM 提供了高准确性和稳健性。线性 SVM 在具有线性可分性的场景中表现出色,而核方法使 SVM 能够处理非线性数据集中的复杂决策边界。

(4)购物篮分析:购物篮分析侧重于发现经常一起购买的商品之间的关联。它在零售业中广泛应用,揭示了推动产品推荐和营销策略的模式。Apriori 算法和 FP-growth 是提取频繁项集的著名技术。

(5)生存分析:这种分析用于分析从时间到事件的数据,例如客户流失、医疗预后或故障预测。利用风险函数和 Kaplan-Meier 曲线，该模型评估在给定时间范围内事件发生的概率。

（6）自然语言处理（NLP）：NLP 任务包括广泛的任务，涉及情感分析、命名实体识别（NER）、机器翻译和问答。基于 Transformer 的先进模型，如 BERT 和 GPT，通过学习上下文表示彻底改变了 NLP 任务。NLP 任务的例子包括情感分析、文本分类、命名实体识别、文本生成、文本摘要、语音识别、文本到语音（TTS）和语义标注等。

（7）异常检测模型：异常检测对于发现异常值和识别偏离预期行为的不寻常模式至关重要。像孤立森林、单类 SVM、局部异常因子（LOF）和自编码器这样的模型擅长在欺诈检测、网络安全和故障诊断中发现异常。

（8）推荐系统：推荐系统预测用户偏好并推荐感兴趣的项目或内容。协同过滤、基于内容的过滤和混合模型结合用户行为和项目属性提供个性化推荐。矩阵分解（NMF）、交替最小二乘法（ALS）、基于用户的过滤和基于内容的过滤是在此领域中采用的突出技术。

10.5　理解偏差-方差权衡

在构建机器学习模型的过程中，了解它们在未见过的数据上的表现至关重要。评估模型的性能提供了对其有效性、泛化能力和潜在改进领域的洞察。本节将深入探讨使用测试集全面评估模型性能的关键过程。

模型评估是机器学习流程中的关键步骤，它验证了模型在现实世界场景中的实用性。它衡量模型预测与实际结果的一致性，确保模型能够在训练数据之外做出准确可靠的决策。在评估模型的性能时，考虑两个关键方面至关重要：偏差和方差。

偏差是指由于学习算法中过于简化的假设而导致的误差，导致模型欠拟合，从而错过了相关关系。另一方面，方差出现在模型过于复杂并捕获了训练数据中的噪声时，导致模型过拟合，因而无法很好地泛化到新数据上，如图 10.4 所示。

在偏差和方差之间找到正确的平衡是一项挑战。增加模型复杂度可以减少偏差，但可能增加方差；而降低复杂度可以减少方差，但可能增加偏差。实现偏差和方差之间的最佳权衡对于开发能够在训练和测试数据上都表现良好的模型至关重要。

模型复杂度指的是机器学习模型在捕捉数据内部关系方面的复杂性和灵活性。一个更复杂的模型可以更紧密地拟合训练数据，可能捕获复杂的模式和噪声。然而，这种增加的复杂性也可能导致过拟合，即模型变得高度适应训练数据，难以泛化到新的、未见过的数据。另一方面，一个不太复杂的模型可能无法捕捉数据的所有细微差别，导致欠拟合，即它未能捕获数据中存在的基本关系。

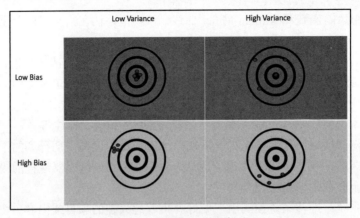

图 10.4　偏差与方差的描述

原文	译文
Low Variance	低方差
High Variance	高方差
Low Bias	低偏差
High Bias	高偏差

面试练习

机器学习中的偏差-方差权衡是什么？

答案

偏差-方差权衡指的是模型拟合训练数据的能力（低偏差）和它泛化到新的、未见过的数据的能力（低方差）之间的平衡。增加模型复杂度可以减少偏差但增加方差，反之亦然。

面试练习

欠拟合与偏差-方差权衡有何关系？

答案

欠拟合发生在模型过于简单而无法捕获数据中的潜在模式时，导致高偏差和在训练数据及测试数据上表现不佳。

面试练习

过拟合与偏差-方差权衡有何关系？

答案

过拟合发生在模型过于复杂并拟合训练数据中的噪声时，导致低偏差和高方差。这可能导致在训练数据上表现优异，但泛化到测试数据时表现不佳。

10.6　超参数调整

超参数调整是系统地搜索和选择机器学习模型超参数的最优值的过程。与从训练数据中学习得到的模型参数不同，超参数是由实践者确定的，并定义了模型的复杂性、学习率、正则化强度等特征。超参数调整的目标是识别出在未见过的数据上能够带来最佳模型性能的超参数值。

超参数调整涉及对每个超参数的不同值进行实验，并使用适当的评估指标评估模型的性能，通常在验证集上进行。该过程可以由不同的策略指导，如网格搜索、随机搜索或更先进的技术（如贝叶斯优化）。

10.6.1　网格搜索

网格搜索是一种系统的超参数调整方法。它涉及定义一个可能的超参数值网格，并穷尽地搜索所有组合。网格搜索使用预定义的评估指标评估每个组合，并识别出产生最佳性能的配置。

虽然网格搜索保证了对超参数空间的彻底探索，但它在计算上可能很昂贵，特别是当处理大量超参数或广泛的值范围时。

10.6.2　随机搜索

随机搜索采取了一种不同的方法，它从预定义的范围内随机抽样超参数组合。这种随机方法与网格搜索相比，在更少的迭代次数中探索了更广泛的超参数值。虽然它可能无法保证全面覆盖，但随机搜索已被证明在发现良好的超参数配置方面是有效的，并且计算成本更低。

10.6.3　贝叶斯优化

贝叶斯优化利用概率模型高效地导航超参数空间。它使用先前评估获得的信息指导后续超参数组合的选择。贝叶斯优化在探索（尝试新的组合）和开发（专注于有希望的区域）之间取得了平衡，使其在超参数调整中非常高效。

面试练习

在机器学习的背景下，超参数是什么？

答案

超参数是在开始学习过程之前设置的参数，它们影响模型的行为和性能。它们不是从数据中学习得到的，而是由实践者确定的。

面试练习

超参数如何影响模型训练？

答案

超参数影响模型复杂性、收敛速度和正则化等方面。调整超参数可以显著影响模型的性能和泛化能力。

面试练习

调整超参数的常见技术有哪些？

答案

常见技术包括网格搜索、随机搜索以及更先进的方法，如贝叶斯优化。这些方法系统地探索超参数空间，以找到模型的最佳配置。

10.7　本　章　小　结

在对机器学习的研究中，我们深入探讨了关键概念，获得了重要的洞察。我们的探索涵盖了监督学习和无监督学习，进而掌握了一组多样化的模型。

本章讨论了从线性和逻辑回归到基于树的技术（如随机森林和 XGBoost 等模型）。这些模型能够捕捉复杂的关系并准确估计类别概率。此外，我们对聚类方法（包括 K-means、层次聚类和 DBSCAN）的探索，使我们掌握了从未标记数据中提取模式的艺术。不仅如此，超参数调整和模型评估方面的重要技能也丰富了我们的知识。我们学习了如何使用网格搜索等工具优化模型，并开始理解关键的评估指标，如准确性和精确度。

在为数据科学面试做准备时，这些知识证明了我们的适应性和解决问题的能力。除面试之外，这种理解使我们能够应对现实世界的数据挑战，并量身定制模型以满足多样化的业务需求。这一旅程使我们能够在面试中表现出色，并在动态的数据科学世界中做出有意义的贡献。

第 11 章将研究深度学习概念，如流行的神经网络架构。

第 11 章　用深度学习构建网络

第 10 章探索了机器学习（ML）概念，包括常见的优点、缺点、陷阱以及各种流行的机器学习算法。

本章将探索人工智能（AI），并深入研究深度学习（DL）概念。我们将回顾在数据科学面试中最常见的重要的神经网络（NN）基础知识、组件、任务和 DL 架构。在此过程中，我们将解开权重、偏差、激活函数和损失函数的神秘面纱，同时掌握梯度下降和反向传播的艺术。

其间，我们将对网络进行微调，深入探索嵌入和自编码器（AE）的魔力，并使用变革性的 Transformer。此外，本章将揭开迁移学习（TL）的秘密，了解为什么神经网络通常被称为"黑箱"，并探索已经彻底改变了行业并为生成式人工智能（GenAI）和大型语言模型（LLM，如 ChatGPT）铺平了道路的常见网络架构。

本章主要涉及下列主题。

（1）介绍神经网络和深度学习。

（2）讨论权重和偏差。

（3）使用激活函数激活神经元。

（4）剖析反向传播。

（5）使用优化器。

（6）理解嵌入。

（7）列出常见的网络架构。

（8）介绍 GenAI 和 LLM。

11.1　介绍神经网络和深度学习

本质上，神经网络（也称为神经网）是一种受人脑结构和功能启发的计算模型。它旨在以类似于人类神经元工作的方式处理信息并做出决策。

神经网络由相互连接的节点或人工神经元组成，这些节点被组织成层。这些层通常包括一个输入层、一个或多个隐藏层以及一个输出层，如图 11.1 所示。神经元之间的每个连接都与一个权重相关联，权重决定了连接的强度，而一个激活函数则定义了神经元的输出。

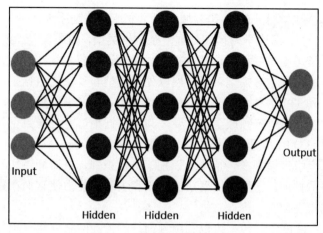

图 11.1　基本的神经网络图

原文	译文
Input	输入
Output	输出
Hidden	隐藏

　　数据从输入层通过隐藏层传递，直到作为输出到达最后一层。图 11.1 显示了两个输出节点，但神经网络可以包含一个甚至数百个输出节点。输出节点的数量在创建神经网络时是一个重要的设计决策。数据科学家必须设计出有效的网络以解决他们正在处理的问题。例如，对于回归问题，神经网络可能只有一个输出节点，而对于分类任务，每个类别可能有一个输出节点。

　　简而言之，神经网络接收输入数据，通过多个隐藏层的相互连接的神经元进行处理，并产生输出。将输入转换为输出的过程涉及复杂的数学运算，但本质上，神经网络擅长于从数据中学习模式并进行预测。

　　深度学习是机器学习领域中神经网络的一个特定应用，它专注于训练具有多个隐藏层的神经网络——因此称为"深度"。而标准神经网络可能只有一两个隐藏层，深度学习模型可以有数十、数百甚至数千个隐藏层。这种深度使它们能够学习数据的复杂的层次化表示，使它们特别适合于图像和语音识别、自然语言处理（NLP）等复杂任务。

　　与传统机器学习模型相比，使用深度学习算法有以下几个好处。

　　（1）特征学习（FL）：深度学习算法擅长在没有显式编程的情况下自动发现数据中的特征和模式。它们从大量数据中学习，并调整其内部表示以提高特定任务的性能。这种自动提取特征并从原始数据中进行高级抽象的能力是深度学习在计算机视觉（CV）、自然语言理解（NLU）和强化学习（RL）等领域实现了变革的关键原因之一。

（2）复杂数据类型：深度学习擅长处理复杂数据类型，如图像、音频和自然语言文本。传统的机器学习模型可能难以捕捉这些数据类型中存在的复杂模式和结构。

（3）可扩展性：深度学习模型可以扩展以处理大型和复杂的数据集。随着功能强大的硬件（例如，GPU 和 TPU）和分布式计算的日益可用，深度学习模型可以高效地处理大量数据。这种可扩展性在 CV 等领域至关重要，其中数据集可能包含数百万张图像，可扩展性在训练如 GPT-3 这样的大型语言模型时也同样至关重要。

（4）应用：深度学习模型在包括图像识别、语音识别、机器翻译和游戏在内的广泛应用中实现了最先进的性能。它们捕捉复杂的模式和表示的能力使它们在许多情况下能够超越传统的机器学习模型。

（5）迁移学习：深度学习模型可以利用预训练的神经网络并将一项任务的知识转移到另一项任务。例如，最初为 NLU 设计的预训练模型，如 Transformer 的双向编码器表示（BERT），已经被微调用于各种 NLP 任务，从而展示了它们的适应性。迁移学习使得在数据有限的情况下在新任务上进行更快、更有效的训练成为可能，这使得深度学习在收集大型数据集可能昂贵或耗时的实际场景中变得实用。

面试练习

标准神经网络与深度学习模型之间的主要区别是什么？

A．深度学习模型受人脑启发，而标准神经网络则不是。

B．深度学习模型有多个隐藏层，有时甚至数千个，而标准神经网络可能只有一个或两个。

C．深度学习模型不使用激活函数。

D．标准神经网络可以处理图像、音频和文本等复杂数据类型，而深度学习模型不能。

答案

正确答案是 B。深度学习专注于训练具有多个隐藏层的神经网络，而标准神经网络可能只有一个或两个隐藏层。

面试练习

深度学习能够从海量数据中学习，并在无须明确编程的情况下针对特定任务适应内部表征，这凸显了深度学习的以下哪种优势？

 A．可扩展性。

 B．复杂数据类型。

 C．特征学习（FL）。

 D．应用。

答案

正确答案是 C。深度学习算法擅长在没有显式编程的情况下自动发现数据中的特征和模式。

11.2　讨论权重和偏差

权重和偏差是神经网络中最重要的组成部分之一。它们在神经网络节点中的功能相辅相成，类似于权重和偏差与线性回归模型的匹配。理解权重和偏差将帮助你了解它们如何将神经网络从静态结构转变为动态学习系统。在有效训练神经网络的过程中，熟练地初始化、更新和优化这些组成部分是必不可少的。

11.2.1　权重介绍

权重是分配给神经元之间连接的数值。每个连接都有一个相应的权重值，它决定了一个神经元对另一个神经元的影响强度。在训练过程中，这些权重会进行调整，使网络能够捕捉到它处理的数据中的模式和关系。

权重最初设定为随机值，这些权重通过诸如反向传播和梯度下降等技术进行微调，稍后讨论这些技术。这种微调过程是神经网络学习并适应不同任务的核心机制。

11.2.2　偏差介绍

偏差在神经网络中充当重要参数，类似于影响层内单个神经元行为的常数。它们在应用激活函数之前加到神经元输入的加权总和上。偏差允许网络考虑输入数据的变异和偏移，增强了其适应性和灵活性。

与权重一样，偏差以小值初始化并在训练过程中更新。它们在确保神经网络能够有效捕捉数据中的复杂关系中发挥着关键作用。例如，图 11.2 展示了模型的输入、权重和偏差如何为单个节点产生输出。

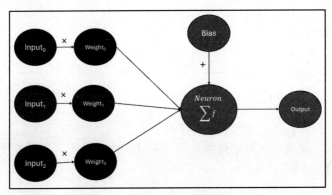

图 11.2　简单网络中节点的权重和偏差

原文	译文
Input	输入
Weight	权重
Bias	偏差
Neuron	神经元
Output	输出

在这个例子中，我们看到了一次"前向传播"，这涉及将输入数据传递给神经网络，在那里权重和偏差被用来产生输出。该过程包括以下步骤。

（1）每个模型输入都乘以其相应的权重。

（2）在神经元中计算权重和输入乘积的总和。

（3）将偏差值加到加权总和上。

（4）将激活函数（稍后将会详细介绍）应用于剩余值。

（5）结果就是模型的输出。

虽然这个例子只涉及在一个非常简单的单层网络中的一次传播，但请注意，大多数深度学习模型都有数十、数百甚至数千个隐藏层。在图 11.1 中，我们看到了具有 3 个隐藏层的简单神经网络的例子。模型越复杂，所需的隐藏层就越多，从而形成更深的神经网络。下一节将介绍激活函数，它帮助权重和偏差产生模型的输出。

面试练习

解释神经网络中偏差的作用以及它与权重的区别。

答案

偏差在神经网络中充当重要参数，作为影响层内单个神经元行为的常数。它们在应用激活函数之前加到神经元输入的加权总和上。偏差允许网络考虑输入数据的变异和偏移，进而增强其适应性和灵活性。另一方面，权重是分配给神经元之间连接的数值，决定了一个神经元对另一个神经元的影响强度。在训练过程中，这些权重会进行调整，以捕捉数据中的模式和关系。

11.3　使用激活函数激活神经元

上一节回顾了权重和偏差如何有助于模型的预测。然而，图 11.2 中的步骤（4）涉及所谓的激活函数。激活函数到底是什么呢？

在神经网络的复杂架构中，激活函数是为系统注入生命和非线性的齿轮。激活函数是应用于每个神经元输出的数学函数，为输出引入非线性。这是在线性回归中应用权重和偏差与神经网络之间的一个关键区别。接下来将探索激活函数的作用和类型，它们为神经网络注入活力。

本质上，非线性允许神经网络捕捉线性方法可能错过的数据中的复杂模式。试想试图将一条直线拟合到在各个方向扭曲和转动的数据上。线性模型无法捕捉到这些复杂性，但通过非线性，模型可以弯曲并适应这些曲线，使其更具适应性和准确性。

在神经网络的复杂框架内，激活函数就像心跳一样引入了这种非线性特征。它们是应用于每个神经元输出的数学公式，确保输出不仅仅是直线预测。包含非线性是区分神经网络与线性模型（如线性回归）的一个关键点。

回顾图 11.2，激活函数在神经元处操作。输入值乘以它们的权重加上偏差值，全部求和后作为输入传递给激活函数。激活函数的输出是基于该输入的。例如，阶梯激活函数（稍后将对此加以讨论）在输入大于 0 时返回 1，在小于或等于 0 时返回 0。这个输出可能会继续传递到下一层，成为下一个神经元的输入，然后这个过程再次开始。

11.3.1　常见激活函数

现在，让我们看看在构建神经网络时会遇到的一些最常见的激活函数。对于每个公式，我们有以下符号。

● e 代表数学常数欧拉数（约等于 2.71 828）。

- z_i 是输入向量的元素 z。
- 分母是输入向量所有元素的指数值之和。

以下是公式列表。

- 阶跃：阶跃函数（也称为赫维赛德阶跃函数）的输出是 0 或 1。它表示如果值是 0（或小于 0），则返回 0。否则，如果大于 0，则返回 1。因此，阶跃函数是一个"强烈函数"，因为几乎没有模棱两可的余地。

$$H(x) = \begin{cases} 1, x \geq 0 \\ 0, x < 0 \end{cases}$$

- sigmoid：sigmoid 激活函数将输入值压缩到[0, 1]的范围内。它通常用于二元分类任务的输出层，并在网络需要产生概率时使用。

$$\theta(x) = \frac{1}{(1 + e^{-x})}$$

- 双曲正切（tanh）：tanh 与 sigmoid 类似，但将输入值压缩到[-1, 1]的范围内。它通常用于神经网络的隐藏层。

$$tanh(x) = \frac{e^x - e^{-x}}{e^x + e^{-x}}$$

- 修正线性单元（ReLU）：ReLU 是最受欢迎的激活函数之一。它将负输入替换为零，并将正输入不变地传递。ReLU 在训练深度神经网络（DNN）中非常有效。

$$ReLU\ (x) = max\ (0, x)$$

- Leaky ReLU：Leaky ReLU 是 ReLU 的一个变种，它允许负输入有一个小的非零梯度，以避免"死亡 ReLU"问题，即神经元陷入非活跃状态。

$$LeakyReLU\ (x) = \begin{cases} x, x \geq 0 \\ 否则，负斜率 \times x \end{cases}$$

- softmax：softmax 函数确保输出概率之和为 1，使其适合多类分类任务。

$$\theta(z)_i = \frac{e^{z_i}}{\sum_j^K e^{z_j}}, i = 1, ..., K$$

☑ **注意**

softmax 经常用于神经网络的输出层，并用于图像分类、自然语言处理（NLP）以及各种其他分类问题的任务。

● 　线性：你已经十分熟悉这个函数。

$$f(x) = ax + b$$

11.3.2　选择合适的激活函数

激活函数的选择取决于具体问题和数据的特点。以下是一些例子。

（1）sigmoid 和 tanh 适用于特定场景，如二元分类，其中输出需要在一个有界的范围内。

（2）sigmoid 也用于多标签、多类问题。

（3）ReLU 及其变种通常更适用于深度神经网络（DNN），因为它们能够缓解梯度消失问题，这可能会阻碍更深层结构的训练。稍后将讨论梯度消失问题。

（4）softmax 适用于多类分类问题（单标签，多类）。

实验和考虑激活函数的属性（如范围）对于为神经网络选择正确的激活函数至关重要。

面试练习

激活函数在神经网络中扮演什么角色，为什么非线性对这些系统至关重要？

答案

激活函数通过应用于每个神经元的输出，将非线性引入神经网络。这种非线性确保了神经网络能够捕捉和模拟数据中的复杂关系，这可能是线性模型无法表示的。

非线性可以被理解为结果并不随着任何输入的变化而直接成比例变化的属性。如果缺少非线性，神经网络的每一层本质上都将是线性变换，无论添加多少层，最终输出仍然将是输入的线性函数。因此，激活函数对于神经网络从复杂数据集中学习至关重要。

面试练习

考虑以下 3 种场景。

A．为二元分类产生概率的神经网络层。

B．对具有多个类别的图像进行分类的神经网络的输出层。

C．在深度神经网络中的隐藏层，梯度消失可能是一个问题。

鉴于这些场景，请从 sigmoid、ReLU、softmax 和 tanh 中选择最合适的激活函数。

答案

对应答案如下所示。

A．sigmoid：sigmoid 激活函数将输入值压缩到[0, 1]的范围内，使其适合产生概率，特别是在二元分类任务中。

B．softmax：softmax 函数确保输出概率之和为 1，使其适合多类分类任务，如具有多个类别的图像分类。

C．ReLU：ReLU 及其变种通常用于深度神经网络的隐藏层，因为它们能够缓解梯度消失问题，这可能会阻碍更深层结构的训练。

11.4　剖析反向传播

此时，你可能想知道为什么权重、偏差和激活函数如此特别。毕竟，到目前为止，它们可能看起来与传统机器学习模型中的参数和超参数没有太大不同。然而，理解反向传播将加深对权重和偏差工作方式的理解。这一过程从简要讨论梯度下降开始。

11.4.1　梯度下降

简而言之，梯度下降是一种强大的优化算法，它在机器学习和深度学习中广泛用于最小化成本或损失函数。它是指在一个任务上训练模型的过程：先用模型进行预测，测量预测的准确性，然后稍微调整其权重以使其下次表现得更好。该过程允许模型在多次训练迭代中逐渐做出更好的预测。它不仅用于训练神经网络，还用于训练其他机器学习模型，如线性和逻辑回归以及主成分分析（PCA）。

为了调整权重以改进模型，需要计算每个权重的误差梯度。本质上，这意味着要知道每个权重对预测误差的影响程度。对于神经网络，我们使用反向传播算法实现这一点。

11.4.2　什么是反向传播

反向传播，也称为“误差反向传播”，是一种用于训练人工神经网络（ANN）的基础算法。它使用微积分中的链式法则快速有效地计算梯度。该过程在 20 世纪 70 年代发明，但直到 20 世纪 80 年代 Hinton 等人的工作之后，该算法才被机器学习社区认可。请花一点时间欣赏这个简单的算法，它允许训练具有数十万以上权重的神经网络。

　　梯度指向最陡峭的上升方向，而梯度下降则朝相反方向迈出步骤以最小化损失。图 11.3 显示了一个二维梯度下降图，其中给定参数 p 被最小化到全局损失最小值。

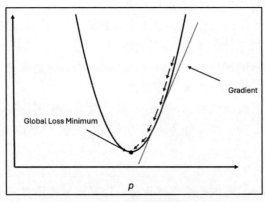

图 11.3　优化以实现全局损失最小化

原文	译文
Global Loss Minimum	全局损失最小值
Gradient	梯度

　　如果将图 11.3 中的抛物线翻转，使得开口朝下、顶点朝上，中间的点将代表全局最大值而不是最小值。梯度下降通常涉及寻找参数的最大值或最小值。

11.4.3　损失函数

　　损失函数，也称为成本函数或目标函数，在模型训练中充当重要的指南，进而了解自己在特定任务上的表现如何。这些函数量化了预测值与真实目标值之间的差异，提供了误差的度量。

　　让我们快速回顾一些损失函数示例及其各自的误差（你可能会从第 10 章中认出许多误差指标），如图 11.4 所示。

损失函数	误差
回归	均方误差（MSE）、均方对数误差（MSLE）、平均绝对误差（MAE）
二元分类	二元交叉熵、合页损失（hinge loss）、平方合页损失
多类分类	多类交叉熵、稀疏多类交叉熵

图 11.4　损失函数

11.4.4　梯度下降步骤

以下是在反向传播过程中采取的基本步骤。

（1）前向传播：这是我们之前在图 11.2 中看到的。在前向传播期间，输入数据被送入神经网络，并依次通过每个神经元层，包括输入层、隐藏层（如果存在）以及输出层。在每个神经元中，计算输入的加权和，然后应用激活函数，该函数决定神经元的输出。这一过程通过网络继续进行，直到产生最终的输出。

（2）计算误差：网络做出预测后，下一步是计算预测输出与实际目标值之间的误差或损失。误差度量的选择取决于特定任务，例如，均方误差（MSE）常用于回归任务，而交叉熵用于分类任务。

（3）后向传播（反向传播）：在这一关键阶段，误差通过网络逐层向后传播。目标是确定每个参数（权重和偏差）对误差的贡献程度。这是通过使用微积分中的链式法则计算误差相对于每个参数的梯度来实现的。

（4）更新参数：有了梯度之后，网络会将参数（权重和偏差）更新到梯度的相反方向。这一步的目的是通过对参数进行小幅度调整来减少误差。这些调整的大小由一个称为学习率的超参数控制。

（5）重复迭代：步骤（1）～（4）重复迭代到指定的周期数（次数），或直到误差收敛到最小值。在每次迭代过程中，网络会细化其参数值，尝试在训练数据上最小化误差。

（6）验证和测试：训练完成后，会在验证数据上评估神经网络的性能，以确保其能够很好地泛化到未见过的样本。测试是在单独的测试数据集上进行的，以评估模型在实际场景中的表现。

简而言之，前向传播使用模型输入作为信号，而反向传播使用模型误差作为输入信号。通过不断地重新评估其性能并调整权重和偏差，深度学习网络可以自我纠正错误。反过来，深度学习模型几乎消除了机器学习模型中所需的漫长超参数调整过程。

11.4.5　梯度消失问题

梯度消失问题是在训练深度神经网络（DNN）时遇到的一个挑战，特别是在那些具有许多层的网络中。它的特点是在训练过程中，梯度值在从输出层反向传播到早期层时逐渐减小。当梯度变得过小时，网络的权重和偏差更新得非常慢或者根本不更新，导致学习过程缓慢或停止。梯度消失可能发生的原因如下。

（1）链式法则和反向传播：在反向传播过程中，使用链式法则计算损失函数相对于每层参数（权重和偏差）的梯度。梯度从输出层反向传播到输入层。

（2）激活函数：在深度网络中，通常使用非线性激活函数，如 sigmoid 或 tanh。这些函数将输入值压缩到有限的范围内，导致当输入远离 0 时导数很小。

（3）累积效应：在反向传播过程中逐层计算梯度时，激活函数的导数会相互乘在一起。如果这些导数始终很小，梯度在通过网络层反向传播时可能会呈指数级缩小。

（4）权重初始化：初始权重值也可能导致梯度消失问题。如果权重初始化得非常小，早期层的梯度可能变得太小，无法驱动有效的更新。

同时，梯度爆炸问题是梯度消失问题的对应问题。在反向传播过程中，梯度不是变得过小，而是变得异常大，导致训练过程中的数值不稳定。梯度爆炸可能导致权重更新过大，以至于超出了最优参数值，从而阻碍了模型的收敛。

以下是梯度爆炸可能发生的原因。

（1）梯度放大：在深度网络中，损失函数相对于参数的梯度在通过层反向计算和传播时可能会放大。当激活函数的导数大于 1 时，就会发生这种放大。

（2）权重初始化：权重初始化的选择不当，尤其是初始权重过大时，可能加剧梯度爆炸问题。如果权重被初始化为过大的值，梯度在训练过程中可能会爆炸。

梯度消失问题可能会阻碍深度网络的训练，特别是递归神经网络（RNN，这是一类特殊的神经网络，通常用于处理时间序列数据）以及包含许多层的网络［深度前馈神经网络或卷积神经网络（CNN）］。它通常导致收敛缓慢，网络可能难以捕捉序列数据中的长期依赖关系。梯度爆炸问题可能导致模型不稳定，训练过程发散，以及数值溢出问题。

为了缓解这个问题，通常会采用梯度裁剪技术（这是一种在训练过程中限制梯度值的技术）以及谨慎的权重初始化。它通过设置阈值工作，如果梯度超过该值，它就会被缩小到一定范围内。这防止了权重被过度更新，保持了训练过程的稳定性。梯度裁剪主要有两种类型：值裁剪和范数裁剪。在值裁剪中，梯度的每个元素分别被裁剪。如果梯度分量大于正阈值，则将其设置为阈值。类似地，如果一个分量小于负阈值，则将其设置为负阈值。然而，在范数裁剪中，不是单独裁剪每个梯度值，而是将整个梯度向量缩小。

此外还可以探索以下初始化方法之一，以避免梯度消失和爆炸。

（1）Glorot 或 Xavier：这是一种初始化权重的技术，使得激活的方差在每一层都是相同的，这有助于防止梯度爆炸或消失。它最适合与 tanh、sigmoid 和 softmax 激活函数一起使用。

（2）He：与 Glorot 方法类似，He 权重初始化方法专注于以这样的方式初始化权重：使激活的方差在每一层都相同。然而，这两种方法在计算权重方差的方式上有所不同。He 方法最适合与 ReLU 及其变体一起使用。

梯度消失和梯度爆炸问题都是训练深度神经网络（DNN）时的关键挑战，解决这些问题对于深度学习模型的成功收敛至关重要。为了缓解这些问题并有效训练深度网络，人们已经开发了诸如使用适当的激活函数、谨慎的权重初始化策略、梯度裁剪以及架构修改（如跳跃连接等）等技术。

面试练习

描述反向传播以及它与梯度下降和损失函数在训练神经网络中的关系。

答案

反向传播，也称为"误差反向传播"，是用于训练人工神经网络（ANN）的中心算法。它是这些网络通过调整其内部参数（即权重和偏差）提高特定任务性能的方法。

反向传播与梯度下降和损失函数的关系如下所示。

（1）损失函数：这些基本指标通过量化预测值与实际目标值之间的差异，帮助模型了解其性能。使用损失函数计算的误差或损失是反向传播过程的关键输入。

（2）梯度下降：梯度下降是一种优化算法，用于改进权重和偏差等模型参数的迭代过程，以找到使成本或损失函数最小化的最佳值。反向传播有助于通过计算误差相对于每个参数的梯度来确定每个参数（权重和偏差）对误差的贡献。然后，这个梯度用于梯度下降算法中以更新模型参数，引导模型向更好的性能发展。

面试练习

以下关于深度神经网络中梯度消失和梯度爆炸问题的陈述中，哪一项是正确的？

A．梯度消失问题是由于在反向传播过程中梯度变得过大而造成的。

B．梯度爆炸问题可能导致权重更新过大，从而阻碍模型的收敛。

C．ReLU 等激活函数是梯度消失问题的主要原因。

答案

（1）A 是错误的。梯度消失问题的特征是梯度值逐渐减小，而不是增大。

（2）B 是正确的。当梯度爆炸时，权重更新可能变得如此之大，以至于阻碍了模型的收敛。

（3）C 是错误的。梯度消失问题通常是由 sigmoid 或 tanh 等激活函数引起的，而不是 ReLU。

11.5　使用优化器

深度学习的核心是优化问题：寻找最佳的模型参数集（权重和偏差），以最小化选定的损失函数。优化算法在这个过程中起着关键作用，并通过迭代调整这些参数以减少预测值和实际目标值之间的误差。

优化是数学中的一个基本概念，指的是在一组可能的解决方案中寻找最佳或最有利的解决方案的过程。在机器学习和深度学习的背景下，优化用于调整模型参数以最小化成本、目标或损失函数（这些术语可以互换使用），从而提高模型性能。我们已经讨论了用于优化的梯度下降算法。然而，该算法有不同的版本，构建神经网络时，你可以选择使用其中之一。

让我们考虑优化的一些关键内容。

（1）目标函数：优化涉及目标函数，也称为成本函数或损失函数，如前所述。该函数量化了模型预测值与实际目标值之间的差异。目标是最小化（或在某些情况下最大化）该函数。

（2）局部最小值：局部最小值是解空间中的一个点，在该点处目标函数的值低于所有附近点，但不一定是整个解空间中的绝对最低点。它就像一个丘陵景观中的凹陷，你在周边最低的地方，但其他地方可能有更深的山谷。

（3）全局最小值：全局最小值是整个解空间中的绝对最低点，目标函数在这里有其最小值。它代表了优化问题的最佳可能解决方案。找到全局最小值可能是一个挑战，特别是在复杂、高维空间中。

优化过程总是在寻找全局最小值，但有时可能会陷入局部最小值。人们开发了具有不同方法的梯度下降算法的不同版本，以找到全局最小值，我们将在下一节中讨论它们。

11.5.1　优化算法

诸如梯度下降及其变体之类的优化算法被用来在解空间中导航，以找到全局最小值或令人满意的局部最小值，这取决于具体的问题。优化算法的选择、学习率以及其他超参数可以显著影响优化过程的收敛性和找到的解的质量。虽然梯度下降构成了基础内容，但为了解决其局限性并加速训练，人们已经开发了许多高级优化算法。一些常见的算法如下。

（1）随机梯度下降（SGD）：梯度下降的扩展，它使用训练数据的小批量来计算梯度并更新参数，使其更具计算效率。

（2）自适应矩估计（Adam）：一种自适应学习率优化算法，结合了动量和均方根传播（RMSprop）的优势。Adam 为每个参数单独调整学习率。

（3）RMSprop：一种优化算法，根据最近梯度的大小为每个参数适应学习率。

（4）自适应梯度算法（AdaGrad）：一种基于每个参数的历史梯度信息自适应调整学习率的优化算法。

（5）Adadelta：AdaGrad 的一个变体，解决了其对初始学习率的敏感性问题。

（6）Nadam：Nesterov 加速梯度（NAG）和 Adam 的结合，提供了改进的收敛特性。

选择合适的优化器既是一门艺术，也是一门科学。最佳选择通常取决于特定的问题、数据集和模型架构。此外，理解学习率、批次大小和优化算法之间的相互作用对于有效的训练和模型收敛至关重要。

优化器是指导神经网络训练之船的舵手。当在深度学习的复杂性中导航时，掌握优化的艺术将使我们能够训练出不仅能够学习而且能在各种任务中表现出色的模型。

11.5.2　网络调整

在提高模型性能时，应考虑一些常见的参数。

（1）周期（epoch）：神经网络对所有训练数据进行训练的"运行次数"或次数。一个周期意味着对整个训练数据集的一次完整遍历。两个周期代表对训练数据的两次运行。我们在考虑梯度下降时提到过周期。虽然增加这个值增加了模型的复杂性，但它并不是改善结果最有效的方式。

（2）批次大小：一次输入模型的样本数量。模型在处理完一个批次后会更新其权重。如果批次大小太小，可能会导致梯度噪声，从而减慢优化过程。然而，如果批次大小过大，则需要更多的计算资源，这可能会使训练变得更慢且成本更高。

（3）隐藏层（n_hidden）：隐藏层的数量。层数越多，模型越复杂（适用于更复杂的任务）。运行时间也会更长，因此，在增加此参数时，适当减少周期数可能会有帮助。注意，隐藏层从输入层之后开始，因此不包括输入层。

（4）dropout：dropout 参数在训练期间以 $X\%$（其中 $X =$ dropout 率）随机丢弃网络中传播的一些值。神经网络的一些输入值被随机设置为 0。这也是一种正则化形式，因为它迫使网络学习冗余模式，以获得更好的泛化效果。这是由于每个神经元变得更加有能力，因为它不能完全依赖其邻居。

（5）优化器：在模型训练期间用于更新权重的特定算法，包括梯度下降、SGD、RMSprop 和 Adam。

（6）学习率：这量化了优化器收敛的速度。学习率越大，越有可能"越过"最优值。较小的学习率更精确，但训练时间更长。

（7）正则化：在模型中存在过拟合时，最好使用正则化。正则化的例子包括 L1 正则化（如 Lasso 技术）或 L2 正则化（如 Ridge 技术）。

（8）批量归一化：这提高了训练速度和准确性，因为它有助于防止激活值变得过小或消失，或者过大或爆炸。

面试练习

以下哪项陈述最能描述在优化背景下局部最小值与全局最小值之间的关系？

A．局部最小值的值总是高于全局最小值。

B．局部最小值是解空间中的绝对最低点，而全局最小值只是比附近点的值低。

C．全局最小值是解空间中的绝对最低点，而局部最小值可能不是最低点，但比所有附近点都低。

D．局部最小值和全局最小值是相同的，代表解空间中的绝对最低点。

答案

答案是 C。

局部最小值是解空间中的一个点，目标函数在这一点上的值低于所有附近点，但不一定是整个解空间中的绝对最低点。

另一方面，全局最小值是整个解空间中的绝对最低点，目标函数在这一点上具有其最小值。

面试练习

在优化的背景下，使用 SGD 而不是基本梯度下降的关键优势是什么，它如何实现这一优势？

答案

使用 SGD 而不是基本梯度下降的关键优势是计算效率。SGD 使用训练数据的小批量而不是整个数据集计算梯度并更新参数，从而使过程更加高效。

11.6　理 解 嵌 入

本质上，嵌入是从高维空间到低维空间的映射，它以更紧凑的形式捕捉数据的基本特征或特征。这种转换不仅降低了数据的维度，还帮助神经网络更有效地处理和理解数据。

这些数据的紧凑、有意义的表示在各种应用中发挥着关键作用，从自然语言处理（NLP）到推荐系统。本节将探讨嵌入的概念、它们的重要性，以及如何利用它们增强神经网络的能力。

11.6.1　词嵌入

词嵌入是最著名和广泛使用的嵌入类型之一。它们在连续空间中将单词表示为向量，向量的每个维度对应单词的语义或句法特征。这种表示使神经网络能够更直观地理解单词的含义和单词之间的关系。

词嵌入模型通过对大量文本数据进行训练生成单词向量，学习将相似的单词在嵌入空间中放置得更接近。词嵌入通过为模型提供对语言环境更丰富的理解，已经彻底改变了从情感分析（SA）到机器翻译的 NLP 任务。

其他嵌入包括项目（例如，图像）和图嵌入。

11.6.2　训练嵌入

嵌入作为神经网络中的输入层，将原始数据连接到神经架构。随着网络在训练过程中的学习，这些嵌入可能会得到调整，以优化模型针对手头任务的性能。此外，根据问题需求，嵌入可以进行微调或保持静态。

训练嵌入可以采取以下两种方法之一。

（1）预训练嵌入：预训练嵌入，如 Word2Vec 或全局向量（GloVe），是在大型数据集上学习得到的，并且可以直接用于神经网络架构中。它们为各种任务提供了宝贵的起点，因为它们捕捉到了数据中的一般关系。

（2）任务特定的嵌入：在某些情况下，嵌入可能会针对特定的任务或数据集进行训练。这种定制方法将嵌入针对特定问题进行调整，进而可能会提高性能。

面试练习

在嵌入和神经网络的背景下，预训练嵌入与任务特定的嵌入有何不同，使用预训练嵌入的潜在优势是什么？

答案

预训练嵌入，如 Word2Vec 或 GloVe，是在大型数据集上学习得到的，并直接用于神经网络架构中，捕捉数据中的一般关系。这些嵌入由于对数据关系的广泛理解，为各种任务提供了宝贵的起点。相比之下，任务特定的嵌入是针对特定任务或数据集进行训练的，旨在使嵌入紧密地适应该问题。使用预训练嵌入的潜在优势在于，它们提供了对一般数据关系的丰富理解，从而加快训练速度，并可能带来更好的性能，特别是在任务特定数据有限或缺乏多样性的情况下。

11.7　列出常见的网络架构

在不断发展的深度学习世界中，网络架构充当智能的蓝图。每个架构都是一个独特的设计，精心打造以应对特定挑战并在特定领域中表现出色。

本节将踏上一段穿越神经网络架构多样化领域的旅程，从征服图像分析的卷积神经网络（CNN），到掌握序列数据的递归神经网络（RNN），从生成对抗网络（GAN）背后的创新思维，到长短期记忆（LSTM）网络的增强记忆能力。其中将列出一些常见的架构及其应用。

11.7.1　常见网络

虽然解释不同网络架构之间的区别超出了本书的范围，但理解最常见网络之间的基本差异是很重要的。

（1）人工神经网络（ANN）：ANN 由相互连接的节点（神经元）组成，这些节点组织成层——一个输入层、一个或多个隐藏层，以及一个输出层。在推理期间信息通过网络前向流动，而在训练期间使用反向传播调整权重以最小化损失函数。

（2）递归神经网络（RNN）：RNN 是序列到序列（seq2seq）模型，用于处理如文本和时间序列数据这样的序列数据。它们通过维持一个隐藏状态来处理序列，该状态携带来自过去的信息。隐藏状态在每个时间步更新，允许 RNN 捕捉随时间变化的依赖性。然而，普通的 RNN 可能会面临梯度消失问题。

（3）长短期记忆网络（LSTM）：LSTM 是一种用来克服梯度消失问题的 RNN。它们使用更复杂的架构和专用门（输入、遗忘、输出）来控制信息在单元状态内外的流动。LSTM 非常适合于对序列数据中的长期依赖性进行建模。

（4）门控循环单元（GRU）：GRU 是另一种类似于 LSTM 的 RNN 架构。它们使用门控机制控制网络内的信息流动。GRU 在计算上比 LSTM 更高效，并在各种序列数据处理任务中取得了成功。

（5）卷积神经网络（CNN）：CNN 用于处理网格状数据，如图像和视频。它们使用卷积层自动从输入中提取层次化特征。卷积滤波器在输入上滑动以检测模式，池化层则减少空间维度。CNN 广泛应用于图像分类和计算机视觉任务。

（6）生成对抗网络（GAN）：GAN 由两个神经网络组成，即一个生成器和一个鉴别器，它们同时被训练。生成器试图生成与真实数据无法区分的数据，而鉴别器旨在区分真实数据和生成的数据。这种对抗性训练过程导致生成逼真的数据。

（7）图卷积网络（GCN）：GCN 用于图结构数据，如社交网络和分子图。它们通过从邻近节点聚合信息来推广图上的卷积操作。GCN 能够捕捉图数据中的结构模式和依赖性。

（8）自编码器（AE）：AE 是一种用于无监督学习（UL）和降维的神经网络架构。AE 在数据去噪、异常检测和表示学习等任务中均有应用。目前已经开发了 AE 的变体，如卷积自编码器（CAE）和变分自编码器（VAE），以解决特定类型的数据和学习目标。

（9）Transformer：Transformer 是一种前馈神经网络架构，它帮助改进了像 RNN 和 LSTM 这样的序列到序列模型的不足。Vaswani 等人的论文 *Attention is All You Need* 提出了一种带有自注意力机制的 Transformer 架构，这有助于克服以前使用的序列到序列模型（如 RNN 和 LSTM）的不足。这些不足包括梯度消失问题，以及由于其架构设计而导致的长期记忆丢失。

Transformer 的内部工作机制相当复杂，因此超出了本章的范围。然而，重要的是要注意它们的一些架构特性和优势。

- 编码器：编码器将输入数据压缩成低维表示，通常称为"潜在空间"或"编码"。这个过程捕捉数据中最重要的特征和模式。编码器使用自注意力和多头注意力机制。编码器"编码"单词向量嵌入和位置信息。

- 解码器：解码器从低维表示中重建输入数据。目标是最小化输入和输出之间的重建误差，鼓励自编码器学习保留重要信息的紧凑表示。

- 编码器和解码器堆栈：Transformer 通常由编码器和解码器的堆叠层组成，允许它们有效地建模复杂的序列到序列任务。

- 多头注意力（MHA）：Transformer 还使用多个注意力头学习多组权重矩阵，产生具有多个输出通道的更复杂的特征映射。多头注意力机制简单地允许模型同时从同一输入中学习多种"类型"的信息。例如，MHA 机制可能从单词"love"中学习多条信息，如单词的上下文、单词代表的词性等。

- 掩码多头注意力（masked multi-head attention）：MHA 可能使用遮蔽技术提高 Transformer 的性能。掩码是一种"遮蔽"单词以改善其学习过程的方法。它有效地消除了模型对"窥视"未来信息的依赖，迫使它在更少的信息上识别额外的模式。

本章稍后将再次讨论 Transformer 和注意力。

11.7.2　工具和包

Python 已经牢固地确立了自己作为研究人员和实践者通用语言的地位。其庞大的库、框架和工具生态系统使神经网络的开发比以往任何时候都更加易于访问和高效。让我们仔细查看一些最流行的工具和软件包，它们已成为用 Python 构建、训练和部署神经网络的过程中不可或缺的伙伴。

TensorFlow，由 Google 开发，是深度学习的重要框架之一。其灵活性、可扩展性和广泛的社区支持使其成为研究和生产环境的理想选择。TensorFlow 的高级 API（如 Keras）简化了构建和训练神经网络的过程，而其低级操作允许精细的控制和优化。

Keras，现在作为 TensorFlow 的一个组成部分，已经赢得了构建神经网络的首选库的声誉。它的高级 API 抽象了许多复杂性，使其既适用于初学者，也适用于经验丰富的实践者。借助于 Keras，构建复杂的神经架构变成了简单和富有表现力的代码问题。

PyTorch 因其动态计算图和直观的界面而广受欢迎。PyTorch 由 Meta 的 AI 研究实验室开发，它使研究人员和开发人员能够无缝地试验复杂架构和自定义操作。PyTorch 的动态特性使其非常适合涉及变长序列、强化学习（RL）和生成模型的任务。

从像 TensorFlow 和 PyTorch 这样的深度学习框架到数据操作和可视化的基本库，这些工具为构建人工智能的未来提供了坚实的基础。

面试练习

解释 LSTM 网络架构和 GRU 网络架构之间的主要区别，并突出每种架构在特定用例中的益处。

答案

LSTM 和 GRU 是用来处理序列数据的 RNN 类型，但它们有不同的架构。

（1）LSTM：LSTM 具有更复杂的架构和专用的门——输入门、遗忘门和输出门。这些门控制信息在单元状态内外的流动。LSTM 是专门为解决普通 RNN 中可能遇到的梯度消失问题而设计的。LSTM 的额外复杂性使其能够对序列数据中的长期依赖性进行建模。在数据的长期依赖性至关重要的任务（如机器翻译或语音识别）中，倾向于优先选择 LSTM。

（2）GRU：与 LSTM 相比，GRU 的结构相对简单。它们使用门控机制来控制信息流动，但将遗忘门和输入门合并成一个单一的"更新"门。由于结构更简单，GRU 在计算上比 LSTM 更高效。它们在各种序列数据处理任务中取得了成功，特别是在计算效率至关重要的情况下。

11.8　介绍 GenAI 和 LLM

在人工智能的动态领域中，语言模型是自然语言理解和生成的巨人。这些模型不仅彻底改变了我们与机器的互动方式，而且还在 GenAI 中引发了一场复兴。

本节将深入探讨 LLM 的世界，它们是经过大规模文本语料库（想想互联网上大部分公开数据）训练的生成式语言模型，可以包含数十亿个参数。我们将重点关注探索 LLM：它们的架构、训练以及它们对各种应用产生的变革性影响，从文本生成到聊天机器人、语言翻译，甚至是讲创意故事。

11.8.1　揭示语言模型

在核心层面，语言模型是 GenAI 模型，这些 AI 模型生成文本、图像或其他形式的媒体。

具体来说，语言模型是概率模型，通过 NLP 任务学习自然语言的模式、结构和语义。这些模型可以预测句子中的下一个词，生成连贯的文本段落，并理解语言结构背后的含义，这都归功于它们的语言知识，这些知识是通过在大量文本语料库上的广泛训练获得的。

LLM 和 GenAI 的影响遍及多个领域：

（1）它们使聊天机器人能够提供更自然、更有上下文意识的互动。

（2）它们使机器能够翻译语言、总结文本并生成类似人类生成的内容。

（3）它们已成为创意写作、内容生成甚至代码补全的重要工具，彻底改变了内容创作和软件开发。

Transformer 架构的出现（在 11.7.1 节提到）标志着 LLM 世界的转折点。随着 LLM 的不断发展和日益成熟，它们以前所未有的方式弥合人类与机器之间的差距。除此之外，它们还显示出巨大的潜力，可以改变数据科学家的日常生活，他们可能花费更少的时间从头开始构建模型，而花费更多的时间掌握预训练模型的应用和调整。

此外，希望利用 GenAI 力量的公司迫切寻求熟悉这种令人兴奋的新技术的数据科学家和 AI 工程师，这种技术在过去几年中才在数据科学角色中占据主导地位。因此，进入 GenAI 的旅程还远远没有结束，它展开的故事、创新和应用将是非凡的。

然而，尽管 LLM 和 GenAI 开启了令人难以置信的可能性之门，但它们也引发了关于伦理、偏见和滥用的担忧。确保这些强大的模型被用于更大利益的责任落在研究人员、开发人员以及整个社会的肩上。

11.8.2　Transformer 和自注意力

Transformer 是一种使用编码器和解码器的神经网络架构，引入了自注意力机制的概念，使模型能够高效地捕捉长期依赖性和上下文信息（稍后将详细介绍）。它们在 2017 年 Ashish Vaswani 等人发布 *Attention Is All You Need* 之后变得流行，并自此成为 NLP 和其他多种机器学习任务的基石。Transformer 是对序列到序列模型（seq2seq）如 RNN 和 LSTM 的改进。

编码器负责将输入数据表示为向量，解码器负责接收和分析编码器的输出并产生序列化输出。这是文本翻译等 NLP 任务的理想架构。

使用 Transformer 时，解码器可以访问额外的隐藏状态，为解码器提供更多"连接"或输入以进行解码。

因此，Transformer 的流行似乎是一夜之间的事，但事实上，它们是多年深度学习架构演化的结果。例如，像 RNN 和 LSTM 这样的 seq2seq 模型自 20 世纪 90 年代就已经存在（后来加入了注意力机制），而 Transformer 则引入了"自注意力"的概念。

让我们看看两者之间的区别。

（1）注意力在编码器-解码器 Transformer 模型中使用，并通过输入查询和元素键来计算模型权重。然后使用这些键计算加权平均值。注意力的引入允许网络通过将编码器输出直接连接到解码器输入来"记住"更多信息。这里，可将隐藏状态想象成一个瓶颈，像牙膏管一样，一次只能挤出一定量的牙膏（即信息）。注意力是作为编码器-解码器框架的扩展而提出的，它将一个序列（如输入或编码器）的信息直接连接到另一个序列（如输出或解码器），从而产生预测结果。

（2）自注意力就像注意力 2.0。虽然类似，但它有一个重要的区别。虽然注意力允许 Transformer 从不同序列中获取信息，但自注意力网络通过保留更大量的上下文信息进一步推进了这一概念。这是通过在整个模型架构中连接和学习信息实现的，为输入创建多层权重，然后将其投影到嵌入空间。自注意力不是将学习过程分别隔离在编码器和解码器内，然后用注意力将它们连接起来，而是完全解放了 AI 的 seq2seq 组件（尽管它仍然可以用于学习 seq2seq 任务）。在自注意力中，注意力机制被用来编码信息，而不是像 RNN 这样的 seq2seq 模型，通过在整个网络中连接多个输入变量。相应地，可将自注意力想象成一个大脑，整个大脑中有多个神经元连接，而不是一个只有单一通道连接输入和学习到的输出的系统，这样的限制使我们学习信息将会更加困难。

总之，自注意力允许序列中的每个元素在进行预测时考虑所有其他元素，以有效地捕获长期依赖性。

面试练习

描述 Transformer 的主要组成部分和功能，并解释它们与传统的基于序列的模型（如 RNN 和 LSTM）有何不同。

答案

Transformer 是一种深度学习架构，已成为 NLP 和其他多种机器学习任务的基础。它的主要组成部分和功能包括自注意力机制，该机制有效地捕获长期依赖性；多头注意力（MHA）允许模型同时从数据中学习不同类型的关系；位置编码赋予模型对数据顺序的感知；编码器和解码器则使模型非常适合复杂的序列到序列任务。

传统的序列模型，如 RNN 和 LSTM，以序列方式处理数据，每个步骤都依赖于前一个步骤。相比之下，由于自注意力机制，Transformer 可以并行处理序列的所有元素。此外，由于自注意力机制，Transformer 可以比 RNN 或 LSTM 更有效地捕获长期依赖性，而不必担心诸如梯度消失问题等。

11.8.3　迁移学习

在引入 Transformer 和自注意力网络之后，人工智能领域涌现出一些较有影响力的 LLM，包括 BERT、GPT、Text-to-Text-Transfer Transformer（T5）及其后继者。这些模型变得如此强大（部分原因是它们可以访问大型语料库），以至于它们促成了迁移学习（TL）的兴起。

TL 是一种人工智能技术，其中最初在大量数据集上针对特定任务训练的预训练模型被用作不同但相关任务的起点。因此，TL 不是从头开始训练模型，而是利用预训练模型的知识和学习到的表示，使其能够更快地适应新任务。

当新任务的标记数据有限时，TL 特别有价值，因为它可以显著减少训练所需的数据量。这种方法使人工智能开发民主化，允许开发人员利用预训练模型并使它们适应于各种应用。

11.8.4　GPT 应用

如前所述，GPT 是最流行的预训练 LLM 之一。以往使用 Word2Vec 嵌入方法从头开始构建 NLP 任务的数据科学家，现在可以应用并微调已经拥有丰富语义语言理解的 GPT 模型。因此，了解如何使用 GPT 实现基本的 NLP 任务非常重要。

本节将提供一些非常基础的文本生成、命名实体识别（NER）和情感分析（SA）的实现方法，以展示 GPT 的强大功能（仅通过几行代码即可完成）。我们鼓励你在 LLM 学习之旅中尝试更高级的例子。

☑ **注意**

在现实世界的场景中，你需要考虑额外的因素，如模型训练、数据预处理和错误处理。对此，已经有专门的书籍致力于这些主题。然而，这些示例仅用于说明目的，提供关于 LLM 实施的“速成课程”，并帮助你在面试中进行有关 LLM 实施的对话。

要开始使用，可通过 pip 安装 transformers 库：

```
pip install transformers
```

现在，让我们查看 3 个不同的例子。

示例 1——情感分析

情感分析是一项涉及从给定文本输入中提取情感的自然语言处理任务。以下是一个分析所提供文本的情感的例子：

```
from transformers import pipeline
nlp = pipeline("sentiment-analysis")
result = nlp("I love this movie!"[0]
print(f"label: {result['label'], with score: {round(result['score'],
4)}")
```

这段代码执行以下操作。

（1）从 transformers 库中导入 pipeline 函数。

（2）创建一个情感分析 pipeline。

（3）将文本传递给 pipeline 并对结果进行索引。

（4）使用 f 字符串打印情感预测及其相应的分数。

示例 2——命名实体识别

命名实体识别是一项涉及从给定文本输入中提取命名实体（例如，人、地点等）的自然语言处理任务。以下是一个从所提供的文本中提取命名实体的例子：

```
from transformers import pipeline

nlp = pipeline("ner")
result = nlp("Harrison Ford was in Star Wars.")

for entity in result:
print(f"{entity['entity']}: {entity['word']}")
```

这段代码执行以下操作。

（1）从 transformers 库中导入 pipeline 函数。

（2）创建一个命名实体识别 pipeline。

（3）将文本传递给 pipeline 并对结果进行索引。

（4）打印每个识别到的实体及其在文本中对应的单词。

示例 3——文本生成

文本生成是一项涉及从给定输入文本生成新文本的自然语言处理任务。以下是一个根据给定输入文本生成文本的例子：

```
from transformers import GPT2LMHeadModel, GPT2Tokenizer

tokenizer = GPT2Tokenizer.from_pretrained("gpt2")
model = GPT2LMHeadModel.from_pretrained("gpt2")

input_text = "Once upon a time"
input_ids = tokenizer.encode(input_text, return_tensors='pt')
```

```
output = model.generate(input_ids, max_length=100, temperature=0.7,
do_sample=True)
output_text = tokenizer.decode(output[:, input_ids.shape[-1]:][0],
skip_special_tokens=True)

print(output_text)
```

这段代码执行以下操作。

（1）从 transformers 库中导入必要的模块。

（2）加载 GPT-2 模型和 GPT 词元生成器（tokenizer）。

（3）将文本输入编码成机器可读的格式。

（4）应用模型生成文本，指定最大长度和温度（控制输出的随机性）。

（5）将模型的输出解码成人类可读的文本并打印出来。

11.9　本 章 小 结

在这次深度学习的全面探索中，我们踏上了一段穿越神经网络、优化算法和支撑这一变革性领域的基本概念的复杂景观之旅。这一旅程从解码神经网络的基础知识开始，理解深度学习的基石，并揭示激活函数、权重初始化和嵌入的强大力量。当更深入地探索时，我们航行在优化的海洋中，探讨了梯度下降、学习率和各种优化算法的复杂性，这些算法指导了神经网络的训练。此外还揭示了梯度消失和梯度爆炸问题，这些是在追求有效训练过程中必须克服的关键挑战。

本章讨论了常见的网络架构，从掌握图像分析的 CNN 到在序列数据任务中表现出色的 RNN 和 LSTM。我们考察了 GAN 背后的创造性思维，探索了 Transformer 在自然语言理解中的威力，并惊叹于 GCN 和 GRU 的能力。迁移学习、自编码器、嵌入和人工智能的伦理在旅程中扮演了关键角色，每个角色都为不断扩展的深度学习宇宙增添了独特的维度。然后，本章探索了 GenAI，特别是 LLM，以及它们的从带有注意力的 seq2seq 模型到自注意力网络的演变。

很明显，深度学习不仅仅是一系列技术的集合，而是一个无限的创新和发现领域。它使机器能够理解和生成类似人类的智能，从而彻底改变行业、研究和日常生活。随着进步的浪潮继续汹涌澎湃，深度学习的旅程还远未结束，并会在不断演变的人工智能世界中带来新的理解、创造力和变革的视野。

第 12 章将讨论模型部署，并将构建模型的知识提升到一个新的水平。

第 12 章　用 MLOps 实现机器学习解决方案

机器学习运营（MLOps）作为数据驱动时代的关键力量应运而生，使组织机构能够高效、有效地开发、部署和维护机器学习模型。它解决了与速度、协作、治理、可扩展性和成本相关的关键挑战，对于任何参与现代人工智能和机器学习领域中的人士，都是一个必须了解的学科。

在以下部分中，我们将分解 MLOps 的概念，探索其核心组件，并提供洞察，说明它如何提升机器学习计划。无论你是一位渴望看到自己的模型投入运行的有抱负的数据科学家、一位管理基础设施的 IT 专业人员，还是一位塑造数据驱动战略的商业领袖，本章都将为你提供在 MLOps 这一令人兴奋的动态世界中所需掌握的知识和工具，并有信心将机器学习概念应用于解决数据驱动的挑战。

本章主要涉及下列主题。

（1）引入 MLOps。

（2）理解数据采集。

（3）学习数据存储的基础知识。

（4）审查模型开发。

（5）模型部署的打包。

（6）使用容器部署模型。

（7）验证和监控模型。

（8）使用 Azure 机器学习（Azure ML）的 MLOps。

12.1　引入 MLOps

MLOps 是一个新兴的学科，它融合了 DevOps 和数据科学的原则，以简化和增强机器学习生命周期。它包括一系列旨在促进机器学习模型从初始到部署以及之后整个过程的实践、原则和工具。换而言之，MLOps 是连接数据科学世界与 IT 运营世界的桥梁。

MLOps 确保数据科学家创建的有前景的机器学习模型能够在生产环境中有效地被操作和维护。MLOps 采用全面的方法管理机器学习工作流程，涵盖数据采集、模型开发、测试、部署、监控和持续改进等方面。

作为读者，为什么要投入时间和精力去理解和实施 MLOps 呢？以下是一些令人信服的原因。

（1）效率和速度：MLOps 显著提高了机器学习模型开发的效率和速度。它使数据科学家和机器学习/数据工程师能够快速迭代并将模型更快地投入生产。这种加速对于旨在在快速变化的市场中保持竞争力的企业来说可能是一个改变游戏规则的因素。

（2）协作：MLOps 鼓励数据科学和 IT 运营团队之间的紧密合作。这种跨职能合作确保了每个团队的专业知识得到有效利用，从而带来更好的结果和更成功的项目。

（3）模型治理：在数据隐私法规和行业标准盛行的时代，有效的模型治理至关重要。MLOps 提供了跟踪和管理模型和版本数据以及确保合规性所需的基础设施。这对于医疗和金融等行业尤为重要，这些行业的监管要求非常严格。

（4）可扩展性：随着机器学习模型在业务流程中变得更加重要，可扩展性至关重要。MLOps 可帮助组织机构有效地扩展其机器学习工作流程，无论是在多个地区部署模型、处理大量数据，还是支持更多用户和应用程序。

（5）成本降低：通过自动化重复性任务、优化资源利用和预防昂贵的错误，MLOps 可以带来显著的成本节省。它降低了模型故障导致的停机风险，并最小化了在部署和监控过程中手动干预的需求。

（6）资源管理：除了管理成本外，还需要在很复杂的数据架构中管理来自各种流程（批处理和流式处理）的数据，以及通过版本控制管理代码。

如果询问某人 MLOps 究竟包含什么，你会得到千差万别的答案。这是因为 MLOps 是一个涵盖角色、功能和部门的非常广泛的话题。虽然我们可以假定数据科学家和数据工程师与 MLOps 有关，但你会惊讶地发现，甚至 IT 和治理也可以包含在这个庞大的过程中。然而，如果你在一个较小的组织或初创公司工作，你可能会发现所有这些角色其实是一体的。

在 MLOps 这一对现代数据驱动组织至关重要的领域取得成功的一个关键方面，是精通制作高效且高度可复制的模型管道。这些管道不仅仅是工作流程的一个组成部分，它们也是机器学习中变革性方法的支柱。通过自动化构建、训练和部署机器学习模型的复杂过程，这些管道彻底改变了从单纯的原型到健全的生产就绪解决方案的过程。这种自动化不仅极大地加快了开发周期，而且保证了一致且无差错的部署，这在当今快节奏、以数据为中心的世界中是不可或缺的。

开发模型管道涉及几个基本步骤，通常依赖特定技术来确保可靠性和一致性。图 12.1 显示了数据管道。

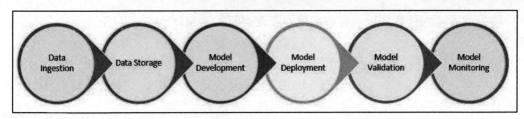

图 12.1　数据管道步骤

原文	译文
Data Ingestion	数据采集
Data Storage	数据存储
Model Development	模型开发
Model Deployment	模型部署
Model Validation	模型验证
Model Monitoring	模型监控

该管道可能看起来很熟悉，因为我们在学习 ML 工作流程时已经接触过其中的大部分步骤。但是，除了模型的开发和验证之外，还有很多工作要做。

面试练习

模型管道在 MLOps 中的意义是什么，它们如何提高机器学习工作流程的效率？

答案

模型管道在 MLOps 中扮演着至关重要的角色，因为它们在多个方面促进了机器学习工作流程的效率。

（1）自动化：模型管道自动化了构建、训练和部署机器学习模型的复杂过程。这种自动化加快了开发周期，使得从原型到生产就绪的解决方案的过程变得更迅速。例如，电子商务公司可以使用模型管道自动化推荐引擎的开发和部署，增强用户体验。

（2）一致性：模型管道确保模型部署的一致性。它们保证每次都遵循相同的步骤，减少了错误和不一致的风险。在医疗保健环境中部署诊断模型时，为了确保患者安全，一致性至关重要。

（3）可复制性：模型管道通过记录过程的每一步，促进了可复制性。这在制药等行业很重要，监管机构要求提供完整的模型开发过程文件。

在接下来的部分中，我们将查看这些步骤中的每一个以及每个步骤所涉及的工具。

12.2　理解数据采集

在数据管道的早期阶段（即数据采集和数据存储），完成任务的责任通常落在机器学习/数据工程师身上，而不是数据科学家。然而，数据科学家应该能够在高层次上理解这些阶段中发生的事情。

用最简单的术语来说，数据采集涉及开发自动化流程以自动收集用于数据科学模型的数据。通常，组织/企业已经建立了收集其活动基本信息的流程，如跟踪网站使用情况或客户购买交易。然而，有时为了解决特定的组织/企业问题，需要收集新数据。这里的目标是自动化流程，以确保最终用于模型的数据尽可能一致、可靠且无偏差。

数据采集通常发生在 ETL（提取、转换、加载）或 ELT（提取、加载、转换）管道中，通常涉及批处理和/或流处理。深入了解这两种管道过程超出了本书的范围；然而，重要的是，这些流程会自动为组织收集数据，并输出数据（通常是结构化格式），以备进一步处理或存储。

以下是在此步骤中使用的某些技术的列表，每种技术都有其不同的优势。

（1）Apache Storm：Apache Storm 是一个实时流处理系统，旨在操控数据流的高吞吐量、低延迟处理。它通常用于处理到达的数据，并可以与其他数据库和消息代理集成。

（2）Apache Beam：Apache Beam 是一个开源的统一的流和批处理模型以及 SDK，允许开发人员编写数据处理管道，并在多个处理引擎上运行，包括 Apache Spark、Apache Flink 和 Google Cloud Dataflow。

（3）Hadoop：Hadoop 是一个开源框架，用于分布式存储和处理大型数据集，并使用一组普通硬件的集群。它由 Apache 软件基金会开发，已经成为处理大数据的基本技术。Hadoop 受到 Google 文件系统和 MapReduce 编程模型的启发，提供了一个可扩展且容错的基础设施以管理和处理大量数据。

（4）Hive：Hive 是一个开源数据仓库和类似 SQL 的查询语言，用于 Hadoop。它最初由 Facebook 开发，现在由 Apache 软件基金会维护。Hive 提供了一个高级接口，用于查询和分析存储在 Hadoop 集群中的数据，并采用一种类似 SQL 的语言，称为 Hive 查询语言（HiveQL）。Hive 允许用户在 Java、Python 或其他语言中创建自定义函数以扩展其功能并执行复杂操作。此外，Hive 与 Hadoop 生态系统中的各种工具和框架集成，包括 HBase、Spark 和 Pig。

（5）Apache Spark：Apache Spark 是一个开源的大数据处理器框架，提供了一个统一的分布式计算引擎进行数据处理。它旨在提高速度和易用性，适合大规模数据预处理和转换任务。它使用内存处理模型在计算机集群上并行处理数据，并采用有向无环图（DAG）执行模型以优化数据处理工作流。Spark 的核心数据结构是弹性分布式数据集（RDD），它具有容错性并允许并行处理。在 Python 中，你可以通过 PySpark API 使用 Spark。

（6）Dask：Dask 是一个多功能且强大的数据处理框架，但它的独特之处在于能够操控批处理和流数据处理，使其成为各种数据处理任务的理想选择。它是一个 Python 中的开源并行计算库，可以处理比内存更大的数据集。它旨在进行并行计算和分布式计算任务。与 Spark 类似，Dask 将复杂任务分解为可以并行化的更小、更易管理的操作。它利用线程、多进程和分布式计算等并行计算框架以分布式和可扩展的方式处理数据。

尽管 Spark（https://spark.apache.org/）和 Dask（https://www.dask.org/）超出了本章的范围，但值得查看这两个框架的文档以了解程序语法。如果对 Pandas 很熟悉，你将很快能够上手 Spark 和 Dask。

现在数据已经采集完毕，接下来讨论如何组织和存储这些数据。

12.3　学习数据存储的基础知识

如前所述，模型管道过程中的数据存储步骤往往是机器学习/数据工程师的职能。然而，数据科学家对这一步骤有基本的了解是有益的。

数据存储简单地说就是为从不同来源收集的数据提供存储空间。根据数据的要求（例如，结构、模式、大小、采集类型、隐私等），有多种方法可以实现这一点。

以下是 MLOps 中一些数据存储选项的示例。

（1）二进制大对象（BLOB）存储：BLOB 存储是一种用来存储和管理大型二进制数据的数据存储类型，如图像、视频、文档和其他类型的文件。BLOB 的大小不一（从较小到非常大），它们通常是非结构化数据，意味着缺乏特定的模式或组织。在现代数据架构中，Azure Blob Storage、Amazon S3（简单存储服务）和 Google Cloud Storage 等云服务被用来存储和管理 BLOB 数据。这些服务具有高度的可扩展性、持久性，并针对基于网络和云的应用程序进行了优化。

（2）传统数据库：正如读者已经了解到的，传统的结构化数据库是关系数据库管理系统（RDBMS），它们使用结构化和表格格式存储和管理数据。SQL 是一种语言和一套约定，用于定义、查询和操纵这些数据库中的数据。SQL 数据库在各种应用程序和系统中被广泛用于有效管理结构化数据。

（3）图数据库：图数据库是一类旨在以图形形式存储和管理数据的 NoSQL 数据库。在图数据库中，数据被结构化为节点（顶点）和边（关系），允许表示和存储复杂且高度连接的数据。当实体之间的关系与实体本身一样重要时，这些数据库特别适合用于数据模型。在图数据库中，数据被组织成图，包括节点和边。节点代表实体（如人、产品或地点），边代表这些实体之间的关系或连接。它们通常有自己的查询语言，如 Cypher（用于 Neo4j）、Gremlin（用于 Apache TinkerPop）和 SPARQL（用于 RDF 数据库）。

到目前为止，数据已经被收集、组织和存储。现在它已经准备好进行模型开发了，在这个阶段，你可以发挥数据科学家的能力，开发出一个出色的模型。

12.4　审查模型开发

模型开发包括发现数据和特征之间的关系，以及更好地理解正在解决的业务问题背景。这也可能是了解 KPI、成功度量标准以及业务问题整体结构的好时机。进行描述性统计分析和创建数据可视化也是管道此阶段的理想活动。

如前所述，你可以在 Python 和 R 中进行数据分析和模型开发。Python 提供了许多我们已经讨论过的有用包，包括 Keras、TensorFlow 和 PyTorch。还有一些"自动 ML"框架，可以在云端开发和运行模型，包括 Google AutoML、Azure ML Studio、Amazon SageMaker、IBM Watson、Databricks AutoML、H2O 和 Hugging Face。

我们将省略机器学习开发的细节，因为我们已经在第 10 章中详细讨论过。然而，值得注意的是，我们没有讨论一个重要概念——实验。

实验是在模型训练和评估过程中进行的系统和结构化的试验或测试。在第 10 章讨论了模型调整，即调整不同的模型超参数以找到最佳组合。实验允许你这样做，例如，你可能会运行不同的实验来测试随机森林的数量如何影响结果。我们已经在机器上的本地模型调整过程中非正式地接触过实验。

然而，在云端调整模型时，你可以系统地跟踪每个实验的性能，这些实验具有特定的模型架构、特征和超参数集。另外，这个过程还涉及跟踪模型性能指标。

运行实验和跟踪结果的开源工具选项包括 MLflow、Weights & Biases（W&B）、Data Version Control（DVC）和 Guild AI。通过代码自动化模型超参数调整的优势在于，它可以集成到模型训练 MLOps 管道中。因此，可以在将来根据需要轻松地重新运行这些实验以用于重新训练。此外，这种方法记录了选择最佳模型的过程。

选择满足或超越给定阈值的模型对于确定最佳拟合模型很有用。一旦选择了最佳模型，对其进行压力测试（例如，赋予特定的测试数据，这些数据可能会在现实世界中遇到）和自动化单元测试也是模型开发过程的一部分。现在，让我们将注意力转向模型部署以及如何打包模型以进行部署。

12.5　模型部署的打包

一旦对模型开发过程中选择的模型感到满意，那么是时候进行模型部署了。然而，在部署模型之前，重要的是要将其适当地打包以供生产使用。有多种方法可以打包机器学习软件程序，但我们将回顾更适合你学习的方法——Python pip 包。pip 是 Python 的标准包管理器，用于安装、升级和管理 Python 库和依赖项。Python pip 包是指可以使用 pip 包管理器轻松安装和管理的软件包。

大多数 Python 包托管在 Python 包索引（PyPI）上，这是 Python 包的存储库，可以使用 pip 轻松访问和安装。这些包被设计成库或可重用模块，可以在其他 Python 脚本或项目中导入和使用。包的主要功能组织在 Python 模块中，可以通过导入它们来访问，但没有像独立应用程序那样的特定"主"脚本。

pip 包通常由一个或多个 Python 模块、脚本或其他提供特定功能的资源组成。这些包被创建和分发以促进代码的重用，并允许开发人员轻松地将它们集成到自己的项目中。

这些 pip 包可以根据项目采取多种形式。然而，当讨论部署打包时，考虑代码的任何要求以及模型正确运行所需的环境是很重要的。我们将在接下来的小节中讨论它们。

12.5.1　确定要求

打包模型以进行部署的一个重要方面包括确定运行模型的要求。例如，模型脚本是否需要 Python 包 NumPy、Pandas 或 scikit-learn 以正确运行？如果是这样，这些包的版本是什么？需要哪个版本的 Python？

在构建 pip 包时，可以在 Requirements.txt 文件中定义这些要求。这是一个配置文本文件，指定了想要使用的每个包的版本。然后，当一个团队成员运行你的代码时，代码将引用正确的包及其版本。

现在已经定义了模型的要求，我们应该开始考虑运行模型的环境。

12.5.2　虚拟环境

当深入 MLOps 的世界时，特别是在部署机器学习模型的背景下，一个重要的方面尤为突出——使用代码创建和管理环境。通常，在使用云服务时，可以使用代码定义模型要运行在哪种类型的计算资源上。例如，可以在代码中写明，希望将模型部署在一台运行在模型要求部分所确定的 Python 版本的计算机上。这种实践是一个关键策略，通常被称为基础设施即代码（Infrastructure as Code，IaC），它允许数据科学家，特别是那些进入 MLOps 领域的科学家，处理机器学习模型可有效且可靠运行的环境。

理解通过代码定义环境的好处至关重要。首先，它确保了一致性。通过将环境编码，可确保模型在一个可控和可预测的环境中运行，减少了"在我的机器上可以工作"的问题。当模型从开发阶段转移到生产阶段时，这种一致性至关重要，不同的环境可能导致模型出现意想不到的行为。

此外，使用代码定义环境增强了协作和版本控制。团队可以像处理源代码一样共享、审查和更新环境配置，使协作工作更加流畅。这种方法也与 Git 等版本控制系统无缝集成，允许跟踪更改并维护环境的历史记录，就像你对模型和数据管道所做的那样。

12.5.3　环境管理的工具和方法

有多种工具和方法可以用来以代码形式管理环境。

容器化，Docker（稍后将对此进行讨论）是一个受欢迎的选择，它允许将应用程序及其依赖项打包到一个可以在任何系统上运行的容器中。这种封装确保模型拥有所有必要的库和设置，无论它部署在哪里。

在更复杂的部署中，特别是在编排容器方面，Kubernetes 等工具的作用不可估量。这里，"编排"指的是对多个容器的协调管理和控制，确保它们无缝协作。Kubernetes 有助于跨多台机器管理和扩展容器，处理诸如负载均衡和容错之类的任务。这在大规模部署模型时尤其有用。

在基础设施方面，像 Terraform 或 AWS CloudFormation 这样的工具允许以代码的形式定义云资源。这意味着能以可重复和自动化的方式创建、修改和管理支持模型的云基础设施。通过使用这些工具，可以轻松地复制生产环境以进行测试，确保模型在部署时按预期运行。

从定义模型需求到部署模型，将环境以管理整合到工作流程中是顺理成章的下一步操作。通过将环境视为代码库的一部分，可将其与 MLOps 的核心原则（可复制性、可扩展性和可维护性）保持一致。这种方法不仅简化了部署过程，而且为更强大、更可靠的 ML 系统铺平了道路。像 Docker 和 Kubernetes 这样的容器软件工具在管理模型环境方面非常受欢迎。我们将在讨论模型部署时更详细地讨论容器。

12.6　使用容器部署模型

在 MLOps 的世界里，容器已经成为部署机器学习模型的基石，为在各种环境中运行应用程序（包括机器学习模型）提供了轻量级、一致且可扩展的解决方案。容器将应用程序、其依赖项和运行时环境封装到一个单独的包中，确保模型无论部署在何处都表现出相同的行为。这在 MLOps 中尤其重要，因为模型需要在开发、测试和生产环境中保持一致的性能。一旦模型被容器化，就可以部署到各种平台上。可以使用云服务，如 Azure Kubernetes Service (AKS) 或 Amazon Elastic Kubernetes Service (EKS) 管理和扩展容器。

容器解决了 MLOps 中的几项关键挑战。首先，它们通过提供在部署管道的所有阶段都一致的隔离环境，解决了"在我的机器上可以工作"的问题。其次，它们促进了可扩展性和负载均衡，这对于处理生产环境中的不同需求至关重要。最后，容器通过确保所有团队成员在一致的环境中工作，增强了团队成员之间的协作，减少了冲突并加快了开发过程。

现在读者已经了解了容器的一些好处，接下来将注意力转向一个非常流行的容器化工具——Docker。

Docker 是创建和管理容器的非常受欢迎的工具。它允许在 Dockerfile 中定义环境和依赖项，然后可以使用它构建容器镜像。

下面是一个 ML 应用程序的 Dockerfile 的基本示例：

```
# Use an official Python runtime as a parent image
FROM python:3.8-slim
# Set the working directory in the container
WORKDIR /usr/src/app
# Copy the current directory contents into the container
COPY . .
# Install any needed packages specified in requirements.txt
RUN pip install --no-cache-dir -r requirements.txt
# Make port 80 available to the world outside this container
EXPOSE 80
# Define environment variable
ENV NAME World
# Run app.py when the container launches
```

```
CMD ["python", "app.py"]
```

在这个 Dockerfile 中，我们定义了一个 Python 环境，设置了必要的文件，安装了依赖项，并指定了应用程序的运行方式。然后告诉 Docker 在容器启动时运行名为 app.py 的 Python 程序。

假设 app.py 包含了你编写的代码，用于从外部世界接收输入，并用训练好的模型处理它以返回结果。一旦容器启动并运行，这将使模型可以开始进行预测。然而，此时模型尚未运行，因为我们只是给 Docker 提供了一系列指令。我们仍然需要构建和运行容器。

定义好 Dockerfile 后，可以使用 Docker 命令构建和运行容器。以下是操作方法：

```
# Build the Docker image
docker build -t my-model .
# Run the Docker container
docker run -p 4000:80 my-model
```

这将构建一个名为 my-model 的 Docker 镜像并运行它，同时将容器的 80 端口映射到主机的 4000 端口。模型现在应该已经启动并运行，且准备好接收输入。

综上所述，在 MLOps 管道中，容器通常用于训练和部署阶段。模型开发和训练完成后，它被打包到一个容器中。然后，这个容器可以部署到各种环境（如测试、暂存和生产）中，而不需要任何更改，以确保整个管道的一致性。对于更复杂的应用程序，特别是那些需要可扩展性和高可用性的应用程序，可能会在 MLOps 部署过程中使用 Kubernetes 管理跨一组机器的容器的自动化和部署，如刚刚讨论的 Docker 容器。

面试练习

Docker 是什么，它如何促进 MLOps 中的容器化过程？此外，试解释容器对 MLOps 过程为什么如此重要。

答案

Docker 是一个流行的容器化工具，在 MLOps 中广泛使用，简化了创建和管理容器的过程。

在 MLOps 领域，容器发挥着关键作用，对于有效地部署机器学习模型至关重要。这些轻量级、便携式和自包含的单元不仅打包了模型，还包括了其依赖项和运行时环境。这种封装确保了机器学习模型的行为一致性，无论其部署在何种环境中。此外，协作是 MLOps

的核心，容器通过为所有团队成员提供标准化环境促进协作。这协调了努力成果，减少了冲突，并加速了开发周期。

12.7　验证和监控模型

在成功训练并部署了机器学习模型之后，旅程并未结束。模型验证和监控是 MLOps 过程中重要的下一步。我们将简要讨论验证部署的模型，然后着重于长期监控。

12.7.1　验证模型部署

一旦模型部署完成，你将希望验证它是否按预期工作。这是一个相对简短且直接的过程。一般步骤包括连接到部署的模型，提交一些数据（最好是模型在训练过程中未见过的数据），收集模型预测并评分。

这将允许你确认几件事情。首先，你知道部署工作正常，且模型正在返回结果。其次，如果向模型提交未见过的数据并对其进行评分，这将提供对模型性能的另一次评估。因此，检查是否获得了预期的结果是一个好主意。

假设模型是使用 Docker 部署的，以下是如何验证部署的模型的示例（此处仅提供伪代码，因为代码细节将在很大程度上取决于上下文，如模型的部署方式及其预期的输入类型）：

```
import requests

# Prepare unseen data (ensure it has the same features as the training
data)
unseen_data = ...

# Get the IP address of the container
ip_address = ...

# Make predictions on the unseen data
response = requests.post(f'http://{ip_address}:port/predict', json={'data':
'unseen_data'})

# Evaluate model performance (e.g., calculate accuracy or other metrics)
...
```

这段代码强调：收集模型训练期间未见过的数据，找出部署容器的 IP 地址，然后提交数据，最后评估响应值的性能。如果代码无法完成产生预测的步骤，或者预测值不符合预期，你就知道模型或模型部署存在问题。一旦验证了部署的模型按预期执行，那么就需要考虑对其进行监控。

12.7.2　模型监控

模型监控是机器学习生命周期的关键环节，涉及跟踪、分析和维护模型，以确保它们在生产环境中继续保持良好的性能。在 Azure ML 中，可以将模型监控作为更广泛的 MLOps 管道的一部分来实施。

想象一下，我们构建了一个预测电子商务平台客户偏好的模型。最初，一切看起来都很完美，模型正在做出准确的推荐。但随着时间的推移，当数据发生变化、用户行为演变或出现意外错误时会发生什么？如果没有适当的监控和记录，你将在不知不觉中操作，对这些关键变化一无所知。

记录机制是记录与模型操作相关的事件和活动的实践。对此，可以把它想象成一个日志，记录模型做出的每一次互动和决定。为什么这很重要？日志作为历史记录，可帮助追溯并理解出现问题时的情况。它们是用于故障排除和调试的检测工具。使用这些日志，还可以监控部署的模型。

监控部署的模型提供了对其性能的实时了解。这就像一个仪表板，告诉你模型在任何给定时刻的表现如何。你可以跟踪诸如准确性、响应时间和资源利用率等指标。当出现异常情况时，如准确性突然下降或响应时间增加时，监控会立即提醒你，从而能够迅速采取纠正措施。除了监控模型的性能指标外，你还希望监控输入数据以检测数据漂移。

数据漂移是指模型接收的输入数据的统计属性随时间变化。这些变化可能是微妙的或显著的，它们可能会影响模型的性能。针对于此，可以通过为模型在初始训练数据上的性能建立基线来检测数据漂移。这个基线可作为未来评估的参考点。然后，定期将传入数据与模型训练时使用的数据进行比较。

统计测试和技术，如人口稳定性指数、Jensen-Shannon 散度或简单的特征统计，可以帮助检测数据分布的变化。根据漂移检测或性能指标，你可能需要重新训练模型。然而，通过遵循 MLOps 的原则，其中大部分模型构建过程已经被编码和自动化，重新训练过程应该相当容易。

我们已经从高层次概述了模型监控的样子。现在，你已经有了一个生产中的模型，可能还会考虑将机器学习/人工智能治理作为模型监控的另一个方面进行思考。

12.7.3　思考治理

你现在了解了与部署机器学习模型相关的高层次步骤。在许多情况下，这是"数据科学工作流程"结束的地方。这并不是说数据科学家不参与模型的后续活动，如准备有关模型设计和性能的备忘录或教育材料，而是说大多数数据科学工作相关的工作已经涵盖。然而，当涉及监控模型时，可能想要考虑一个更广泛的角度，包括系统及其治理方式。从技术上讲，数据科学家可以实施和部署一个模型，但可能有人会质疑或关心它以后的使用方式。这就是治理变得重要的地方。

数据科学家如果能表达自己对机器学习/人工智能治理的了解和承诺，一定会在众多求职者中脱颖而出。雇主希望数据科学家能够考虑到业务背景、需求和关注点且领先一步。

机器学习/人工智能治理指的是在组织内部或更广泛的生态系统内，为监督和管理机器学习或人工智能系统及其运营而建立的一套政策、流程和实践。它涉及定义指导人工智能技术开发、部署和使用的规则、法规和伦理原则，以确保负责任、公平和安全的结果。人工智能治理的关键方面包括以下几点。

（1）伦理指南：建立优先考虑机器学习/人工智能系统中的公平性、透明度和问责制的指南。这包括解决人工智能应用中潜在的偏见、歧视和伦理问题。

（2）数据隐私和安全：确保机器学习/人工智能系统按照隐私法规和行业标准处理数据。保护敏感信息和减轻数据泄漏则是基本组成部分。

（3）合规性和法规：遵守与机器学习/人工智能、数据和网络安全相关的法律要求和法规。遵守行业特定标准和国际法律至关重要。

（4）问责制：为机器学习/人工智能系统的开发人员、运营商和用户定义角色和责任。问责制确保任何问题或挑战都能得到适当解决。

（5）透明度和可解释性：要求机器学习/人工智能决策过程透明，并使人工智能模型预测可解释，以建立信任并促进人类理解。

（6）监控和审计：实施机制以持续监控机器学习/人工智能系统的性能，评估其影响，并进行定期审计，以确保遵守治理原则。

（7）风险管理：识别和减轻与机器学习/人工智能相关的潜在风险，包括安全漏洞、伦理问题和合规差距。

机器学习/人工智能治理是一个不断发展的领域，随着技术的进步，组织机构努力解决这一新技术带来的挑战和机遇。诚然，某些行业（如医疗保健、保险和金融）的治理政策比其他行业更为成熟。然而，正如你所看到的，在平衡创新与责任以及确保机器学习/人工智能造福整个社会的同时，治理还在最小化潜在伤害方面发挥着至关重要的作用。

12.8　使用 Azure ML 的 MLOps

有许多不同的平台可以用于协调 MLOps。这里将只关注一个工具，Azure ML。作为一个全面的基于云的平台，Azure ML 可以在 MLOps 管道的各个阶段发挥重要作用，并无缝地融入现有的数据采集、存储、开发、部署、验证和监控框架中。以下是 Azure ML 与这些阶段的整合方式。

（1）数据采集：Azure ML 支持各种数据源，允许灵活的数据采集。它可以连接到 Azure Data Lake、Azure Blob Storage 和其他外部源。这种灵活性确保了 MLOps 管道中至关重要的第一步——数据采集是流畅和高效的。

（2）数据存储：使用 Azure ML，数据存储与 Azure 的云存储解决方案集成。它允许安全且可扩展地存储大型数据集，这对于机器学习工作流程至关重要。这种集成便于在 MLOps 管道中轻松访问和管理数据。

（3）模型开发：Azure ML 在模型开发方面表现出色，提供了包括 Jupyter notebook、自动机器学习（AutoML）和对各种机器学习框架的支持在内的广泛工具和功能。它提供了一个环境，数据科学家可以在此高效地进行实验、开发和迭代模型。

（4）模型部署（以 Azure ML 为例）：Azure ML 在模型部署方面表现出色，并提供了相关工具以轻松地将模型部署为云中或边缘的 Web 服务。它简化了将模型部署到生产中的过程，处理了可扩展性、负载均衡和安全性等复杂问题。通过使用 Azure ML，你可以展示模型如何被打包、版本控制和部署，从而保持不同环境之间的一致性。

（5）模型验证：Azure ML 通过其强大的测试和评估工具支持模型验证过程。它允许创建各种验证场景，跟踪性能指标，并比较不同模型版本。这确保了只有表现良好的模型被部署。

（6）模型监控：部署后，Azure ML 提供了强大的监控功能。它跟踪生产中模型的性能，检测数据漂移，并提供对模型行为的洞察。这种监控对于随着时间的推移维护模型的准确性和可靠性至关重要。

综上所述，Azure ML 不仅仅是一个模型部署工具，它还是一个端到端的平台，支持整个 MLOps 生命周期。它在 MLOps 管道的每个阶段的集成可以提高 ML 工作流程的效率、可扩展性和有效性。

12.9　本 章 小 结

MLOps 是人工智能和数据科学领域的关键学科，我们深入探讨了它的主要方面。本章首先了解了 MLOps 的重要性，它在弥合模型开发和生产部署之间差距方面的作用，以及一个结构良好的 MLOps 管道对业务成果的影响。

　　本章涵盖了 MLOps 的旅程，强调了 ML 工作流程中可复制性、协作和自动化的重要性。我们探讨了开发模型管道、Docker 和 Databricks 等技术以及模型版本控制。此外还讨论了用于管理 ML 实验和监控模型性能的云原生工具和服务。最后检查了人工智能治理和合规实践，确保道德和监管合规。

　　本章作为实施 MLOps 最佳实践的路线图，使组织机构能够在当今以数据为驱动的世界中高效和负责任地开发、部署和管理 ML 解决方案。

　　本书的其余部分将专注于面试的其他非技术方面。第 13 章将专注于面试准备，以及招聘人员或招聘经理可能会提出什么类型的问题。

第4篇 获 得 工 作

本书的最后一篇旨在为数据科学面试提供技巧和见解。读者将学习如何最好地为面试做准备，以及如何有效地协商薪资和福利。在本篇结束时，你将获得宝贵的知识，了解如何在求职中取得成功以及如何优化你的成果。

本篇内容包括以下章节。

（1）第13章，掌握面试环节。

（2）第14章，协商薪酬。

第 13 章　掌握面试环节

到目前为止，读者已经探索了数据科学的广阔领域、Python 编程的基础知识、SQL 查询的复杂世界、数据可视化和故事讲述的奇妙之处，以及利用命令行和 Git 带来的生产力优势。然后你又一头扎进了统计学的基本概念、建模前任务、机器学习、神经网络和模型部署的知识海洋。你基本上经历了一个数据科学的速成课程，涵盖了在数据科学面试中可能遇到的 99% 的内容。

你可能想知道，如果以前从未面试过数据科学职位，应该期待什么。好吧，事实是这样的：一个组织机构的数据科学职位的面试流程可能与另一个组织机构非常不同。然而，本章将会探讨一些共同点。此外，本书前几章涵盖的内容也应该让你在面试中处于有利位置。

因此，本章将讨论确信会在数据科学面试过程中经历的内容，面试流程的基本结构，以及每个阶段的预期。这包括以下几点。

（1）掌握与招聘人员的早期互动。

（2）掌握不同的面试阶段。

13.1　掌握与招聘人员的早期互动

在第 2 章中，我们分享了一些关于如何优化数据科学求职的建议。这一部分将讨论当收到第一次招聘人员的询问时可以期待的情况。

招聘人员筛选通常是大多数公司面试的第一阶段。这涉及公司招聘团队的某人与你进行初步交谈，讨论有关职位的事宜。如果收到招聘人员的电话、消息或电子邮件，你应该自我祝贺，因为以下陈述现在正式成为事实。

（1）符合条件：招聘人员不会打电话给不符合资格的申请人。因此，你可以庆祝：拥有角色所需的必要技能；撰写了引人入胜的简历和/或求职信，有效地传达了上述技能。

（2）处于前 2% 的申请者之中：一些研究表明，公司职位平均收到大约 250 份申请（至少在他们停止收集申请之前）。其中，只有 4～6 人会收到回电[1]。

但是，尽管很幸运，但概率仍然对你不利。你已经走了很长的路，但还不够远。现在，你的任务是与另外 3～5 名同样符合条件的人竞争。这意味着需要向招聘团队证明你是最合适的人选，而不仅仅是一个可以胜任的人（这是你在整个面试过程中试图传达的信息）。

介绍性的电话/消息/电子邮件很可能包含招聘人员询问你的时间安排，因此请确保至少提供 3 个时间段。你越早通过招聘人员筛选越好。

☑ **注意**

尽快安排面试非常重要。尽管被邀请参加面试流程，但你可能是最后一批被邀请的候选人之一。这意味着在流程中更靠前的候选人具有优势。如果他们给面试官留下深刻印象，那么面试官或招聘经理提前结束招聘流程并不罕见。

尽管招聘人员筛选相对容易通过，但也容易被低估。为了在这次面试中发挥最大效能，请准备回答以下问题。

（1）对我们公司了解多少：在招聘人员筛选之前，请确保对公司进行研究。这应该超越公司的基本商业模式，包括公司的战略投资、最近的新闻动态以及公司或行业可能面临的挑战。对于上市公司，通常可以在公司的最新年度报告和新闻稿中找到这些信息；然而，对于初创公司和私人公司，找到这些信息可能比较困难。

（2）为什么对这个角色感兴趣：简要描述一下最吸引你的机会是什么。如果能结合一些关于公司的、超出基本网络搜索范围的信息，则表明你与角色的高度契合以及在公司研究上的努力。同时，不妨将职位描述中的某些内容与个人兴趣或经历联系起来。例如，如果申请的是面向消费者的角色，并且对机器学习模型的结果无偏差感兴趣，那么可以将兴趣与它如何影响日常消费者联系起来，这将是展示你对角色感兴趣的好方法。

（3）介绍背景以及目前的工作：许多人误以为这个问题只是为了了解你的背景和兴趣。虽然事实如此，但它的意义远不止于此。招聘人员特别想了解你的经验如何符合职位描述。对此，可花一时间明确提及与面试的职位直接相关的工作、项目和成就。

除了这些问题，招聘人员很可能还会询问一些后勤和基本资格问题，如工作授权、是否愿意出差、首选地点和工作形式（远程、混合、现场工作等）。

☑ **注意**

要想最大限度地获得工作机会，关键在于最大限度地增加工作机会。这通常需要在求职过程中去除那些限制你选择的因素。其中一个要考虑去除的主要筛选因素是工作形式。虽然仍有很多远程职位，但它们可能比现场职位有更多的求职者。如果你正在寻找第一份数据科学工作，也许值得牺牲你喜欢的工作形式以优化你的机会。

　　通常情况下，招聘人员筛选不超过 20 分钟。这是因为他们只是在验证你在申请中分享的信息是真实的，并且有能力（且仍然感兴趣）追求这个角色。这也是招聘人员向招聘经理报告你的关键资格的机会。简而言之，招聘阶段是为了维护和增强招聘人员对候选人资格已有的期望。

　　一旦筛选结束，招聘人员将与招聘经理分享他们的记录。这份候选人总结将决定你是否值得进入下一个阶段。这就是为什么提供 STAR 示例绝对重要。

　　STAR（即情境、任务、行动和结果）方法是一个面试框架，用于构建调查候选人工作风格和伦理的行为面试问题，这些问题以工作经验、批判性思维、观点、态度、成就和技术严谨性（仅举几例）的形式出现。

　　尽管像亚马逊、沃尔玛和麦肯锡这样的大公司建议候选人的回答遵循 STAR 方法，但无论公司或角色如何，这都是一个普遍适用的强大框架。

- 情境：首先描述所处的背景或情境，这为你的故事设定了舞台。提供足够的细节以帮助面试官理解你面临的场景。
- 任务：解释需要在该情境中解决的具体任务或挑战。你需要完成或解决什么？
- 行动：详细说明采取了哪些行动来应对任务或解决问题。专注于你所做的事情，并强调你个人的贡献。其间，可描述采取的步骤、使用的技能和做出的决策。
- 结果：最后，概述行动结果或成果。由于你的努力发生了什么？突出你的积极影响至关重要，无论是实现目标、改进流程还是解决问题。

　　以下是你如何使用 STAR 框架回答"告诉我你曾经需要处理压力情境的一段经历"这个问题的一个例子。

- 情境："有一次，在参加一个重要会议时，我注意到经理在我们团队正在开发的一个解决方案中犯了一个错误。"
- 任务："如果这个错误未被解决，将会带来重大的财务后果，甚至可能导致客户信任的丧失。"
- 行动："我在会议后请求与经理一对一交谈以解决这个问题。为了不造成尴尬，我私下礼貌地提出了我的担忧。"
- 结果："在审查问题后，经理同意了我的评估，并且确实存在错误，我们迅速发布了更正，避免了组织的任何财务损失。"

　　可以看到，使用 STAR 方法有助于构建回答内容，并为展示技能和经验提供了清晰的框架。它允许面试官，包括招聘人员、经理和评审团成员，了解你如何应对挑战并评估你处理不同情境的能力。

13.2　掌握不同的面试阶段

在成功通过招聘人员筛选后，你对角色的资格和初步适应性得到评估，你将进入更具挑战性的面试阶段，面试过程的旅程变得更加紧张。接下来的这个阶段不仅仅是一个延续，而是对你技能评估的一个重大升级。

除了招聘经理阶段（在这一阶段，公司文化适应性和软技能将受到彻底检查），你还将面临技术面试。在技术面试中，与角色相关的特定技能和能力将被严格评估。此外，还可能会遇到小组面试，多个关键利益相关者（包括潜在的未来同事）将评估你对团队的动态贡献能力。

这种全面的方法确保了对技术实力、行为特征及与公司精神的兼容性进行全面评估。

13.2.1　招聘经理阶段

招聘经理面试是面试过程中最重要的阶段之一（如果不是最重要）。它可能包括行为和技术分析，以评估你对角色和团队的适应性。这也是表达你对角色的兴趣以及为什么你非常适合的机会。简而言之，你的目标应该是强调为什么你是最佳候选人，并解决候选人资格的任何疑虑或假设的空白。

因此，通常到达招聘经理面试阶段表明了面试过程中的几个积极假设。

（1）适应公司文化：如果达到这个阶段，你很可能与公司的价值观、使命和工作文化非常契合。

（2）技术能力：你可能已经展示了与角色相关的技术能力或技能。招聘经理可能会在面试中更深入地讨论这些技能。

（3）强大的沟通和软技能：到达这个阶段表明你拥有强大的沟通和人际交往能力。招聘经理通常会评估表达思想、参与讨论和处理各种情况的能力。

（4）兴趣：到达招聘经理阶段表明你对职位和公司有真正的兴趣。你可能在早期阶段表现出了承诺和热情。

在与招聘经理的面试中，可以预期以下情况。

（1）更深入的技术或角色特定问题：讨论可能涉及与特定工作职责和技术技能要求相关的更详细的问题。

（2）适应性评估：招聘经理可能会深入了解你在团队动态和更广泛的公司文化中的适应性。

（3）行为和情境问题：预计会有关于过去经历以及如何处理某些情况的问题。同样，可能会使用 STAR 方法构建你的回答内容。

（4）职业目标和抱负的讨论：招聘经理可能会询问你的长期职业目标以及它们如何与角色和公司保持一致。

（5）最终评估：有时，这个阶段在做出招聘决定之前作为最终评估（如果没有其他面试官需要见面的话）。招聘经理将评估你是否最适合这个角色和团队，通常通过家庭作业任务、技术评估或演示来完成。

当达到招聘经理阶段时，你应该准备展示你的技术技能、个性、文化契合度以及对职位和公司的热忱。然而，有意聘用你的组织机构可能不仅对你的文化适应性感兴趣，还对你的技术专长感兴趣。因此，应该为技术面试做好准备。以下部分讨论在技术面试中可能预期的内容。

13.2.2　技术面试

在数据科学招聘过程中到达技术面试阶段表明你已经展示了基础技能和资格，并进入一个专门评估技术专长和解决问题能力的阶段。

此时，候选人资格包括以下内容。

（1）技术能力：如果已经到了技术面试阶段，你可能已经掌握了数据科学概念、统计学、编程语言（如 Python 或 R）、机器学习算法和数据操作技术。

（2）解决问题的能力：你可能在早期阶段展示了解决复杂数据相关问题和有效分析数据集的能力，从而进入了这个阶段。

（3）对算法和模型的理解：你已经展示了对各种机器学习算法、统计模型及其在现实世界场景中的应用的透彻理解。

（4）编程熟练度：在这个阶段，假设你熟练使用 Pandas、NumPy、scikit-learn 或 TensorFlow 等库进行编码和数据操作。

为了在技术数据科学面试中表现出色，考虑以下技巧和最佳实践。

（1）复习核心概念：确保牢固掌握基础数据科学概念，包括统计方法、机器学习算法、数据预处理、模型评估和特征工程。

（2）练习编码：广泛练习 Python 或 R 的编码。能够在 LeetCode、HackerRank 或 Kaggle 等平台上解决数据科学相关问题，以提高编码技能和算法理解。

（3）理解模型实现：准备好讨论和实现机器学习模型，它们的优点、局限性以及最适合使用它们的场景。

（4）展示项目：突出显示个人或专业项目，这些项目展示了数据操作、分析、可视化和建模技能。此外还可讨论面临的挑战、使用的方法和取得的成果。

（5）保持更新：了解数据科学、机器学习和人工智能的最新进展和趋势。理解这些进展如何影响该领域以及它们如何应用于实际场景。

（6）模拟面试：与同行或导师进行技术面试的练习。模拟数据科学面试场景，以清晰表达技术解决方案和解释你的方法。

（7）提问：在面试中，可以要求澄清问题或讨论不同的方法。思考过程的沟通与解决方案同样重要。除此之外，编码问题通常是技术面试过程的一部分。你可能直接被面试官询问或被给予编码考试。下一节将介绍如何在编码环节取得好成绩。

13.2.3　编码问题

在数据科学中处理技术编码问题通常涉及一种结构化的方法以有效解决问题。这里有一个分步框架。

（1）理解问题：

- 仔细阅读问题，确保理解问题陈述、输入和预期输出。
- 如果问题的任何部分不清晰，请寻求澄清。在继续之前有一个清晰的理解至关重要。

（2）定义方法：

- 确定数据需求，包括解决该问题所需的数据结构或变量。
- 选择适当的算法、数据操作技术或模型，以高效解决问题。

（3）设计解决方案：

- 概述将采取的步骤来解决问题。这有助于在编码之前组织你的想法。
- 考虑可能影响解决方案的边界或边缘情况。

（4）编码实现：

- 从较简单的组件或函数开始编码，然后再处理整个问题。
- 使用注释清楚地说明代码，以解释正在实施的逻辑和步骤。
- 使用样本输入测试代码，逐渐增加复杂性，以确保其按预期工作。

（5）优化和重构：

- 分析代码，找出可以提高效率的区域，如减小时间复杂度或优化内存使用。
- 审查、改进和重构代码，使其更清晰、更易读、更易于维护，同时不牺牲功能。

（6）沟通解决方案：

- 在面试环境中，准备好表达思考过程，解释采取的步骤，并证明你的选择是合理的。
- 对解决方案的建议或反馈持开放态度，并准备根据讨论进行调整或改进。

（7）审查和学习：

● 如果出现错误，分析它们发生的原因，并从中学习。

● 审查类似问题的替代解决方案或最佳实践，以提高解决问题的能力。

这个结构化框架有助于将数据科学中的复杂编码问题分解为可管理的步骤，确保系统化的问题解决方法和编码效率。

总之，要掌握数据科学技术面试的技巧，就必须在核心概念方面打下坚实的基础，通过项目进行实际应用，不断练习编码和解决问题，并随时了解数据科学和 ML 不断发展的最新情况。

面试练习

考虑以下常见的数据科学问题：计算一系列数字的平均值，同时忽略异常值。应用前面的答案框架，用 Python 解决这个问题。

答案

以下是如何应用答案框架。

（1）理解问题：这里，我们想要计算一个列表的均值，且不包括异常值。通常，异常值位于第 10 个和第 90 个百分位之外。

（2）定义方法：为了解决这个问题，需要一个数字列表和一个基于百分位识别异常值的方法。此外，我们将使用 Python 的 NumPy 库计算百分位和统计数据以计算均值。

（3）设计解决方案：伪代码应该执行以下操作。

● 计算第 10 个和第 90 个百分位。

● 过滤在这个范围内的值。

● 计算过滤后值的均值。

（4）编码实现：以下是如何实现代码的示例。

```python
import numpy as np
from statistics import mean

def calculate_mean_without_outliers(nums):
lower_bound = np.percentile(nums, 10)
upper_bound = np.percentile(nums, 90)
filtered_values = [num for num in nums if lower_bound <= num <= upper_bound]
```

```
return mean(filtered_values)

# Test the function
data = [12, 15, 17, 19, 20, 21, 23, 25, 1000] # Example list with an
outlier (1000)
result = calculate_mean_without_outliers(data)
print('Mean without outliers:', result)
```

（5）优化和重构：这段代码提供了一个直接的解决方案。然而，我们可能会使用四分位距（IQR）方法识别异常值，或者对于更大的数据集，考虑优化过滤过程或探索更有效的识别异常值的方法。例如，可能会使用一些来自 sklearn 包的函数，如 IsolationForest 函数——本书没有介绍该函数，但它用于识别数据集中的异常值。

（6）沟通解决方案：在面试环境中，可解释使用百分位识别异常值的逻辑以及在过滤数据后如何计算均值。例如，代码示例将过滤出数据集中最低和最高的值。假设数据集中存在异常值，它们很可能会被过滤掉。然而，如果给予更多时间，另一种方法将首先使用箱形图探索数据集，以识别数据中的异常值。此外，我们可以使用 IQR 方法识别异常值。一旦代码从数据集中移除了异常值，它随后计算剩余值的均值。

（7）审查和学习：反思代码，寻找可能的改进或替代方法，并从解决类似问题的不同方法中学习。如前所述，可以通过使用 IQR 方法识别数据集中是否存在异常值以改进最初的代码（最初的方法假设存在异常值）。

```
import numpy as np

data = [12, 15, 17, 19, 20, 21, 23, 25, 1000] # Example list with an
outlier (1000)
# Calculate Q1 and Q3
Q1 = np.percentile(data, 25)
Q3 = np.percentile(data, 75)
# Calculate IQR
IQR = Q3 - Q1
# Define lower and upper bounds
lower_bound = Q1 - 1.5 * IQR
upper_bound = Q3 + 1.5 * IQR
# Remove outliers
filtered_values = [num for num in nums if x >= lower_bound and x <=
upper_bound]

# Calculate the mean of the data without outliers
result = np.mean(filtered_values)
```

```
print('Mean without outliers:', result)
```

13.2.4　小组面试阶段

遇到小组面试阶段意味着在招聘过程中的进一步推进，下面对候选人资格提出几个关键假设。

（1）文化契合度：达到这个阶段可能意味着你已经展示了与公司文化和价值观的强烈契合。小组可能会专注于评估你的个性和工作风格与团队和公司精神的匹配程度。

（2）有竞争力的候选人：被小组面试表明你是该职位的顶级竞争者之一。你可能已经从其他申请者中脱颖而出，并且正在被更全面地评估。

（3）全面评估：小组面试阶段通常涉及对技能、经验以及与角色的适应性进行全面评估——在这个阶段，他们可能已经认为你会是一个很好的人选。不同的小组成员可能会专注于与其专业知识或部门相关的特定方面。

在小组面试中，候选人可以预期以下情况。

（1）多元视角：小组可能由组织内不同部门或级别的个人组成。问题可能会根据每位小组成员的兴趣或专长领域而有所不同。

（2）深入的技术和行为问题：预计会有一系列与角色相关的技术问题、探索过去经历的行为问题，以及评估解决问题能力的情境场景。

（3）评估文化契合度：小组可能会探讨价值观、工作风格和个性如何与团队和公司文化相契合。

（4）团队动态：你可能会被评估在团队内的协作和贡献能力。小组成员可能会观察你与不同个性的互动方式以及对团队动态的响应。

（5）最终评估：如果尚未遇到最终评估，那么在这个阶段你可能会遇到。你可能需要与更广泛的听众交谈，包括面试小组的成员和潜在的招聘经理。这通常是做出招聘决定之前的最后一步。在这里，小组会集体评估你是否最适合这个角色和组织。

在面试小组阶段，你应该为更全面评估做好准备，展示技能、适应性和协作能力，以及它们如何与角色和更广泛的组织目标相契合。

13.3　本 章 小 结

准备数据科学面试需要一个全面的准备策略，以适应招聘流程的不同阶段。最初，招聘人员阶段重点在于打造一份精确、有影响力的简历，突出相关的技能、项目和经验。

随着进入招聘经理阶段，则需要更深入地展示你与公司文化、使命的契合度，以及有效解决问题的能力。其间，还将参与开放性的讨论，突出你的成就，并展示对角色和组织的热忱。面试小组则强调适应性和协作技能，与多元视角互动，并展示融入不同团队动态的能力。

最后，技术阶段强调在核心概念上的坚实基础，练习解决问题和编码，并跟上数据科学的最新趋势。同时强调你有能力有条不紊地处理复杂问题，清晰地沟通你的方法，并在整个过程中对反馈持开放态度。针对这些不同阶段的准备可以显著提升你的表现和数据科学面试成功的机会。

第 14 章将深入探讨如何就薪资和福利等事项进行谈判。

13.4　参 考 文 献

[1]*40 Important Job Interview Statistics [2023]: How Many Interviews Before Job Offer* from *Zippia*: https://www.zippia.com/advice/job-interview-statistics/.

第14章 协商薪酬

在迈向下一个数据科学家角色的旅程中，谈判阶段是高潮，它是你努力、技能和价值的结晶，你的价值与公司提供的待遇相交汇。本章将作为你度过这一关键阶段的指南，指导你如何与人力资源部门进行复杂的薪酬谈判。

从具体的如薪水和股票选择权，到无形的如弹性工作时间和专业发展福利，我们将深入探讨一系列可谈判的内容，并提供有效的谈判策略。加入我们的行列，本章探讨的不仅仅是工作，而是一份反映你作为数据科学家的真正价值的薪酬方案。

本章主要涉及下列主题。

（1）理解薪酬格局。

（2）谈判报价。

14.1　理解薪酬格局

恭喜你，你收到了一份工作邀请。然而，在开始谈判之旅之前，了解薪酬情况至关重要。这包括深入了解公司文化、行业标准和就业市场的具体情况。

为了有效地研究适当的薪资范围，不仅要考虑该角色的市场区域价值，还要考虑个人的资质如何符合行业预期。Glassdoor、Payscale、Salary.com 和劳工统计局（BLS）等资源在此过程中是十分重要的。它们提供了详细的薪资基准，同时考虑了地理位置、经验年数和工作所需的独特技能等因素。利用这些平台以及行业报告和人际网络联系，收集竞争对手为相似职位提供的综合信息。

为什么初步研究至关重要？因为它为现实的期望和有根据的谈判奠定了基础。考虑谈判二手车价格的类比。像 Kelley Blue Book 这样的资源提供了基于特定标准（如制造、型号、年份和里程数）的合理价格范围指南。同样，在谈判数据科学角色的薪酬时，理解职位名称、地区、资质和经验年数之间的相互作用是估算公平薪资范围的关键。

但这不仅仅是关于薪资的问题。了解包括非货币福利（如学费报销、灵活的工作时间或居家办公选项）在内的薪酬也同样重要。这些知识使你能够获得一个与职业目标和个人需求相符的方案，确保一个公平和令人满意的工作邀请。通过全面了解工作前景，可以有效地导航谈判过程，实现个人价值与市场标准之间的平衡。

14.2　谈 判 报 价

为了获得理想的工作邀请，需要做的不仅仅是接受第一个报价。它涉及了解你的价值，表达你的独有价值，并策略性地为你真正关心的事情进行谈判。在这一部分，我们将深入探讨谈判的艺术，指导你了解从评估市场价值到理解报价元素的必要考虑因素。我们将探索各种场景，包括新毕业生和经验丰富的专业人士在职业转换时面临的细微差别，以展示量身定制的谈判策略如何显著影响你的工作邀请。

14.2.1　谈判考虑因素

谈判报价的第一步是了解你的市场价值。这并不总是显而易见的，但客观地进行这一评估很重要。首先，此时需要突出你的独有技能、经验和成就。考虑在以前角色中的贡献以及它们与新机会的契合度。你符合多少项工作要求？是否超出了任何要求？首选资格又如何？这些问题的答案将帮助你客观评估在特定角色市场中的价值。

接下来将审查你的工作搜索优先级。例如，对工作偏好进行排名，并确定不可谈判的条款。工作是否需要大量的加班或出差？是否需要在办公室工作？是否在下班后需要回复电子邮件？是否有透明的晋升路线图？通勤情况如何？了解这些细节及其重要性非常重要。

当思考优先事项时，可以将工作邀请的不同品质分为两类：个人和物质。

1. 个人

这些是为你带来个人利益的工作品质。这些可能包括以下内容：

- 专业或职业发展。
- 晋升机会。
- 工作经验的满足感。
- 工作地点。
- 汇报的对象。
- 指导机会。
- 灵活的工作时间和/或工作形式（例如，现场工作与远程或混合工作）。
- 对业务或行业（例如，游戏、医疗保健、教育等）的兴趣。
- 旅行机会。

2. 物质

这些是大多数人在考虑薪酬谈判时会想到的需求，包括以下内容：

- 基本薪资。
- 奖金。
- 股票选择权/股权。
- 福利（例如，健康、牙科、视力以及额外的折扣和福利）。
- 退休计划。
- 学费补助。
- 培训。
- 带薪休假（PTO）和假期。
- 搬迁补助。
- 健康和保健计划（例如，健身房会员资格、心理健康服务、儿童服务等）。
- 办公室设施。
- 公司设备（例如，汽车、手机、笔记本电脑等）。

公司可能不愿意在前面列出的所有因素上进行谈判，例如，你在角色中汇报的对象。然而，了解它们将帮助你比较工作机会，并确定谈判的重点领域。你应该将谈判集中在你认为必须拥有的因素上，以及有所欠缺的任何领域。例如，如果学费补助是必须拥有的，因为你计划返回学校，如果工作邀请没有包括这一点，你应该将此作为谈判的一部分。

14.2.2　回应报价

在确定了你的市场价值，以及个人和物质偏好之后，就到了谈判的时候了。大多数公司会给你大约一周的时间考虑报价。然而，在有些情况下，他们需要更快的回应。或者，有些公司对报价接受（或拒绝）的时间表更为宽容，因为他们更关心你对角色的确定性，而不是他们填补职位的需求。无论哪种情况，你的工作都是确保你和人力资源部门的意见一致。接受报价的截止日期应该是明确的，并且最好是书面形式。请务必要求尽可能多的时间，特别是如果你需要与亲人或同行讨论细节，或者如果你正在期待其他邀请。

尽管有时间考虑报价的细节，但你应该尽快进行谈判。这可能通过电话、视频聊天或电子邮件进行。实际上，这些谈判只持续几分钟，仅此而已。无论采用哪种形式，都要感谢相关人士转达了这个好消息，并对这个机会表示由衷的兴奋。毕竟，他们从众多候选人中选择了你，这是值得庆祝的事情。

然后，是时候摊牌了。在这样做时，最好简明扼要，充满自信。你已经做足了功课，所以没什么好担心的。你可以这样说：

"我对有机会为团队做出贡献感到非常兴奋，并且非常感谢这个报价。然而，根据我的研究和对这个职位市场价值的理解，以及特定技能和经验，我想讨论是否可以有一个更好地反映这些因素的薪资。我相信[X 数额]将更符合具有我这样资格的人的行业标准。"

在大多数情况下，人力资源代表会将请求转达给招聘经理，并相应地跟进。最坏的情况是他们会拒绝你的还价。然而，在很多情况下，报价会被修改为最终报价。最终报价意味着没有额外的谈判。在这一点上，你要么"接受它"，要么"放弃它"。

注意

求职者最常见也是最大的错误之一就是根本不进行谈判。这通常是因为，（1）候选人低估了自己的价值，（2）缺乏对职位薪酬范围的了解，（3）害怕被拒绝。虽然前两个原因可以归因于对市场的无知或自我怀疑，但最后一个原因几乎是非理性的。如果还价是合理的，并且以专业的方式提出，公司很少会撤回报价。因此，无论如何，都要进行谈判。

14.2.3 最大可谈判薪酬和情境价值

谈判薪资更像是一种艺术形式而不是科学。有无数的文章、社论、网络研讨会甚至书籍，都是为了教你如何为自己辩护。一些受欢迎的书籍包括：

（1）*You Are a Badass*（Jen Sincero 著，Running Press Adult 出版）。

（2）*Quiet: The Power of Introverts in a World That Can't Stop Talking*（Susan Cain 著，Crown 出版）。

（3）*Getting to Yes with Yourself (and Other Worthy Opponents)*（William Ury 著，HarperOne 出版）。

谈判策略的有效性因个人职业目标、经验、对工作/公司的了解以及当前市场条件而异。然而，所有这些方法的核心是情境价值的概念——你对角色的独特贡献，受到内部和外部因素的影响。你的情境价值是你的经验、独特技能和个人属性的结合。理解和清晰地传达这一价值是最大化在工作邀请中谈判的福利的关键。

图 14.1 说明了内部和外部因素以及情境价值在谈判最大薪酬中的重要性。

让我们进一步澄清这个概念。影响最大可谈判薪酬的内部因素，简单来说就是你能够谈判的最大薪酬，包括物质和个人方面，通常包括分配给该角色的预算和为该职位设定的薪资范围。这些都是公司结构和政策内的元素。另一方面，外部因素是公司控制范围之外的因素，如该角色的区域薪资范围或当前市场对技能的需求。

你的情境价值（包括特定经验和技能以及它们与角色的契合度）与这些内部和外部因素相互作用。例如，即使一个角色有很高的预算（内部因素）并且处于高需求领域（外部因素），如果你的情境价值与工作要求不密切契合，谈判更好报价的能力可能是有限的。相反，如果它超出了角色的区域薪资范围或公司的预算限制，强大的情境价值可能也不会带来显著的薪资增长。

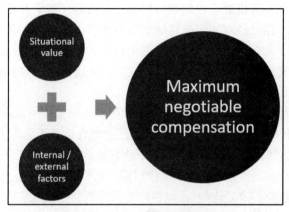

图 14.1 最大可谈判薪酬方程

原文	译文
Situational value	情境价值
Maximum negotiable compensation	最大可谈判薪酬
Internal/external factors	内部/外部因素

在接下来的部分中，我们将探讨从不同角度说明这个框架如何运作的例子。

1. 大学毕业生

假设你是一位新毕业生，正在寻找第一个全职数据科学角色。你对工作市场还不熟悉，相关经历仅限于实习和学校项目。因此，缺乏经验将成为一个需要克服的障碍，尤其是当与其他拥有类似资格的毕业生竞争时。

让我们探讨下列场景。

（1）工作：你获得了一家游戏初创公司的全职初级数据科学家工作。该公司在全国有多个办事处。

（2）报价：薪资比预期低得多。他们提供的是市场薪资范围的最低端，鉴于其初级地位，该角色没有奖金资格。此外也没有正式的退休计划。由于你年轻且没有家属或慢性病痛，因而医疗保健套餐尚可接受。

（3）情境价值：作为新毕业生，你的谈判选择有限。你没有丰富的全职经验可以谈论，但对游戏充满热情，这是你希望在其中成长的行业。实际上，你非常熟悉公司的游戏产品组合，并对行业挑战和可能改善其产品和营销计划的解决方案有可观的了解。你甚至在大学期间有一个"概念验证"项目，你在该项目中确定了玩家流失的原因。

（4）还价：在一次通话中，你表达了对这次机会的兴奋，并表示打算与团队会面。话锋一转，你告诉他们理解报价处于较低端。然而，你认为，鉴于对行业的了解，你的候选人资格具有独特优势。你已经对如何提高玩家回返率有一些想法，并且过去曾从事过类似的项目。由于公司是一家初创公司，你知道这个角色的经费基本上是固定的。然而，你对公司、其产品和提案充满信心，因此你请求股权。此外还请求一台具有必要计算资源的公司笔记本电脑，并希望能够居家工作。

（5）最终报价：因为你刚刚大学毕业，雇主觉得你居家工作不太合适。他们希望你有机会亲自与团队互动，更多地了解公司。然而，他们愿意允许你每周居家工作两天的混合模式。此外，他们还允许你选择自己喜欢的工作地点。你发现薪资不会因工作地点而改变，所以选择了俄亥俄州哥伦布市的工作地点，而不是加利福尼亚州旧金山的办公室。他们还意识到提供一台笔记本电脑符合他们的最佳利益，以保护公司数据并提供工作所需的最佳工具。最后，他们授予你100股公司股票，并每半年重新评估一次，以根据表现授予额外股票。你高兴地接受了这个机会，知道这个角色有成长潜力，并将提供在游戏行业的极好经验。

在这个谈判场景中，你展示了几个关键优势，有助于取得成功的结果。首先，你的方法结合了热情和实用主义。通过表达对机会的兴奋并承认报价的局限性，你在渴望和现实期望之间取得了平衡。你策略性地使用你的独特价值主张，强调对游戏的热情和特定行业洞察，有效地展示了技能和兴趣如何与公司的需求一致。这不仅强调了你对公司的潜在贡献，还为谈判请求提供了坚实的基础。此外，你了解初创公司的财务限制，带来了创造性的谈判策略，专注于股权和实用福利，如公司笔记本电脑和灵活的工作地点，而不仅仅是薪水。这种适应性和对请求股权和其他非货币补偿的远见表明了对初创环境和长期职业成长的敏锐理解，最终达成了互利的协议。

2. 转行者

在这个场景中，你是一位训练营毕业生，拥有多年的全职经验，但并非在数据科学领域。相反，你的大部分职业生涯都担任营销公司的付费搜索经理。训练营毕业后，希望转向数据科学角色。

让我们探讨这个场景。

（1）工作：你获得了一家数字营销公司新成立的营销科学团队的数据科学家职位。该部门才刚开始招聘数据科学家，因此你将是第二位入职的成员，尽管他们计划招聘更多人员。你对数字营销关键绩效指标和改进付费搜索活动策略的熟悉程度给面试小组留下了深刻印象。另外，你也非常熟悉该公司的一些客户，以及这些品牌在各自行业中面临的常见挑战。该角色是混合性质的，这正是你所喜欢的。

（2）报价：人力资源部门通过电子邮件向你发送了一份报价信。你得到了这份工作，薪水也是你预期的——在该工作地区范围的低端，考虑到在角色中成长的机会，这也是你预期的。公司提供相当标准的退休和医疗计划，但没有提及学费补助或专业发展。作为一个只有几个月训练营经验的新数据科学家，这对你来说很重要，尤其是因为你是团队中的早期雇员。你还知道，将新学到的技术应用到工作中的机会非常大，如将神经网络或生成式人工智能 API 应用到项目中。

（3）情境价值：由于面试期间的口头交流，你注意到许多面试小组成员对你过去的付费搜索经理经验印象深刻。他们还对你过去进行的一些项目感到兴奋，你在这些项目中应用了文本挖掘知识以提取活动洞察并自动生成关键词。你知道，缺乏全职数据科学家的经验是你在他们心中需要弥补的最大差距。

（4）还价：你回复邮件，感谢所有参与人员对你的候选人资格有信心。你真的很高兴可以开始工作，并迫不及待地想要加入团队。因为你知道有谈判工资空间，所以你要求比原始报价高出 10%的工资。此外还表示期待与公司共同成长，并使用分析技术解决艰难的商业挑战。因此，为了保持对最新方法的了解并确保最具创新性的解决方案，你询问了持续学习资金（如学费补助或证书的财务支持）。人力资源代表说他们会和招聘经理确认，并在 24 小时内提供更新。

（5）最终报价：人力资源部第二天早晨回复，这是个好消息。招聘经理不仅同意了 10%的薪资增长请求，还认为职业发展对于你的角色很重要。因此，他们愿意每年支付高达 5000美元的费用，用于任何相关的最终学位或认证项目。他们还提到，之前招聘的员工（团队中的资深数据科学家）拥有丰富的经验，但对数字营销缺乏了解。因此，他们支持你们之间建立导师关系，这无疑将有助于你成长为一名数据科学家。

在这个谈判场景中，你巧妙地利用了自己独特的背景和对公司需求的敏锐理解，以确保获得一个有利的报价。策略性地强调过去作为付费搜索经理的经验，以及将这些专长应用于新的数据科学角色的能力，尤其有效。这种方法不仅展示了你对公司的价值，还弥补了你在数据科学经验上的不足。

通过表达对角色和团队的真诚热情，你为谈判营造了积极的基调。此外，你对薪资增长的要求以合理的百分比为基础，反映了对自己价值和市场标准的了解。

另外，你要求支持持续学习和专业发展，这是一个明智的举动，强调了你在角色中的成长和创新承诺。这不仅使个人受益，也符合公司保持团队与最新行业实践同步的利益。成功谈判与高级数据科学家的导师关系进一步强调了你对职业发展的策略性方法，确保了一个全面的方案，不仅仅局限于财务补偿。

3. 成长者

在这个例子中，你是一位拥有 5 年专业背景的经验丰富的数据科学家。你目前在职，但正在寻求更具挑战性的机会，以扩展技能集。你主要在供应链领域工作，并认为有很好的机会获得另一个类似的职位。由于在当前雇主那里没有太多的成长机会，尽管付出了努力并获得了赞誉，但他们在过去几年中没有给予加薪。你现在的专业技能低于市场范围，你正在寻找机会成长为管理者。

让我们探讨这个场景。

（1）工作：你获得了一家制药公司供应链部门的高级数据科学家职位。你在制药行业的经验很少，但几乎是一名供应链专家！招聘经理认为之前的经验是可以转移的，并且相信在适当的指导下，你有能力了解新的行业环境。

（2）报价：面试过程相当顺利，你收到人力资源部门的电话，确认公司有意雇用你，并提供了预期工资范围的较高水平和丰厚的签约奖金。此外还可根据绩效获得公司股份。你对物质报价相当满意，但仍然不清楚是否会长期陷入这个角色，或者是否有一个正式的过程可以进入管理层。

（3）情境价值：你已经知道自己是一位经验丰富的供应链专家，拥有丰富的机器学习经验。尽管缺乏制药行业的经验，但知道你将成为团队中更资深的数据科学家之一。你不仅被明确告知了这一点，而且还通过在 LinkedIn 上研究现有团队证实了这一点。你主动联系他们中的一些人，以更多地了解他们与公司的经历。你从对话中得到的结论是，经理很棒，项目很有趣，尽管可能需要不时地加班。此外，他们目前正在解决一些数据卫生保健问题。你还注意到，在 LinkedIn 上的一位前同事曾经在同一家公司工作过。你联系了他，询问他在这家公司的工作经历，他证实这是一家很棒的公司。他甚至愿意和你分享两年前工作时的薪水。你了解到，同样的职位和级别，他的薪水比你的报价高出近 15%。

（4）还价：为了启动谈判程序，你可以要求占用招聘经理 15 分钟空闲时间与他交谈。人力资源部门安排了通话，你向招聘经理简单地打了招呼。你对物质报酬基本满意，但不满足于最初的报价，而且知道还有上调的空间，所以你要求上调 15%。你从前任同事那里收集到的信息支持了这一要求。你认为自己是团队中最资深的数据科学家，所以很放心地要求加薪。此外还认为自己具有真正塑造团队的潜力，并发现了一些改进流程、数据质量和管理的机会。你可以用以前担任过的职位举例说明这些细节，甚至还可以指出面试中的一些痛点。通话结束前，你询问了自己的发展机会，因为你有兴趣在未来领导团队。

（5）最终报价：几天后，招聘经理直接给你打电话。他们对你的技能、渴望和透明度总体印象深刻。招聘经理同意将薪资提高 10%，并期望在 12 个月内重新评估你的绩效。如果能证明有快速学习的能力（特别是制药行业的具体细节），他们愿意讨论正式晋升到管理角色的问题。随着晋升，工资也会有可观的增长。你对部分工资增长和为实现在管理方面的兴趣所做的努力印象深刻，因此你接受了这个角色。

在这个谈判场景中，你展示了策略、研究和沟通技巧的卓越结合。你主动联系公司现任和前任员工的做法，为你提供了有关公司文化、期望和薪资标准的宝贵见解。这种程度的研究不仅让你对这一角色有了现实的了解，还为薪资谈判提供了坚实的基础。通过利用从前同事那里获得的薪资信息，你能够自信地获得10%的薪资增长，这一举动展示了你对市场标准的了解和自我价值的认识。另外，你处理谈判的方法还包括明确阐述自己的价值主张。

你有效地强调了自己在供应链管理和机器学习方面的专业知识，并指出了可以为流程改进和数据管理做出贡献的具体领域。这不仅凸显了对该职位的适合度，还展示了未来的领导地位潜力。

此外，你坦诚地表达了自己的职业抱负，并要求为自己开辟一条通往管理岗位的明确道路，这显示了你的远见卓识和雄心壮志。你成功地为大幅加薪和可能的管理晋升进行了谈判，这反映了强大的谈判技巧和战略思维，为你在公司的未来奠定了积极的基调。

面试练习

之前的谈判示例使用了哪些情境价值来谈判薪酬？

答案

（1）在大学毕业生的例子中，应聘者认为自己对游戏的热情是一种情境价值。拥有这种热情的人可能会让招聘经理相信，他会在这里长期工作，并且会对即将从事的工作真正感兴趣。然后，他解释自己对公司产品和行业的熟悉程度，从而使入职体验更加顺利。

（2）在转行者的例子中，应聘者能够讲述自己多年的相关经验，并将自己对学习的渴望作为对公司的宝贵投资。应聘者还知道，鉴于最初的报价在地区薪资范围中处于较低水平，因此还有加薪的空间。

（3）在成长者的例子中，应聘者认识到了自己作为高级雇员的地位。他还通过熟人和前同事对薪资范围进行了调查。反过来，在正确的指导下，他也将自己定位为管理职位的优秀候选人。

14.3 本章小结

在错综复杂的薪酬谈判中，本章揭示了对成功谈判至关重要的策略和见解。通过了解从基本工资到工作与生活的平衡同职业发展的细微差别等多方面的谈判内容，你已经为自己配备了应对这一关键阶段的工具。

强调调查研究、时机选择和战略方法的重要性，你不仅可以通过谈判，还可以通过合作制定一套反映真正价值的薪酬方案。情境价值，即所拥有的技能、经验和专业知识的独特组合，将成为你在谈判过程中的指路明灯。而在这一谈判过程中，还蕴含着可协商薪酬这一概念。掌握了这些谈判策略，你和雇主就能找到平衡点，达成令人满意的协议，超越单纯的交易，并体现建立在数据科学家的价值基础上的伙伴关系。记住，谈判不仅仅是为了获得一份工作，而是为了在不断发展的数据科学领域获得与你的价值观和愿望相符的报酬。

14.4　最　后　的　话

随着我们为攻克数据科学面试的旅程拉上帷幕，请让我们花一点时间来回顾你现在已经获得的大量知识和技能。从第 1 章的了解数据科学的动态格局，到第 14 章的掌握谈判的艺术，本书是一本全面的指南，旨在将你塑造成下一个数据科学角色的强大候选人。

你已经历了错综复杂的技术面试，深入研究了 Python 编程、SQL、机器学习、版本控制，甚至探索了深度学习和 MLOps 的革命性领域。但是，除了技术方面的知识，你还学会了如何展现自己、相关技能以及对数据科学的热情，从而引起招聘人员和招聘经理的共鸣。你不仅掌握了知识，而且有信心将这些知识有效地应用到实际场景中。

当踏入求职市场时，请记住本书的每一章都是你迈向梦想职位的基石。现在，你已做好了充分准备，不仅能面对求职和面试的挑战，还能在其中脱颖而出。你不仅拥有了谈判工作的工具，还拥有了与自己的愿望、价值观和生活平衡相一致的职业生涯。此外，如果需要复习该领域的主要话题，你可以随时回来复习。

感谢你让我们成为你人生旅途中的一部分。你对学习的承诺和热情是取得进步的真正动力。当踏上职业生涯中这一激动人心的阶段时，要知道你所获得的智慧、技能和洞察力是你最大的盟友。愿你的数据科学之旅与你为之付出的努力一样，充满成就感和影响力。祝贺你达到了这一里程碑，祝你在数据科学的世界里取得更多成功！